“十三五”国家重点出版物出版规划项目
材料科学研究与工程技术系列

《金属学与热处理原理》学习与解题指导（第3版）

Study Guidance and Exercise Sets for Metallurgy and Heat Treatment

● 赵慧杰　刘 勇　主 编
● 董尚利　主 审

哈爾濱工業大學出版社

内 容 简 介

本书是《金属学与热处理原理》(崔忠圻主编)的配套用书。全书由两大部分组成:第一部分为自我训练,分别设置了不同类型的主、客观习题,包括名词解释、填空题、选择题、判断题、简答题和综合论述及计算题等。第二部分为参考答案,对本书各章的习题及综合练习进行了详细解答。

本书可作为热处理、铸造、锻压、焊接各专业本科生的辅助用书,也可作为有关工程技术人员的参考书。

图书在版编目(CIP)数据

《金属学与热处理原理》学习与解题指导/赵慧杰,刘勇主编.
—3版.—哈尔滨:哈尔滨工业大学出版社,2021.1(2024.9重印)
ISBN 978-7-5603-9206-6

Ⅰ.①金… Ⅱ.①赵… ②刘… Ⅲ.①金属学-高等学校-教学参考资料 ②热处理-理论-高等学校-教学参考资料
Ⅳ.①TG1

中国版本图书馆CIP数据核字(2020)第231394号

责任编辑 许雅莹
封面设计 高永利
出版发行 哈尔滨工业大学出版社
社 址 哈尔滨市南岗区复华四道街10号 邮编150006
传 真 0451-86414749
网 址 http://hitpress.hit.edu.cn
印 刷 哈尔滨博奇印刷有限公司
开 本 787mm×1092mm 1/16 印张14 字数358千字
版 次 2017年8月第1版 2021年1月第3版
2024年9月第4次印刷
书 号 ISBN 978-7-5603-9206-6
定 价 32.00元

第 3 版前言

“金属学及热处理”是高等工科院校材料成型与控制工程、焊接等专业的一门重要专业基础课，是以上相关专业课程的平台，也是以上专业后续课程如“工程材料学”“材料成型方法及质量控制”“焊接原理”“压力加工原理”等的基础。

为更好地掌握这门知识，调动学生的学习兴趣，巩固学习成果，培养其分析问题和解决问题的能力，我们编写了本书，本书是《金属学与热处理原理》（崔忠圻主编）的配套用书。

全书共分两大部分：第一部分为自我训练，题型灵活，覆盖的知识点全面，分别设置了不同类型的主、客观习题，包括名词解释、填空题、选择题、判断题、简答题和综合论述及计算题等。书中各种类型习题的难易程度适中，可供学生在平时学习、期末复习和报考硕士研究生时参考。第二部分为参考答案，对本书各章的习题及综合练习进行了详细解答，以便读者核对答题结果的正确与否，检验学习效果，判断自己对知识掌握的程度。

本次修订增加了第 10 章扩散及综合练习的参考答案，并更正了书中勘误。

本书由赵慧杰、刘勇主编，董尚利主审并提供了部分习题，肖景东绘图，并得到金属学教研室众多老师的支持和帮助，在此表示衷心感谢。

由于编者水平有限，书中难免存在疏漏和不足之处，敬请读者批评指正。

编　者

2020 年 12 月

目　录

第一部分　自我训练

第二部分　参考答案

第一部分　自我训练

绪　　论

【学习指导】

1. 主要内容

金属学与热处理的研究对象、内容和学习目的。

2. 基本要求

了解材料及材料科学的重要性;熟悉材料的分类、特点;掌握金属学与热处理这门课的研究对象;明确学习目的。

简答题

1. “金属学与热处理”课程的研究对象是什么?
2. 学习“金属学与热处理”课程的目的是什么?
3. 简述材料的组织、结构及性能与加工工艺之间的关系。
4. 简述金属的特性。
5. 金属材料的性能主要包括哪几个方面?
6. 热加工工艺包括哪几个方面?
7. 试述金属零件的一般工艺流程。

第1章　金属与合金的晶体结构

【学习指导】

1. 主要内容

(1) 金属原子的结构特点:金属键、结合力与结合能。

(2) 典型金属晶体结构:晶体学基本概念、典型金属的晶体结构、晶向指数与晶面指数、晶体各向异性、多晶型转变。

(3) 实际金属的晶体结构:点缺陷、线缺陷和面缺陷。

2. 基本要求

(1) 熟悉常见金属中三种典型晶体结构及其有关参数。

(2) 掌握晶面、晶向指数的标定方法。

(3) 认识晶体缺陷的基本类型、基本特征和基本性质。

(4) 掌握合金中两种类型基本相的概念、分类及特点。

一、名词解释

结构、组织、相、组元、金属、金属键、晶体、非晶体、晶体结构、空间点阵、晶格、晶胞、晶粒、单晶体、多晶体、晶向、晶面、晶带、晶带轴、多晶型转变、配位数、致密度、合金、单相合金、多相合金、固溶体、间隙固溶体、置换固溶体、固溶强化、金属化合物、电子化合物、间隙化合物、间隙相、点缺陷、线缺陷、面缺陷、空位、间隙原子、置换原子、位错、柏氏矢量、位错密度、表面能、晶界、亚晶界、小角度晶界、大角度晶界、堆垛层错、相界、共格界面、半共格界面、非共格界面、内吸附

二、填空题

1. 金属原子间的结合方式主要包括________________、________________、________________三种。

2. 同非金属相比,金属的主要特性是________________________,原因在于金属原子具有__________的结合方式。

3. 晶体与非晶体的最根本区别是____________________。

4. 表示晶体中原子排列形式的空间格子称为________________________,而晶胞是指______________________________。

5. $\gamma-Fe$ 和 $\alpha-Fe$ 的一个晶胞内的原子数分别为________和________。

6. 金属常见的晶格类型是______________、______________、______________。

7. 原子排列最密的晶向，对于体心立方晶格金属为________，而对于面心立方晶格金属为________。

8. 晶体在不同晶向上的性能是________，这就是单晶体的________现象。一般结构用金属为________________晶体，在各个方向上的性能____________，这称为金属的____________现象。

9. 常温下使用的金属材料以____________晶粒为好，而高温下使用的金属材料以________晶粒为好。

10. 实际金属存在________、________和________三类缺陷。

11. 金属晶体中常见的点缺陷有________、________、________，面缺陷包括________、________、________、________、________和________。

12. 位错是________缺陷，分________和________两种，多余半原子面是________位错所特有的。

13. 位错密度是指____________________，其数学表达式为____________________。

14. 在常温下铁的原子直径为 0.256 nm，那么铁的晶格常数为________。

15. 铜是________结构的金属，它的最密排面是________，若铜的晶格常数 $a = 0.360$ nm，铜的原子直径为 0.256 nm，那么最密排面上的原子间距为________________，1 mm^3 铜中的原子数为________。

16. α - Fe、γ - Fe、Al、Cu、Ni、Cr、V、Mg、Zn 中属于体心立方晶格的金属有__________________，属于面心立方晶格的金属有________________，属于密排六方晶格的金属有________________。

17. 立方系晶格中，某晶面通过(0,0,0)、$(\frac{1}{2},\frac{1}{4},0)$、$(\frac{1}{2},0,\frac{1}{2})$ 三点，则该晶面的晶面指数为________。

18. 在立方晶系中，某晶面在 X 轴上的截距为 2，在 Y 轴上的截距为 1/2，与 Z 轴平行，则该晶面指数为________。

19. 在立方晶格中，各点坐标为：$A(1,0,1)$，$B(0,1,1)$，$C(1,1,\frac{1}{2})$，$D(\frac{1}{2},1,\frac{1}{2})$，$O(0,0,0)$，那么 AB 晶向指数为________，OC 晶向指数为________，OD 晶向指数为________。

20. 当原子在金属晶体中扩散时，它们在内、外表面上的扩散速度较在体内的扩散速度________，原因在于____________________。

21. 根据溶质原子与溶剂原子的相对分布，将固溶体分为________________、________________；根据溶质在溶剂中的固溶度，将固溶体分为________________、________________；根据溶质原子在晶格中所占位置，将固溶体分为________、________。

22. 具有不同晶体结构的两相之间的分界面称为________，其结构分为三类，分别为________、________和________。

三、选择题（选出一个或多个正确答案）

1. 金属原子的结合方式为____________。

A. 离子键　　B. 共价键　　C. 金属键　　D. 分子键

2. 金属键的一个基本特征为________。

A. 没有方向性 B. 具有饱和性

C. 具有择优取向性 D. 没有传导性

3. 固态纯金属的典型结构特征表现为________。

A. 完全无序排列 B. 部分有序排列

C. 近程有序排列 D. 远程有序排列

4. 多晶体具有________。

A. 各向异性 B. 各向同性 C. 伪各向同性 D. 伪各向异性

5. 在体心立方晶格中,原子面密度最大的晶面是________。

A. {100} B. {110} C. {111} D. {112}

6. 面心立方晶格中,原子线密度最大的晶向是________。

A. 〈100〉 B. 〈110〉 C. 〈111〉 D. 〈112〉

7. 纯铁在 912 ℃ 以下称为 α - Fe,912 ℃ 以上称为 γ - Fe,α - Fe 和 γ - Fe 分别属于________晶格类型。

A. 均为面心立方 B. 均为体心立方

C. 面心立方和体心立方 D. 体心立方和面心立方

8. 在 912 ℃ 时,γ - Fe 变成 α - Fe,其体积将________。

A. 不变 B. 缩小

C. 膨胀 D. 有些方向膨胀,有些方向收缩

9. 常见金属金、银、铜、铝、铅在室温下的晶格结构类型________。

A. 与纯铁相同 B. 与 α - Fe 相同

C. 与 γ - Fe 相同 D. 与 δ - Fe 相同

10. 晶体中的位错属于________。

A. 体缺陷 B. 点缺陷 C. 面缺陷 D. 线缺陷

11. 亚晶界的结构________。

A. 由点缺陷堆积而成 B. 由晶界间的相互作用构成

C. 由位错垂直排列成位错墙面构成 D. 由两相间的分界而形成

12. 室温下,金属的晶粒越细小,则________。

A. 强度越高、塑性越低 B. 强度越低、塑性越高

C. 强度越高、塑性越高 D. 强度越低、塑性越低

四、判断题

1. 金属与非金属的根本区别在于金属具有金属光泽,而非金属无此光泽。( )
2. 金属正的电阻温度系数就是金属的电阻随温度的升高而增大。( )
3. 金属晶体中,存在原子浓度梯度时,原子在各个方向具有相同跃迁几率。( )
4. 金属理想晶体的强度比实际晶体的强度高得多。( )
5. 晶体中原子偏离平衡位置,就会使晶体的能量升高,增加晶体的强度。( )
6. 因为单晶体具有各向异性的特征,所以实际应用的金属材料在各个方向上的性能也不同。( )
7. 金属多晶体是由许多结晶位向相同的单晶体所构成。( )

8. 室温下,金属的晶粒越细,强度越高,塑性越低。(　　)

9. 实际金属中存在点缺陷、线缺陷和面缺陷, 从而使金属的强度和硬度均下降。(　　)

10. 晶胞是从晶格中任意截取的一个小单元。(　　)

11. 因为面心立方晶体与密排六方晶体的配位数和致密度相同,所以它们的原子排列密集程度也相同。(　　)

12. 因为面心立方晶格的配位数大于体心立方晶格的配位数,所以面心立方晶格比体心立方晶格更致密。(　　)

13. 体心立方晶格中最密的原子面是{111}。(　　)

14. 面心立方晶格中最密的原子面是{111},原子排列最密的方向也是〈111〉。(　　)

15. 在立方晶系中,(123) 晶面与[123] 晶向垂直。(　　)

16. 在立方晶系中,(123) 晶面与(312) 晶面属同一晶面族。(　　)

17. 在立方晶系中,原子密度最大的晶面间的距离也最大。(　　)

18. 纯铁加热到 912 ℃ 时将发生 α - Fe 向 γ - Fe 的转变,体积会发生膨胀。(　　)

19. 晶体缺陷的共同之处是它们都能引起晶格畸变。(　　)

20. 从热力学上讲,所有的晶体缺陷都使畸变能升高,即都是非平衡态。(　　)

21. 间隙固溶体一定是无限固溶体。(　　)

22. 间隙相不是一种固溶体,而是一种金属化合物。(　　)

23. 堆垛层错与位错都是线缺陷。(　　)

24. 共格相界面具有完善的共格关系,不存在弹性畸变。(　　)

五、简答题

1. 简述金属键、离子键、共价键的区别。

2. 请解释金属为何具有良好的导电、导热和延展性。

3. 如何区分晶体和非晶体?

4. 何为合金的组元、相及组织?

5. 简述三种典型金属晶体结构的特征。

6. 如何确定和表征晶向指数?

7. 如何确定和表征晶面指数?

8. 作图表示出立方晶系(012)、(123)、(421) 晶面和[211]、[346]、[$\bar{1}02$] 晶向。

9. 立方晶系的{111} 晶面族构成一个八面体,作图画出该八面体。

10. 已知 Fe 和 Cu 在室温下的晶格常数为 0.286 nm 和 0.360 7 nm,求 1 cm^3 中的 Fe、Cu 的原子数。

11. 在立方晶格中绘出{100} 所有晶面。

12. 在立方晶格中绘出{110} 所有晶面。

13. 在立方晶格中绘出{111} 所有晶面。

14. 在立方晶格中绘出{112} 所有晶面。

15. 何为晶带? 何为晶带轴? 画出以[001] 为晶带轴的共带面。

16. 晶体各向异性产生的原因何在?

17. 请具体说明固溶体分类方法有哪几种。

18. 何为固溶强化？固溶强化对金属力学性能有何影响？

19. 常见的金属化合物有哪几类？何者强化效果最佳？

20. 金属晶体的缺陷根据其几何形态分为哪几类？

21. 请对比刃型位错和螺型位错的特征。

22. 何为混合位错？如何确认？

23. 以刃型位错为例，说明柏氏矢量的确定方法。

24. 何为柏氏矢量？用柏氏矢量判断图 1.1 位错环中 A、B、C 三段各属于哪一类位错？

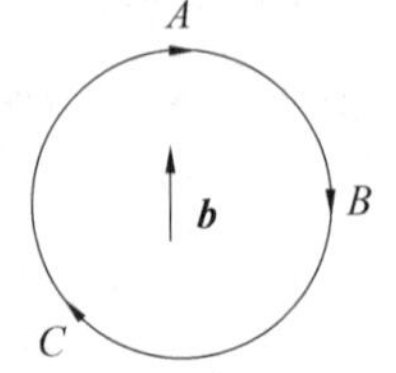

图 1.1

25. 如何显示位错并确定其密度？

26. 位错对金属材料的机械性能有何影响？

27. 如何区分晶界和相界？

28. Ag、Al 都是面心立方晶格，原子半径接近，但它们在固态下不能无限互溶，试解释其原因。

29. 碳可溶入 α－Fe 和 γ－Fe 间隙中，α－Fe 致密度为 0.68，γ－Fe 致密度为 0.74，但 γ－Fe 的溶碳能力却比 α－Fe 大，试通过计算说明原因。（α－Fe 在 727 ℃ 时原子半径为 0.125 2 nm，γ－Fe 在 1 148 ℃ 时原子半径为 0.129 3 nm，碳原子半径为 0.077 nm）

30. 钛在冷却到 883 ℃ 时从 bcc 转变为 hcp 结构，此时其原子半径增加 2%，求单位质量的钛发生此转变时体积变化的百分比。

31. 已知面心立方晶格的晶格常数为 a，分别计算(100)、(110) 和(111) 晶面的晶面间距；并求出[100]、[110] 和[111] 晶向上的原子排列密度（某晶向上的原子排列密度是指该晶向上单位长度排列原子的个数）。

六、综合论述及计算题

1. 请用双原子作用模型说明金属中原子为什么呈周期性规则排列，而且趋于紧密排列？

2. 以铁为例说明什么是金属的多晶型转变？铁在 912 ℃ 发生多晶型转变时，如果原子半径不变，试求此时的体积变化。

3. 金属材料最典型的晶体结构为哪三种？请计算每种晶体结构晶胞的原子数、原子半径、配位数、致密度和间隙半径。

4. 碳溶入α－Fe 和γ－Fe 各形成什么组织？最大溶解度各为多少？α－Fe 和γ－Fe 的致密度、配位数各为多少？如何解释碳在α－Fe 和γ－Fe 中溶解度不同？

5. 六方晶系中 $[11\bar{2}1]$、$[1\bar{2}11]$、$[\bar{3}211]$、$[\bar{1}\bar{1}22]$ 晶向中，哪些属于以 $[11\bar{2}3]$ 为轴的晶带？

6. 何为组元、相和固溶体？ 请阐述组元、相、固溶体的关系。固溶体的晶体结构有何特点？影响固溶体结构的主要因素有哪些？

7. 什么是固溶强化，置换固溶体与间隙固溶体哪种强化效果大？为什么？合金若发生由无序固溶体向有序固溶体的转变，其性能如何变化？

8. 请阐述金属固溶体和金属化合物在晶体结构和机械性能方面的区别。

9. 何为间隙相？如何区分间隙相与间隙固溶体？请分别说明间隙相和间隙化合物的结构与性能特征。

10. 点缺陷有哪几种？请画图说明。请阐述各类点缺陷的形成原因以及它们对金属性能的影响。

11. 请阐述晶体面缺陷的划分及每种缺陷的结构特征？影响表面能的因素有哪些？

12. 如何划分晶界？请阐述晶界的特性及其对金属材料相变和力学性能的影响。

第 2 章　纯金属的结晶

【学习指导】

1. 主要内容

(1) 金属结晶的现象:过冷度与结晶潜热、金属结晶的能量条件、金属结晶的结构条件。

(2) 晶核的形成:均匀形核与非均匀形核。

(3) 晶核长大:固 - 液界面的结构、晶体长大机制及形态、晶粒大小的控制。

2. 基本要求

(1) 明确结晶的热力学、动力学、能量及结构条件。

(2) 了解过冷度在结晶过程中的意义。

(3) 均匀形核和非均匀形核的成因及在生产中的应用,均匀形核时 r_k 及 ΔG_k 的计算。

(4) 明确晶体长大条件及长大机制。

(5) 了解结晶理论在控制晶粒大小方面的作用。

一、名词解释

结晶、过冷度、临界过冷度、结晶潜热、结构起伏、能量起伏、晶胚、晶核、枝晶、晶粒度、均匀形核、非均匀形核、形核功、形核率、光滑界面、粗糙界面、正温度梯度、负温度梯度、变质处理、过冷现象、远程有序、近程有序、临界形核半径、活性质点、变质剂、长大速度

二、填空题

1. 在金属学中,通常把金属从液态向固态的转变称为________,而把金属从一种结构的固态向另一种结构的固态的转变称为________。

2. 金属实际结晶温度与理论结晶温度之差称为________。

3. 金属冷却时的结晶过程是一个________的过程。

4. 过冷是金属结晶的________条件。

5. 过冷度是________________________________。一般金属结晶时,过冷度越大,则晶粒越________。

6. 液态金属结晶时,结晶过程的驱动力是________________________________,阻力是________________________________。

7. 金属结晶两个密切联系的基本过程是________和________。

8. 纯金属结晶必须满足的热力学条件为____________________。

9. 液态金属结晶时，获得细晶粒组织的主要方法是__________、__________和__________。液态金属的结构特点为________________。

10. 当对金属液体进行变质处理时，变质剂的作用是__________。

11. 如果其他条件相同，则金属模浇注铸件的晶粒比砂模浇注的_______，高温浇注铸件的晶粒比低温浇注的_______，采用振动浇注铸件的晶粒比不采用振动的_______，薄铸件的晶粒比厚铸件的_______。

12. 影响晶体凝固的主要因素是_______和_______。

三、选择题（选出一个或多个正确答案）

1. 液态金属结晶的基本过程是_______。

A. 边形核边长大　　B. 先形核后长大

C. 自发形核和非自发形核　　D. 突发相变

2. 金属结晶时，冷却速度越快，其实际结晶温度将_______。

A. 比理论结晶温度越低　　B. 比理论结晶温度越高

C. 越接近理论结晶温度　　D. 同理论结晶温度相等

3. 纯金属结晶的冷却曲线中，由于结晶潜热而出现结晶平台现象。这个结晶平台对应的横坐标和纵坐标表示_______。

A. 理论结晶温度和时间　　B. 实际结晶温度和时间

C. 时间和理论结晶温度　　D. 时间和实际结晶温度

4. 液态金属结晶时，_______越大，结晶后金属的晶粒越细小。

A. 形核率 N　　B. 长大率 G　　C. 比值 N/G　　D. 比值 G/N

5. 若纯金属结晶过程处在液 - 固相平衡共存状态下，此时的温度同理论结晶温度相比_______。

A. 相等　　B. 更高　　C. 更低　　D. 难以确定

6. 当加热到 A_3 温度（即为 GS 线对应的温度）时，碳钢中的铁素体将转变为奥氏体，这种转变可称为_______。

A. 再结晶　　B. 相变重结晶　　C. 伪共晶　　D. 多晶型转变

7. 纯金属结晶过程中，过冷度增大，则_______。

A. 形核率增大、长大率减小，结果晶粒细小

B. 形核率增大、长大率增大，结果晶粒细小

C. 形核率减小、长大率增大，结果晶粒粗大

D. 形核率减小、长大率减小，结果晶粒细小

四、判断题

1. 金属由液态转变为固态的过程称为凝固，是一相变过程。（　　）

2. 金属的纯度越高，则过冷度越大，实际结晶温度越高。（　　）

3. 液态纯金属的温度以极慢的冷却速度连续降低到其理论结晶温度时，该金属即开始结晶。（　　）

4. 金属的理论结晶温度总是高于实际结晶温度。（　　）

5. 过冷度的大小取决于冷却速度和金属的本性。（　　）

6. 近代研究表明,液态金属的结构与固态金属接近,而与气态相差较远。(　　)

7. 金属的熔化潜热与结晶潜热均属于相变潜热。(　　)

8. 液态金属冷却结晶过程分为两个阶段:先形核,形核停止以后,便发生长大,使晶粒充满整个容积。(　　)

9. 金属由液态转变成固态的过程,是由近程有序排列向远程有序排列转变的过程。(　　)

10. 同液态金属的结晶类似,金属相变的基本过程也为形核和核长大两个基本过程。(　　)

11. 纯金属结晶时,形核率随过冷度的增加而不断增加。(　　)

12. 液态金属结晶过程中,冷却速度越大,结晶后的晶粒越细。(　　)

13. 纯金属结晶过程中,晶体的长大速度随过冷度的增大而增大。(　　)

14. 过冷是液态金属结晶的必要条件,无论过冷度大小,均能保证结晶过程得以进行。(　　)

15. 过冷度较大时,纯金属晶体主要以平面状方式长大。(　　)

16. 形成树枝状晶体时,枝晶的各次晶轴将具有不同的位向,最后形成的枝晶是一个多晶体。(　　)

17. 从宏观上观察,若液/固界面是平直的,称为光滑界面结构;若是呈金属锯齿形的,称为粗糙界面结构。(　　)

18. 纯金属结晶时若呈垂直方式生长,则其界面时而光滑,时而粗糙,交替生长。(　　)

19. 纯金属结晶或以树枝状形态生长,或以平面状形态生长,与该金属的熔化熵无关。(　　)

20. 金属结晶时,晶体长大所需要的动态过冷度有时还比形核所需要的临界过冷度大。(　　)

21. 液态纯金属中加入形核剂,其生长形态总是呈树枝状。(　　)

22. 在实际生产条件下,金属凝固时的过冷度都很小(< 20 ℃),其主要原因在于非均匀形核的结果。(　　)

五、简答题

1. 什么是过冷度?根据结晶的热力学条件解释,为什么金属结晶时一定要有过冷度?过冷度大小与什么因素有关?影响如何?

2. 结晶的普遍规律是什么?绘图说明金属结晶的微观过程。

3. 试画出纯金属的冷却曲线,简要说明曲线中出现“平台”的原因。

4. 金属结晶时形核方式有哪几种?通常金属结晶是通过哪种方式形核?

5. 简述纯金属均匀形核的条件。

6. 何为结构起伏?它与过冷度有何关系?举例说明增加过冷度的方法。

7. 画图解释纯金属凝固过程中固 - 液界面前沿液体中的正、负温度梯度。

8. 简述纯金属生长形态与温度梯度的关系。

9. 何为非均匀形核?简述非均匀形核的必要条件。

10. 影响接触角 θ 的因素有哪些?选择什么样的异相质点可以促进非均匀形核?

11. 什么是形核率？什么是长大速度？晶核的形成率和成长速度受到哪些因素的影响？

12. 为什么实际生产条件下，纯金属晶体常以树枝状方式进行长大？

13. 当对液态金属进行变质处理时，变质剂的作用是什么？

14. 金属结晶时的宏观现象有哪些？

六、综合论述及计算题

1. 何为晶粒度？晶粒的大小取决于什么？常温下，晶粒大小对金属性能有何影响？分析浇注时细化晶粒、提高金属材料常温机械性能的措施。

2. 试述结晶相变的热力学条件、动力学条件、能量条件及结构条件。

3. 均匀形核的条件是什么？试分析金属均匀形核时的能量变化规律，绘出相应曲线图，并推导临界形核半经 γ_k 及临界形核功 ΔG_k 的公式。

4. 试比较均匀形核与非均匀形核的异同点。金属结晶时通常以哪一种方式形核？为什么？叙述非均匀形核的必要条件。

5. 纯金属结晶过程中，晶核长大的条件是什么？长大机制有几种？过冷度对长大方式和长大速度有什么影响？

6. 非均匀形核时，球冠状晶核以及晶核与基底的关系如图 2.1 所示，试推导出临界晶核曲率半径和形核功。

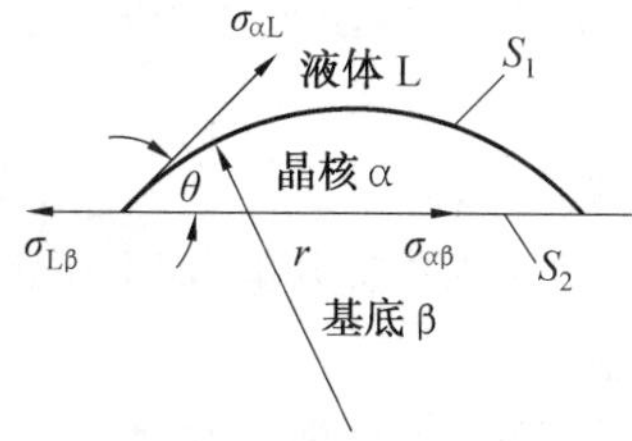

图 2.1　非均匀形核时晶核与基底的关系示意图

7. 设晶核为一立方体，试推导临界晶核边长和临界形核功。

第3章　二元合金相图和合金的凝固

【学习指导】

1. 主要内容

(1) 合金中的相及其结构:固溶体与金属化合物。

(2) 相图的建立:测定方法、杠杆定律、相律。

(3) 二元匀晶相图:固溶体的平衡结晶、固溶体的非平衡结晶、成分过冷及对晶体成长形状和铸锭组织的影响、区域偏析及提纯。

(4) 二元共晶相图:典型合金的平衡结晶、非平衡结晶。

(5) 二元包晶相图:典型合金的平衡结晶、非平衡结晶。

(6) 其他类型的相图:分析方法、铸锭的组织与缺陷、合金的性能与相图之间的关系。

2. 基本要求

(1) 弄清相、组织及组织组成物等概念。

(2) 熟悉匀晶、共晶、包晶三种基本相图,并能利用相图分析合金的结晶过程及组织。

(3) 了解不平衡结晶过程及组织。

(4) 利用相图与性能的关系,预测材料性能。

(5) 理解成分过冷的形成、影响因素及其对组织形态的影响。

一、名词解释

相图、相律、匀晶转变、共晶转变、包晶转变、共析转变、包析转变、异晶转变、平衡结晶、不平衡结晶、异分结晶、平衡分配系数、晶内偏析、显微偏析、区域偏析、区域提纯、成分过冷、胞状组织、共晶组织、亚共晶组织、过共晶组织、伪共晶、离异共晶、相组成物、组织组成物

二、填空题

1. 相图可用于表征合金体系中合金状态与________和________之间的关系。

2. 最基本的二元合金相图有____________、____________和____________。

3. 根据相律,对于给定的金属或合金体系,可独立改变的影响合金状态的内部因素和外部因素的数目,称为____________,对于纯金属该数值最多为____________,而对于二元合金该数值最多为____________。

4. 典型的二元合金匀晶相图,如 Cu - Ni 二元合金相图,包含____________、____________两条相线,____________、____________和____________三个相区。

5. 同纯金属结晶过程类似,固溶体合金的结晶包括＿＿＿＿＿＿和＿＿＿＿＿＿两个基本过程。

6. 匀晶反应的特征为＿＿＿＿＿＿＿＿＿＿＿＿＿＿＿＿＿＿＿＿,其反应式可描述为＿＿＿＿＿＿＿＿＿＿。

7. 共晶反应的特征为＿＿＿＿＿＿＿＿＿＿＿＿＿＿＿＿＿＿＿＿,其反应式可描述为＿＿＿＿＿＿＿＿＿＿。

8. 共析反应的特征为＿＿＿＿＿＿＿＿＿＿＿＿＿＿＿＿＿＿＿＿,其反应式可描述为＿＿＿＿＿＿＿＿＿＿。

9. 金属或合金在极缓慢冷却条件下进行的结晶过程称为＿＿＿＿＿＿。纯金属结晶时所结晶出的固相成分与液相成分＿＿＿＿＿＿,称为＿＿＿＿＿＿;而固溶体合金结晶时所结晶出的固相成分与液相成分＿＿＿＿＿＿,称为＿＿＿＿＿＿。

10. 固溶体合金经不平衡结晶所产生的两类成分偏析为＿＿＿＿＿＿、＿＿＿＿＿＿。

11. 固溶体合金产生晶内偏析的程度受到溶质原子扩散能力的影响,若结晶温度较高,溶质原子的扩散能力小,则偏析程度＿＿＿＿＿＿。如磷在钢中的扩散能力较硅小,所以磷在钢中的晶内偏析程度较＿＿＿＿＿＿,而硅的偏析较＿＿＿＿＿＿。

12. 固溶体合金结晶后出现枝晶偏析时,结晶树枝主轴含有较多的＿＿＿＿＿＿组元。严重的晶内偏析降低合金的＿＿＿＿＿＿,为消除枝晶偏析,工业生产中广泛采用＿＿＿＿＿＿的方法。

13. 根据区域偏析原理,人们开发了＿＿＿＿＿＿的工艺方法,除广泛用于提纯金属、金属化合物外,还应用于半导体材料及有机物的提纯。通常,熔化区的长度＿＿＿＿＿＿,液体的成分＿＿＿＿＿＿,提纯效果越好。

14. 影响二元合金固溶体晶体生长形态的主要因素有＿＿＿＿、＿＿＿＿、＿＿＿＿。

15. 在某些二元系合金中,当液体凝固完毕后继续冷却时,在固态下还会发生各种形式的相变,如＿＿＿＿、＿＿＿＿、＿＿＿＿。

三、选择题(选出一个或多个正确答案)

1. 可用于测定二元合金临界点,建立相图的方法有＿＿＿＿＿＿。
   A. 电阻法　　B. 热分析法
   C. 金相分析法　　D. X射线结构分析法

2. 二元合金固溶体的晶体结构为＿＿＿＿＿＿。
   A. 溶剂的晶型　　B. 溶质的晶型　　C. 复杂晶型　　D. 其他晶型

3. 固溶体合金在形核时,需要＿＿＿＿＿＿。
   A. 成分起伏　　B. 结构起伏　　C. 成分过冷　　D. 能量起伏

4. 匀晶合金在较快冷却条件下结晶时将产生＿＿＿＿＿＿。
   A. 枝晶偏析　　B. 宏观偏析　　C. 晶内偏析　　D. 区域偏析

5. 共晶反应是指＿＿＿＿＿＿。
   A. 液相 → 固相Ⅰ + 固相Ⅱ　　B. 固相 → 固相Ⅰ + 固相Ⅱ
   C. 从一个固相内析出另一个固相　　D. 从一个液相内析出另一个固相

6. 共析反应是指＿＿＿＿＿＿。
   A. 液相 → 固相Ⅰ + 固相Ⅱ　　B. 固相 → 固相Ⅰ + 固相Ⅱ

C. 从一个固相内析出另一个固相　D. 从一个液相内析出另一个固相

7. 当二元合金进行共晶反应时,其相组成是__________。

A. 由单相组成　B. 两相共存　C. 三相共存　D. 四相共存

8. 共晶成分的二元合金在刚完成共晶反应后的组织组成物为________。

A. $\alpha + L$　B. $\beta + L$　C. $\alpha + \beta$　D. $\alpha + \beta + L$

9. 共析成分的合金在共析反应 $\gamma \rightarrow \alpha + \beta$ 刚结束时,其组成相为________。

A. $\gamma + \alpha + \beta$　B. $\alpha + \beta$　C. $(\alpha + \beta)$　D. $\alpha + \beta + (\alpha + \beta)$

10. 一个合金的组织为 $\alpha + \beta_1 + (\alpha + \beta)$,其组织组成物为__________。

A. α、β　B. α、β_1、$(\alpha + \beta)$　C. α、β、β_1　D. α、β_1、α、β

11. 具有匀晶相图的单相固溶体合金__________。

A. 铸造性能好　B. 锻压性能好　C. 热处理性能好　D. 切削性能好

12. 二元合金中,共晶成分的合金__________。

A. 铸造性能好　B. 锻造性能好　C. 焊接性能好　D. 切削性能好

13. 正常凝固条件下,铸锭的宏观组织由__________组成。

A. 表层细晶区　B. 表层粗晶区　C. 柱状晶区　D. 等轴晶区

14. 实际生产中,影响铸锭铸态组织的因素有__________。

A. 熔化温度　B. 铸模温度　C. 浇注速度　D. 铸锭形状

15. 常见铸锭或铸件缺陷包括__________。

A. 集中缩孔　B. 枝晶偏析　C. 比重偏析　D. 浇注冒口

16. 一个合金的组织为 $\alpha + \beta_1 + (\alpha + \beta)$,其相组成物为__________。

A. α、β　B. α、β_1、$(\alpha + \beta)$　C. α、β、β_1　D. α、β_1、α、β

四、判断题

1. 二元系合金中,杠杆定律只能测定两相区中相的成分与相对含量。(　　)

2. 二元相图既可反映二元系合金相在平衡条件下的平衡关系,又可反映组织的平衡。(　　)

3. 根据相律计算,在匀晶相图中的两相区内,其自由度为2,即温度与成分这两个变量都可以独立改变。(　　)

4. 纯金属的结晶需在恒定温度下进行,固溶体合金的结晶则需在一定的温度范围内进行。(　　)

5. 二元合金固溶体在形核时,与纯金属相同,既需要能量起伏,又需要结构起伏和成分起伏。(　　)

6. 在共晶线上利用杠杆定律可以计算出共晶体的相对量,而共晶线属于三相区,所以杠杆定律不仅适用于两相区,也适用于三相区。(　　)

7. 为保证固溶体合金的平衡结晶,只需维持固相与液相通过界面进行的溶质原子及溶剂原子的扩散。(　　)

8. 固溶体合金无论在平衡或非平衡结晶过程中,液/固界面上液相成分沿着液相平均成分线变化;固相成分沿着固相平均成分线变化。(　　)

9. 尽管固溶体合金的结晶速度很快,但在凝固的某一瞬间,A、B组元在液相与固相内的化学位均是相等的。(　　)

10. 二元合金在结晶过程中析出的初生相和次生相具有不同的晶型和组织形态。(　　)

11. 某一二元合金的室温组织为 $\alpha + \beta_1 + (\alpha + \beta)$,表明该合金由三相组成。(　　)

12. 不平衡结晶条件下,靠近共晶线端点内侧的合金比外侧的合金易于形成离异共晶组织。(　　)

13. 具有包晶转变的合金,室温时的相组成物为 $\alpha + \beta$,其中 β 相均是包晶转变产物。(　　)

14. 固溶体合金非平衡结晶时,只要液/固界面前沿液相中溶质原子分布均匀一致,就可以减小合金中的显微偏析。(　　)

15. 固溶体合金存在枝晶偏析时,因主轴成分与枝间成分不同,最终形成的树枝晶不应是一个相。(　　)

16. 将固溶体合金棒反复多次"熔化—凝固",并采用定向快速凝固的方法,可以有效提纯金属。(　　)

17. Cu－Ni合金不平衡结晶过程中,液/固界面推进速度越快,晶内偏析越严重。(　　)

18. 经平衡结晶获得的20% Ni的Cu－Ni合金比40% Ni的Cu－Ni合金的硬度和强度要高。(　　)

19. 厚薄不均匀的Cu－Ni合金铸件,结晶后薄处易形成树枝状组织,而厚处易形成胞状组织。(　　)

20. 从产生成分过冷的条件可知,合金中溶质浓度越高,成分过冷区越小,越易形成胞状组织。(　　)

21. 具有共晶转变的二元合金,产生伪共晶的原因是合金凝固时的冷却速度太慢。(　　)

22. 在二元亚共晶或共晶合金的凝固过程中可采取降低冷却速度的方法防止或减轻比重偏析。(　　)

五、简答题

1. 以结晶时溶质原子重新分布的观点说明固溶体的平衡结晶过程。

2. 简述固溶体合金与纯金属平衡结晶过程的异同点。

3. 简述固溶体合金结晶的形核条件和方式。

4. 何为相图?以二元合金相图为例,简述相图的分析步骤,并指出相图的用途。

5. 何为相律?写出表达式。用相律可以说明哪些问题?试用相律说明二元相图上三相共存的条件。

6. 试推导杠杆定律,并说明杠杆定律在什么条件下可以应用?

7. 何为共晶反应?写出反应式,并画出示意图。

8. 何为共析反应?写出反应式,并画出示意图。

9. 何为包晶反应?写出反应式,并画出示意图。

10. 比较共晶转变与共析转变的异同点。

11. 如何根据相图大致判断合金的力学性能、物理性能和铸造性能?

12. 何为枝晶偏析?是如何形成的?影响枝晶偏析的因素有哪些?枝晶偏析对金属的性能有何影响?如何消除?

13. 什么是异分结晶?什么是分配系数?

14. 什么是区域偏析？说明如何利用区域熔炼法提纯金属。影响提纯效果的因素有哪些？

15. 为什么利用包晶转变可以细化固溶体合金的晶粒？举例说明如何利用包晶转变细化固溶体合金的晶粒。

16. 什么是包晶偏析？如何消除？

17. 什么是伪共晶？伪共晶如何形成？伪共晶的组织形态如何？伪共晶对固溶体合金的机械性能有何影响？

18. 什么是离异共晶？举例说明离异共晶产生的原因及对金属性能有何影响？如何消除？

19. 试述铸锭的组织特点及形成原因。

20. 实际生产中，如何控制金属铸锭的宏观组织？

21. 金属铸锭与铸件的常见铸造缺陷有哪些？如何防止或减轻金属铸锭与铸件的铸造缺陷？

22. 组元 A 的熔点为 1 000 ℃，组元 B 的熔点为 700 ℃；在 800 ℃ 时存在包晶反应：$\alpha(5\%B) + L(50\%B) \rightleftharpoons (30\%B)$；在 600 ℃ 时存在共晶反应：$L(80\%B) \rightleftharpoons (60\%B) + \gamma(95\%B)$；在 400 ℃ 时发生共析反应：$\beta(50\%B) \rightleftharpoons \alpha(2\%B) + \gamma(97\%B)$。根据以上数据画出相图。

六、综合论述及计算题

1. 什么是成分过冷？画图说明成分过冷是如何形成的？影响因素有哪些？成分过冷对固溶体合金生长形态有何影响？

2. 根据 Pb – Sn 合金相图（见图 3.1），分别画出 $w(Sn) = 50\%$ 的亚共晶合金、$w(Sn) = 61.9\%$ 的共晶合金和 $w(Sn) = 70\%$ 的过共晶合金的冷却曲线，同时绘出曲线上各阶段合金的组织示意图，并指出其室温组织。设 F 点成分为 $w(Sn) = 2\%$，G 点成分为 $w(Sn) = 99\%$，分别求出各合金室温下组织组成物和相组成物的相对含量（计算结果保留小数点后1位）。

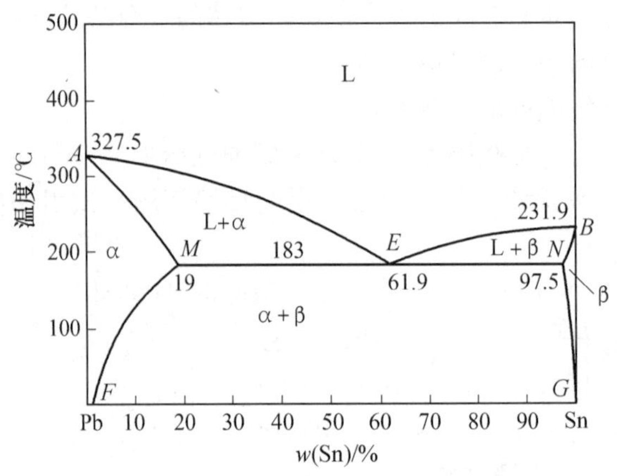

图 3.1　Pb – Sn 二元合金相图

3. 依据 Pb – Sn 相图（见图 3.1），假设 F、G 点的成分分别为 $w(Sn) = 2\%$ 和 $w(Sn) = 99\%$，求 $w(Sn) = 28\%$ 的亚共晶合金在下列温度时组织中有哪些相及相的相对含量：(a) $t > 265$ ℃；(b) 刚冷至 183 ℃ 共晶转变尚未开始；(c) 在 183 ℃ 共晶转变完毕；(d) 冷至室温(计算结果保留小数点后1位)。

4. 根据Pt－Ag相图(见图3.2),画出w(Ag)=22%和w(Ag)=56%合金的冷却过程中组织变化示意图。设E点成分为w(Ag)=2%,F点成分为w(Ag)=92%,求出各合金冷至室温时组织中有哪几个相及相的相对含量(计算结果保留小数点后1位)。

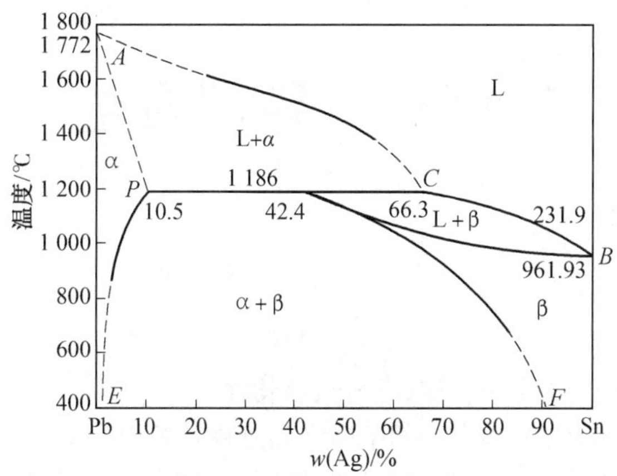

图3.2　Pt－Ag二元合金相图

5. 根据Pt－Ag相图(见图3.2),设E点成分为w(Ag)=2%,F点成分为w(Ag)=92%,求出w(Ag)=22%的合金在下列温度时组织中有哪些相及相的相对含量:(a)t > 1 700 ℃;(b)刚冷至1 186 ℃包晶转变尚未开始;(c)在1 186 ℃包晶转变完毕;(d)冷至室温(计算结果保留小数点后1位)。

6. 试画出由两个包晶反应和一个共晶反应组成的二元合金相图。

7. 试画出由两个包晶反应、一个共析反应和一个包析反应组成的二元合金相图。

第 4 章　铁碳合金

【学习指导】

1. 主要内容

(1) 组元及基本相:纯铁和渗碳体、点线区及其含义。

(2) 铁碳合金相图分析:铁碳合金的平衡结晶过程及组织。

(3) 碳的质量分数对铁碳合金平衡组织与性能的影响;对平衡组织、力学性能和工艺性能的影响。

(4) 钢中的杂质元素及钢锭组织:杂质元素及危害、钢锭宏观组织及缺陷。

2. 基本要求

(1) 熟练掌握 $Fe-Fe_3C$ 相图、了解组元和基本相。

(2) 利用 $Fe-Fe_3C$ 相图分析铁碳合金的平衡结晶过程及得到的组织。

(3) 掌握碳的质量分数对铁碳合金组织与性能的影响。

一、名词解释

纯铁、渗碳体、一次渗碳体、二次渗碳体、三次渗碳体、铁素体、奥氏体、珠光体、莱氏体、索氏体、工业纯铁、共析钢、亚共析钢、过共析钢、共晶白口铁、亚共晶白口铁、过共晶白口铁、体积收缩、线收缩、镇静钢、沸腾钢

二、填空题

1. 铁碳合金中碳以__________和__________两种形式存在。

2. 铁碳合金的室温显微组织由__________和__________两种基本相组成。

3. Cr、V 在 $\gamma-Fe$ 中将形成________固溶体,C、N 在 $\gamma-Fe$ 中则形成________固溶体。

4. 纯铁在不同温度区间的同素异构体有__________、__________、__________。

5. 当一块质量一定的纯铁加热到__________时,将发生 $\alpha-Fe\rightarrow\gamma-Fe$ 转变,此时体积将发生__________。

6. 奥氏体是__________在__________的固溶体,其晶体结构为__________。

7. 铁素体是__________在__________的固溶体,其晶体结构为__________。

8. 共析成分铁碳合金经平衡结晶冷却室温时,其相组成物为__________,组织组成物为__________。

9. 碳的质量分数为2.11% ~ 6.69% 的铁碳合金发生共晶反应的反应式为__________,其反应产物在室温下被称为__________。

10. 珠光体是＿＿＿＿＿和＿＿＿＿＿的机械混合物，而莱氏体是＿＿＿＿＿和＿＿＿＿＿的机械混合物。

11. 铁素体较珠光体硬度低，其原因在于＿＿＿＿＿＿＿＿。

12. 渗碳体是＿＿＿＿＿和＿＿＿＿＿的金属间化合物，其晶体结构是＿＿＿＿＿＿＿＿，化学式中两种原子的个数比为＿＿＿＿＿。

13. 在 $Fe-Fe_3C$ 相图中，有＿＿＿＿＿、＿＿＿＿＿、＿＿＿＿＿三种渗碳体，它们各自的形态特征是＿＿＿＿＿、＿＿＿＿＿、＿＿＿＿＿。

14. 铁碳合金中，含一次渗碳体最多的合金成分点为＿＿＿＿＿，含二次渗碳体最多的合金成分点为＿＿＿＿＿，含三次渗碳体最多的合金成分点为＿＿＿＿＿。

15. 碳钢按相图分为＿＿＿＿、＿＿＿＿、＿＿＿＿。

16. 某亚共析钢金相显微镜分析结果表明，显微组织中珠光体含量为80%，则此钢的碳含量为＿＿＿＿＿。

17. 金相显微镜下观察，若某退火碳钢试样中先共析铁素体面积为41.6%，珠光体面积为58.4%，则其含碳量为＿＿＿＿＿。

18. 金相显微镜下观察，若某退火碳钢试样渗碳体面积为7.3%，珠光体面积为92.7%，则其含碳量为＿＿＿＿＿。

19. 钢中常存杂质元素有＿＿＿＿、＿＿＿＿、＿＿＿＿、＿＿＿＿等，其中＿＿＿＿、＿＿＿＿是有害元素，它们使钢产生＿＿＿＿、＿＿＿＿。

20. 实际生产中，若对钢进行轧制或锻压加工，必须将其加热至＿＿＿＿相区。

三、选择题（选出一个或多个正确答案）

1. 铁碳合金中的渗碳体属于＿＿＿＿＿。

A. 间隙相　　B. 间隙固溶体
C. 间隙化合物　　D. 正常化合物

2. $\delta-Fe$ 的晶体结构为＿＿＿＿＿。

A. 简单立方　　B. 体心立方　　C. 面心立方　　D. 密排六方

3. 纯铁在912 ℃以下的晶格类型为＿＿＿＿＿。

A. 简单立方晶格　　B. 面心立方晶格
C. 体心立方晶格　　D. 密排六方晶格

4. 铁碳合金中的奥氏体是＿＿＿＿＿。

A. 碳在 $\gamma-Fe$ 中的间隙固溶体　　B. 碳在 $\alpha-Fe$ 中的间隙固溶体
C. 碳在 $\alpha-Fe$ 中的有限固溶体　　D. 碳在 $\gamma-Fe$ 中的有限固溶体

5. 铁碳合金中的铁素体是＿＿＿＿＿。

A. 碳在 $\gamma-Fe$ 中的间隙固溶体　　B. 碳在 $\alpha-Fe$ 中的间隙固溶体
C. 碳在 $\alpha-Fe$ 中的有限固溶体　　D. 碳在 $\gamma-Fe$ 中的有限固溶体

6. 铁碳合金中的珠光体是＿＿＿＿＿。

A. 单相固溶体　　B. 两相混合物
C. 铁的同素异构体　　D. 铁与碳的化合物

7. 铁碳合金共析转变产物为＿＿＿＿＿。

A. 奥氏体　　B. 铁素体　　C. 莱氏体　　D. 珠光体

8. 二次渗碳体是从＿＿＿＿＿＿。

A. 钢液中析出的　B. 铁素体中析出的

C. 奥氏体中析出的　D. 莱氏体中析出的

9. 三次渗碳体是从＿＿＿＿＿＿。

A. 钢液中析出的　B. 铁素体中析出的

C. 奥氏体中析出的　D. 珠光体中析出的

10. 铁素体的性能特点可描述为＿＿＿＿＿＿。

A. 具有良好的切削和铸造性能　B. 具有良好的硬度和强度

C. 具有良好的综合机械性能　D. 具有良好的塑性和韧性

11. $w(C)=4.3\%$ 的铁碳合金＿＿＿＿＿＿。

A. 可锻性良好　B. 铸造性良好

C. 可焊接性良好　D. 可热处理性良好

12. 桥梁用钢宜选用＿＿＿＿＿＿。

A. 低碳钢　B. 中碳钢　C. 高碳钢　D. 工具钢

13. 工具用钢宜选用＿＿＿＿＿＿。

A. 低碳钢　B. 中碳钢　C. 高碳钢　D. 过共晶白口铁

14. 在下述铁碳合金中，切削性能较好的为＿＿＿＿＿＿。

A. 工业纯铁　B. 低碳钢　C. 中碳钢　D. 高碳钢

15. 可进行锻造加工的铁碳合金有＿＿＿＿＿＿。

A. 亚共析钢　B. 共析钢

C. 过共析钢　D. 亚共晶白口铸铁

四、判断题

1. 铁素体是碳在α－Fe 中的间隙相。（　　）

2. 珠光体是铁碳合金中的单相组织。（　　）

3. 纯铁在 1 394 ～ 1 538 ℃ 为体心立方的 α － Fe。（　　）

4. 铁碳合金中 δ － Fe 的晶格类型为复杂斜方结构。（　　）

5. 工业纯铁的室温平衡组织为铁素体。（　　）

6. 工业纯铁平衡结晶过程中，可能获得奥氏体。（　　）

7. 铁碳合金相图中，727 ℃ 是铁素体与奥氏体的同素异构转变温度。（　　）

8. $w(C)=0.2\%$ 的铁碳合金经平衡结晶冷却到室温时可能获得珠光体。（　　）

9. 铁素体与奥氏体的根本区别在于碳在铁中的固溶度不同。（　　）

10. α － Fe 是体心立方结构，致密度为 0.68，所以最大溶碳量为 32%。（　　）

11. γ － Fe 是面心立方晶格，致密度为 0.74，所以最大溶碳量为 26%。（　　）

12. 铁碳合金中的碳通常以渗碳体的形式存在，但由于渗碳体是一亚稳相，所以铁碳合金中石墨应是碳更稳定的存在状态。（　　）

13. 合金元素 Cr、Mn、Si 在 α － Fe 和 γ － Fe 中只能形成间隙式固溶体，而 C、N 在 α － Fe 和 γ － Fe 中则能形成置换固溶体。（　　）

14. 铁碳合金平衡结晶过程中，只有 C 的质量分数为 4.3% 的铁碳合金才能发生共晶反应。（　　）

15. 渗碳体具有复杂的晶格类型，Fe 与 C 的原子个数比为 6 : 69。(　　)

16. 一次渗碳体与二次渗碳体的形态与晶体结构均不相同。(　　)

17. 铁碳合金中，一次渗碳体、二次渗碳体和三次渗碳体具有相同的晶体结构。(　　)

18. $Fe-Fe_3C$ 系合金中，只有过共析钢的平衡结晶组织中才有二次渗碳体存在。(　　)

19. 共析钢显微组织金相观察结果表明，渗碳体片层密集程度不同。由此可推断，片层密集处碳含量高，而片层不密集处碳含量低。(　　)

20. 根据铁碳合金相图，钢与铁的成分分界点为 $w(C)=4.3\%$。(　　)

21. 铁碳合金中凡可发生共晶反应的铁碳合金称为白口铁，凡可发生共析反应的铁碳合金称为钢。(　　)

22. 碳钢的平衡结晶过程都具有共析转变，而没有共晶转变；而铸铁则只有共晶转变，没有共析转变。(　　)

23. 铁碳合金中共晶反应和共析反应均是在一定浓度和恒定温度下进行的。(　　)

24. 室温下，共析钢的平衡组织为奥氏体。(　　)

25. 无论何种成分的碳钢，随着碳含量的增加，组织中铁素体相对量减少，而珠光体相对量增加。(　)

26. $w(C)=1.73\%$ 的铁碳合金加热到 780 ℃ 时得到的组织为奥氏体加二次渗碳体。(　　)

27. $w(C)=4.3\%$ 的铁碳合金应具有良好的压力加工性能。(　　)

28. 室温下，$w(C)=0.8\%$ 退火碳钢的强度比 $w(C)=1.2\%$ 退火碳钢的高。(　　)

29. 可选用 $w(C)=0.1\%$ 的铁碳合金制作手用锉刀。(　　)

30. 在实际生产中，若使钢易于变形加工，必须加热至 δ 单相区。(　　)

五、简答题

1. 何为同素异构转变？请指出纯铁三个同素异构体的名称和晶体结构，试绘出温度 - 时间曲线，并标明临界转变点温度。

2. 何为铁素体、奥氏体和渗碳体？它们的晶体结构如何？它们的性能如何？

3. 请解释奥氏体溶解碳的能力高于铁素体的原因。

4. 请指出铁碳合金冷却过程中，分别通过 $Fe-Fe_3C$ 相图(见图4.1)中 GS、ES、PQ 三条线时所发生的转变，并指出生成物。

5. 比较 $Fe-Fe_3C$ 相图中三条水平线上发生的反应及所能得到的产物。

6. 请画出 $Fe-Fe_3C$ 相图，并分别标出图中各相区的相组成物。

7. 分析图 4.2 中 $w(C)=3.0\%$ 铁碳合金的平衡结晶过程，并计算其室温组织组成物的相对含量(计算结果保留小数点后 1 位)。

8. 某一亚共析钢显微组织中珠光体的质量分数为 56%，试计算该钢中碳的质量分数(计算结果保留小数点后 2 位)。

9. 何为珠光体？画出其显微组织示意图；并计算珠光体中相的相对含量(计算结果保留小数点后 1 位)。

10. 何为莱氏体？画出其显微组织示意图；并计莱氏体中相的相对含量(计算结果保留小数点后 1 位)。

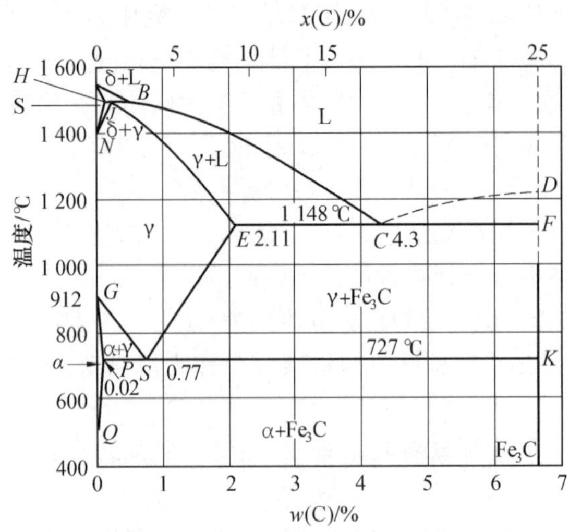

图 4.1　铁碳合金相图示意图

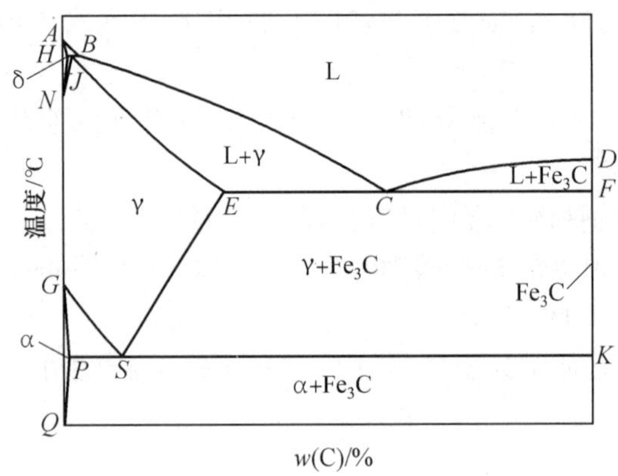

图 4.2　铁碳合金相图示意图

11. 试计算 $w(\mathrm{C}) = 0.6\%$ 钢在室温下的相组成物与组织组成物的相对含量（计算结果保留小数点后 1 位）。

12. 试分别计算 $w(\mathrm{C}) = 1.2\%$ 钢在室温下组织组成物和 $w(\mathrm{C}) = 3.2\%$ 白口铸铁在室温下的相组成物相对含量（计算结果保留小数点后 1 位）。

13. 何为钢的冷脆性和热脆性？如何产生？对钢性能有何影响？如何防止？

14. 简要说明杂质元素 Mn、Si 对钢性能的影响。

15. 试计算 20 kg $w(\mathrm{C}) = 3.8\%$ 的铁碳合金从液态缓慢冷却到 1 148 ℃（但尚未发生共晶反应）时所剩下的液体的质量（计算结果保留小数点后 1 位）。

16. 若某铁碳合金平衡组织中除有珠光体外，还有 15% 的二次渗碳体，试求该合金的碳质量分数（计算结果保留小数点后 1 位）。

17. 若某铁碳合金平衡组织中除有莱氏体外，还有 10% 的一次渗碳体，试求该合金的碳质量分数（计算结果保留小数点后 1 位）。

18. 从化学成分、晶体结构、形成条件及组织形态上分析一次渗碳体、二次渗碳体和三次渗碳体之间的异同点，并说明它们对合金性能的影响。

19. 为什么绑扎物件一般用铁丝而起重机吊物却用高碳钢丝？

六、综合论述及计算题

1. 什么是一次渗碳体、二次渗碳体和三次渗碳体？什么是共晶渗碳体和共析渗碳体？请描述上述渗碳体显微形态，分析它们对合金性能的影响，并计算碳钢中二次渗碳体和三次渗碳体的最大质量分数(结果保留小数点后 2 位)。

2. 根据 $Fe-Fe_3C$ 相图，请分析 $w(C)=3.2\%$、$w(C)=4.3\%$ 及 $w(C)=4.7\%$ 的铁碳合金的平衡结晶过程，画出其结晶过程示意图；并计算组织组成物和相组成物的相对含量(结果保留小数点后 1 位)。

3. 请画出 $Fe-Fe_3C$ 相图，标注出图中的点、线、相区，说明有哪几个恒温反应，写出反应式及得到的组织；并利用杠杆定律分别计算 $w(C)=0.45\%$ 和 $w(C)=1.2\%$ 的铁碳合金室温下组织组成物的相对含量(结果保留小数点后 1 位)。

4. 根据 Fe－C 合金组织与性能的关系，请分别画出强度(σ_S)、硬度(HB)、塑性(δ、ψ)和韧性(a_k)与钢中含碳量的变化关系曲线，并进行解释。

5. 试根据铁碳合金的平衡组织特征解释下列现象：

(1) $w(C)=0.8\%$ 的钢比 $w(C)=0.4\%$ 的钢强度、硬度高，但塑性、韧性差；

(2) $w(C)=1.2\%$ 的钢比 $w(C)=0.8\%$ 的钢硬度高但强度低；

(3) 在 1 100 ℃，$w(C)=0.4\%$ 的钢能进行锻造，而 $w(C)=4.0\%$ 的生铁则不能锻造。

6. 根据 $Fe-Fe_3C$ 相图，试分析 $w(C)=0.45\%$、$w(C)=0.77\%$、$w(C)=1.1\%$ 的碳钢由奥氏体缓慢冷却时组织的转变，画出每一个阶段的结晶过程显微示意图；并计算组织组成物和相组成物的相对含量(结果保留小数点后 1 位)。

第 5 章　三元合金相图

【学习指导】

1. 主要内容

(1) 三元合金相图的表示方法:成分三角形、具有特定意义的直线。

(2) 三元系平衡相的定量法则:直线法则、杠杆定律、重心法则。

(3) 三元匀晶相图:相图分析、合金的结晶过程、等温截面、变温截面、投影图。

(4) 三元共晶相图:相图分析、合金的结晶过程、等温截面、变温截面、投影图、三元相图应用举例。

2. 基本要求

(1) 了解三元相图的成分表示方法。

(2) 掌握三元匀晶相图、简单三元共晶相图的主体模型、等温截面、变温截面及投影图。

(3) 运用三元相图的投影图、截面图分析三元合金随温度变化发生的相平衡转变及形成的组织组成物。

(4) 运用直线法则、重心法则计算合金各平衡相及组织组成物的相对含量。

一、名词解释

成分三角形、直线法则、重心法则、等温截面、变温截面、投影图

二、填空题

1. 三元系合金中,可采用________、________和________等法则确定各平衡相成分及相对含量。

2. 某一未知成分的三元系合金在一定温度下处于两相平衡状态,若两个平衡相的成分点已知,则合金的成分点位于两已知成分点________上,可利用________求出该合金的成分。

3. 某一给定成分的三元系合金在一定温度下处于两相平衡状态,若其中一平衡相的成分已知,则另一相的成分点位于两已知成分点________上,可利用________求出该平衡相的成分。

4. 可用于确定三元合金在某一温度下所存在的平衡相及各组成相的成分和相对含量的是三元相图的________,而可用于分析合金结晶过程的是三元相图的________,既可分析合金结晶过程又可确定平衡相组成和含量的则是三元相图的________。

5. 液态和固态均无限固溶三元合金发生匀晶转变时的自由度等于________;而液态无限互溶、固态完全不互溶的三元合金,发生二元共晶转变时的自由度等于________,发生三元共晶转变时的自由度等于________。

三、选择题(选出一个或多个正确答案)

1. 三元相图的重心法则可用于____________。
   A. 三元合金平衡相的组成
   B. 分析三元合金的平衡结晶过程
   C. 确定三元合金的成分
   D. 描述确定成分的合金在某一温度下的三相平衡
2. 利用三元相图的等温截面,可__________。
   A. 分析三元合金的相平衡　　B. 确定三元合金平衡相的成分
   C. 确定三元合金平衡相的含量　　D. 确定三元合金室温下的组织
3. 利用三元相图的变温截面,可____________。
   A. 确定三元合金平衡相的成分　　B. 分析三元合金的平衡结晶过程
   C. 确定三元合金平衡相的含量　　D. 分析三元合金室温下的组织特征
4. 工业生产中,Fe - C - Cr 系合金可用作____________。
   A. 不锈钢　　B. 弹簧钢　　C. 模具钢　　D. 轴承钢
5. 某三元共晶相图如图 5.1 所示,则 E_2 温度点的等温截面为____________。

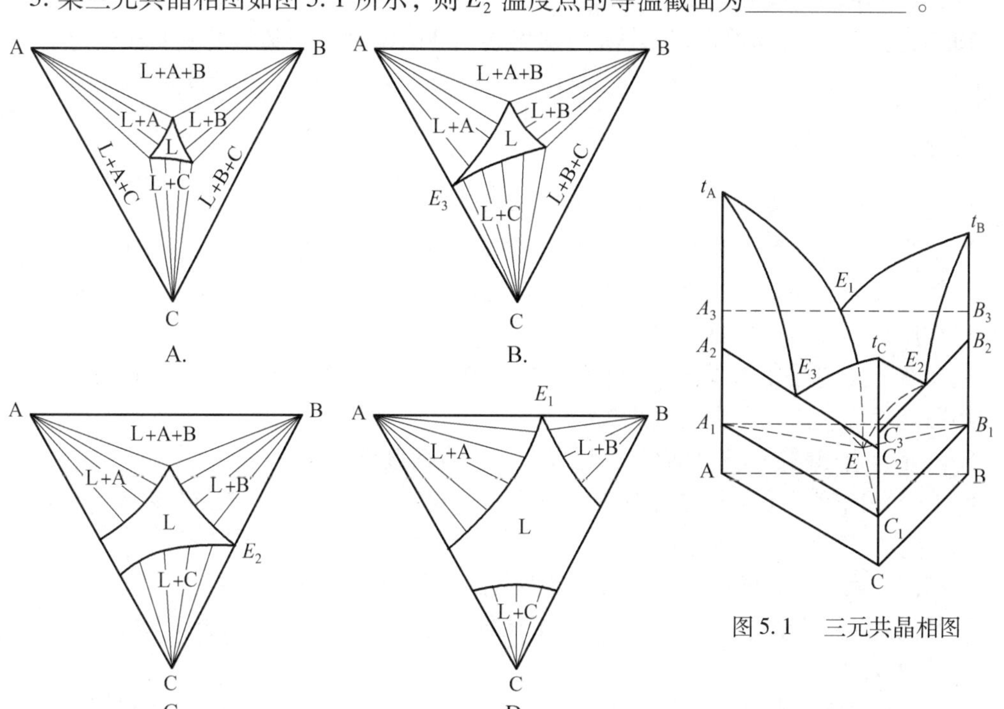

图 5.1　三元共晶相图

四、判断题

1. 三元合金成分三角形中平行某一边的直线所含的与该线对应顶点所代表的组元的含量比值为1。(　　)

2. 三元合金成分三角形中通过某一顶点的直线所含的由另外两个顶点所代表的组元的含量为一定值。(　　)

3. 在确定的温度下,某三元系合金无论处于两相还是三相平衡状态,合金的成分点均与两平衡相成分点或三平衡相成分点在一条直线上。(　　)

4. 构成三元匀晶相图的合金组元在液态和固态均无限固溶。(　　)

5. 常压下根据相律, 三元合金两相平衡与三相平衡系统的自由度分别为 2 和 1。(　　)

6. 两相平衡三元合金相图等温截面或变温截面中,只有一个平衡相的成分可以独立改变。(　　)

7. 同二元合金类似,三元合金相图变温截面上的液相线和固相线也表示平衡相的成分。(　　)

8. 形成三元共晶合金系的基本条件为构成合金的三个组元在液态有限固溶,在固态完全不溶,并且其中任意两个组元之间可发生共晶转变。(　　)

9. 三元共晶合金中,三元共晶转变为在恒温下进行的四相平衡转变,转变发生时的液相成分和析出的固相成分均保持不变。(　　)

10. 工业上广泛应用的白口铸铁的主要成分为 Fe、C,而灰口铸铁的主要成分为 Fe、C 、Si。(　　)

五、简答题

1. 在三元相图的成分三角形中如何表示三组元的成分?

2. 说明三元合金系中的直线法则、杠杆定律和重心法则分别解决什么问题?

3. 何为成分三角形? 比较三元合金相图成分三角形中通过三角形某一顶点的直线和平行三角形某一边的直线的特点。

4. 具有三元匀晶相图固溶体合金结晶过程中,固、液两相成分变化线在成分三角形上的投影图能否应用杠杆定律? 为什么?

5. 三元合金相图的变温截面与二元合金相图有何区别?

6. 请分别比较三元合金的匀晶转变和共晶转变与二元合金的匀晶转变和共晶转变的异同点。

7. 利用三元合金相图的变温截面或等温截面可分别分析哪些问题?

8. 某三元合金匀晶相图中,A、B、C 三组元的熔点 $t_A > t_B > t_C$,请作出 $t_C > t > t_B$ 的等温截面,并填写相区。

9. 某三元系合金的成分三角形如图 5.2 所示,请给出 D、E、F、G、H 各点的合金成分。

10. 某三元合金匀晶相图($t_B > t_A > t_C$) 的液相等温线和固相等温线的投影图如图 5.3(a) 和图 5.3(b) 所示,试分析 O 点合金的结晶过程。

11. 试在 A、B、C 成分三角形中,点出下列合金的位置:

(1)D:10%B,10%C,余为 A; (2)E:20%B,15%C,余为 A;

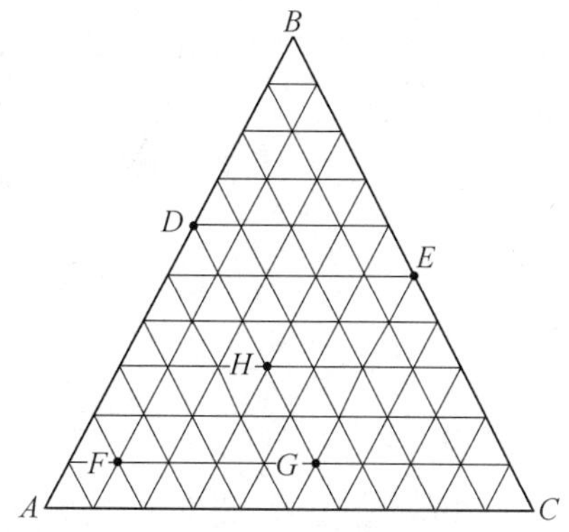

图5.2　三元合金成分三角形

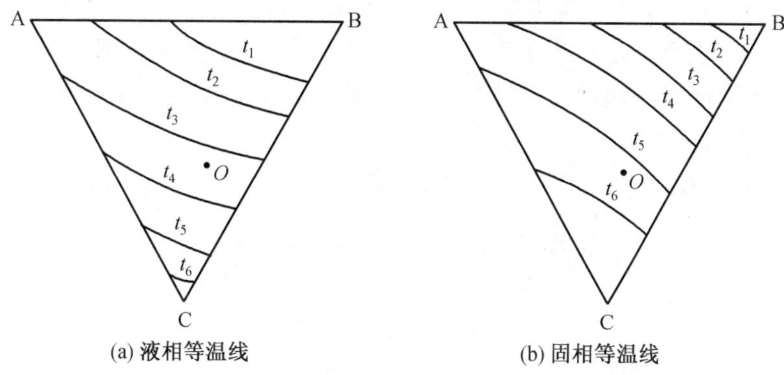

图5.3　三元合金匀晶相图液相等温线与固相等温线投影图

(3)F:30%B,15%C,余为A;(4)G:20%B,30%C,余为A;

(5)H:50%B,0%C,余为A;(6)I:30%A,B和C组元质量比为2∶3。

12. 能否在变温截面中确定某一温度下平衡相的成分?能否利用杠杆定律计算变温截面中平衡相的相对含量?为什么?

六、综合论述及计算题

1. 某组元在液态下无限互溶、固态下完全不溶的三元共晶合金相图的投影图如图5.4所示,其中,$t_A > t_B > t_C$,三个二元共晶温度$t_{E1} > t_{E2} > t_{E3}$,$t_C > t_{E1}$,试说明该投影图中点、线、面的金属学意义,并填写①、②、③、④、⑤、⑥各区,AE、BE、CE、E_1E、E_2E、E_3E各线及E点合金在室温下组织的组成。

2. 设两个具有平衡相的合金P、Q的成分为:P中$w(A) = 60\%$,$w(B) = 20\%$,$w(C) = 20\%$;Q中$w(A) = 20\%$,$w(B) = 40\%$,$w(C) = 40\%$,并且P合金的质量分数占新合金R的75%。求新合金的成分。

3. 根据图5.5,分析O点成分合金的平衡结晶过程,绘出该合金的冷却曲线(温度-时间),绘出该合金在室温下的组织示意图,并计算室温下相组成物及组织组成物的相对含量。

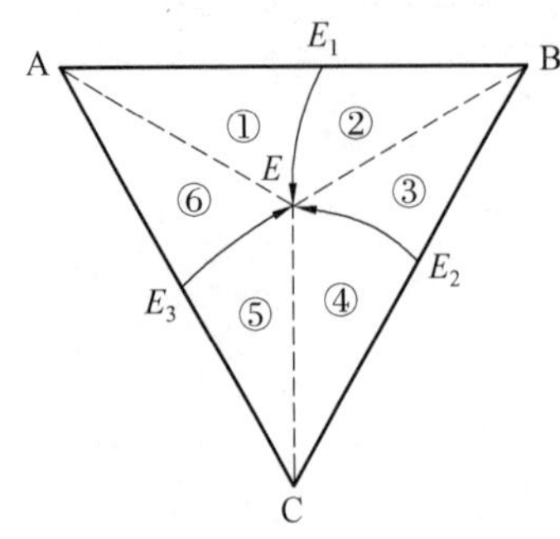

图 5.4　三元共晶合金相图投影图

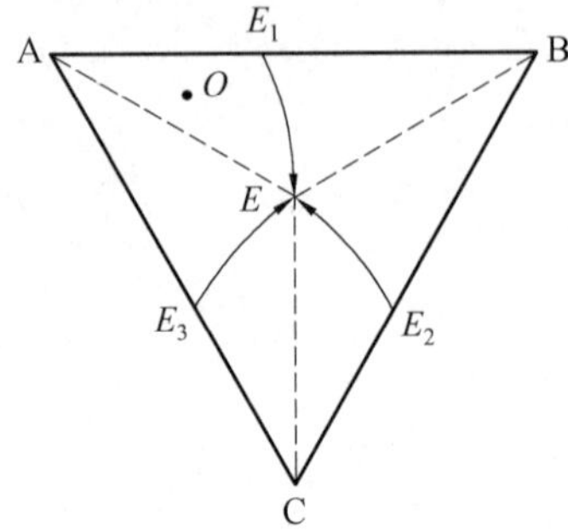

图 5.5　三元共晶合金相图投影图

4. 图 5.6 为组元在液态下无限互溶、固态下完全不溶的某三元共晶合金相图的投影图，其中 $t_A > t_B > t_C$，三个二元共晶温度 $t_{E1} > t_{E2} > t_{E3}$，$t_C > t_{E1}$，根据该图：

(1) 试画出平行 AB 边、过 E 点的 hj 变温截面，并分析 E 点成分合金的平衡结晶过程及室温组织；

(2) 试画出 $t = t_{E1}$、$t = t_{E2}$ 和 $t = t_{E3}$ 的等温截面。

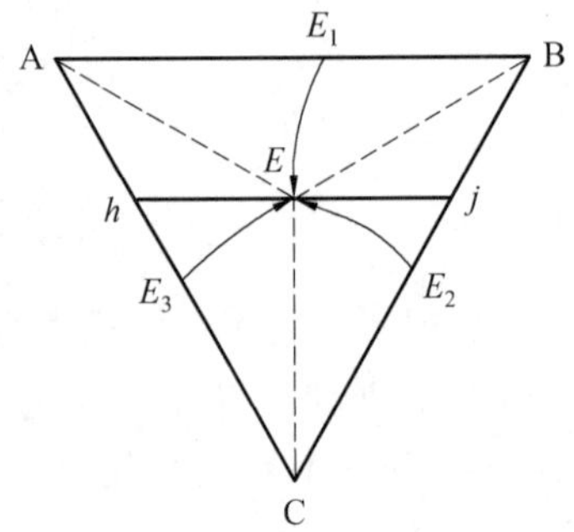

图 5.6　三元共晶合金相图投影图

5. Fe - C - Cr 三元系合金相图 1 150 ℃ 等温截面如图 5.7 所示，Gr18 不锈钢（w(Cr) = 18%，w(C) = 1%）成分点在 Fe - C - Cr 1 150 ℃ 等温截面上处于 P 点，试分析该合金在此温度下的相平衡，并计算各平衡相相对含量。

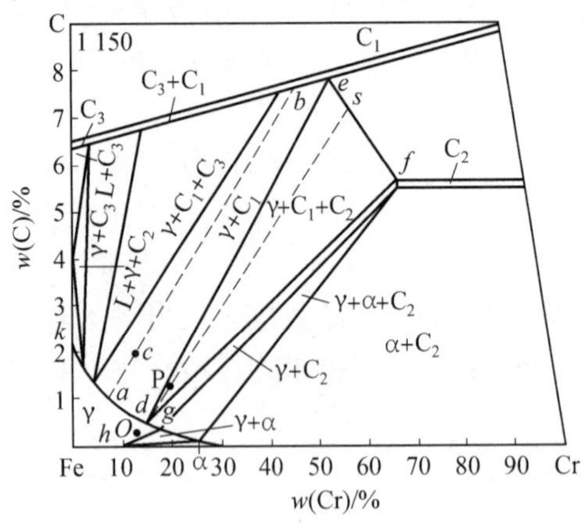

图 5.7　Fe - C - Cr 三元系合金 1 150 ℃ 等温截面

6. 图5.8为三元共晶相图的投影图,试作出 Ab、Ah、Bs 三个变温截面。

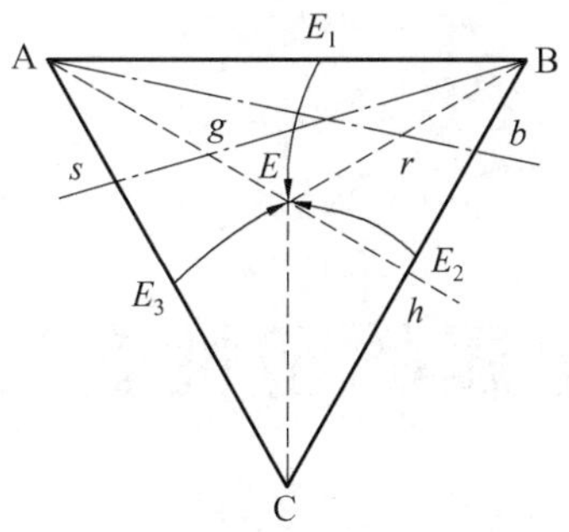

图5.8　三元共晶相图的投影图

7. 图5.9为三元共晶相图的投影图,试作出 cd、hj、mn、st 四个变温截面。

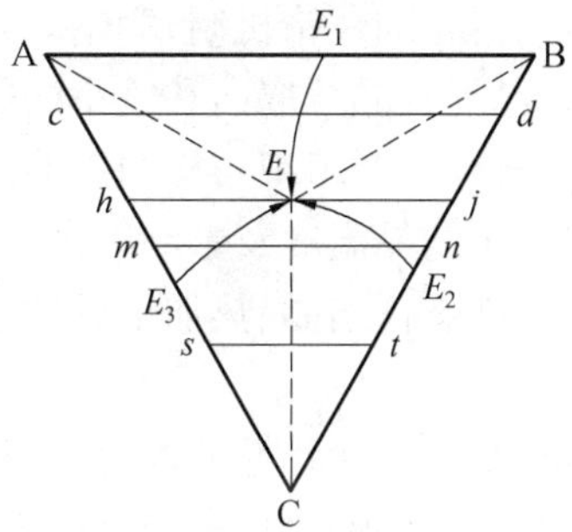

图5.9　三元共晶相图的投影图

8. 根据图5.10说明:

(1)n成分的合金在结晶过程中,为什么液相的成分沿 An 延长线变化?

(2) 为什么 AE、BE、CE 是直线?

(3) 分析合金n及O结晶过程,指出其室温组织,并求出室温组织组成物和相组成物的相对含量(写出表达式)。

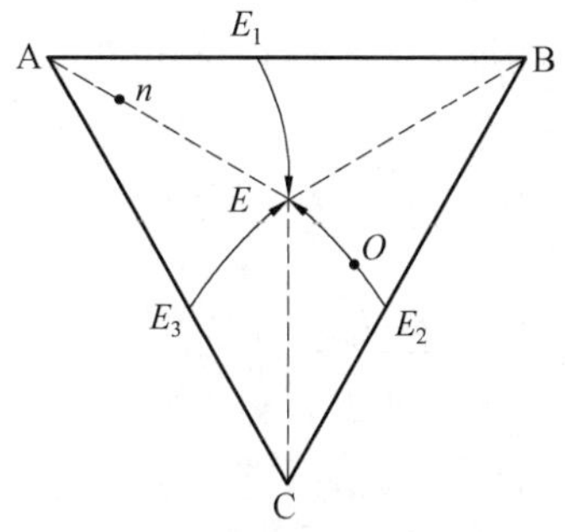

图5.10　三元共晶合金相图投影图

第 6 章　金属的塑性变形和再结晶

【学习指导】

1. 主要内容

(1) 单晶体的塑性变形:滑移、滑移的位错机制、孪生。

(2) 多晶体的塑性变形特点:晶界及晶粒取向和大小的影响。

(3) 金属塑性变形后的组织与性能:对组织结构的影响、对性能的影响。

(4) 回复和再结晶:回复机制、再结晶温度及影响因素。

(5) 金属的热加工:动态回复、动态再结晶、热加工后的组织与性能。

2. 基本要求

(1) 熟悉滑移、孪生变形的重要特点、滑移系的概念、滑移的位错机制。

(2) 熟悉多晶体塑性变形的特点及塑性变形对金属组织与性能的影响。

(3) 掌握冷变形金属加热时组织与性能的变化。

(4) 了解热加工的概念,掌握热加工对金属组织与性能的影响。

一、名词解释

弹性变形、塑性变形、滑移、滑移线、滑移带、滑移方向、滑移面、滑移系、多系滑移、滑移临界分切应力、位错塞积、位错增殖、孪生、孪晶、形变亚晶、形变织构、残余应力、加工硬化、回复、回复亚晶、多边形化、再结晶、晶粒长大、异常晶粒长大、二次再结晶、静态回复、动态回复、静态再结晶、动态再结晶、冷加工、热加工、超塑性、位向因子、软取向、硬取向、带状组织

二、填空题

1. 金属材料在外力作用下一般可分为____________、____________和____________三个阶段。

2. 金属材料在常温和低温下的塑性变形主要以________ 和________方式进行。

3. 金属滑移的实质是______________________________________,其滑移面通常为______________________________________,
滑移方向为______________________________________。

4. 体心立方金属的滑移面为____________,滑移方向为____________,共有____________个滑移系;面心立方金属的滑移面为____________,滑移方向为____________,共有____________个滑移系;密排六方金属的滑移面为____________,滑移

方向为____________,共有____________个滑移系。

5. α－Fe发生塑性变形时,其滑移面和滑移方向分别为__________和__________。

6. 滑移变形所需要的临界切应力远____________孪生变形需要的临界切应力,其原因在于____________________。

7. 金属晶体屈服强度与临界分切应力的关系式可描述为______________________。

8. 金属变形过程中使其最容易进行滑移,并表现出最大塑性的取向称为__________。

9. 影响多晶体塑性变形的两个主要因素是____________和____________。

10. 金属塑性变形过程中外力做功的大部分____________,还有一小部分保留在金属内部,形成____________和____________,而变形所吸收能量的大部分消耗于____________。

11. 加工硬化现象是指____________________________________,加工硬化的结果,使金属对塑性变形的抗力________,产生加工硬化的根本原因在于____________________。

12. 冷变形金属在随温度升高的加热过程中发生的变化可分为____________、____________和____________三个阶段。

13. 金属产生再结晶前提为________________________________,与重结晶的主要区别为________________________________。

14. 影响再结晶温度的因素有____________、____________、____________、____________。

15. 变形金属的最低再结晶温度是指____________________,其数值与该金属熔点的大致关系为____________________。

16. 再结晶后晶粒大小主要取决于____________、____________和____________。

17. 变形金属的二次再结晶是指____,动态再结晶为____,静态再结晶为____。

18. 钢在常温下的变形加工称为____________加工,而铅在常温下的变形加工称为____________加工。

19. 一般地,常温下使用的金属材料以____________晶粒为好,而高温下使用的金属材料以____________为好。

20. 金属超塑性系指____,实现超塑性的先决条件为____。

三、选择题(选出一个或多个正确答案)

1. 决定金属弹性模量大小的因素有____________。
   A. 原子量　　B. 合金元素　　C. 点阵常数　　D. 热处理状态

2. 使单晶体产生塑性变形的应力为____________。
   A. 热应力　　B. 压应力　　C. 切应力　　D. 拉应力

3. 体心立方金属的滑移方向为____________。
   A. 〈111〉　　B. 〈110〉　　C. 〈100〉　　D. 〈112〉

4. 面心立方金属的滑移系为____________。
   A. 〈111〉{110}　　B. 〈110〉{111}　　C. 〈100〉{110}　　D. 〈100〉{111}

5. 金属材料经塑性变形后,其组织结构特征为____________。
   A. 点阵畸变　　B. 晶粒形状改变　　C. 形成变形亚晶　　D. 形成变形织构

6. 冷变形过程中,随变形量的增加,金属中的位错密度____________。

A. 降低　B. 增加　C. 无变化　D. 先增加后降低

7. 金属材料经变形产生加工硬化现象的最主要原因为____________。

A. 晶粒破碎细化　B. 位错密度增加　C. 晶粒择优取向　D. 形成纤维组织

8. 冷变形金属发生回复时,位错____________。

A. 不变　B. 增加　C. 重排　D. 大量消失

9. 变形金属再结晶过程是一个新晶粒代替旧晶粒的过程,该新晶粒的晶型____________。

A. 形成新的晶型　B. 与变形前的金属相同

C. 变形后的金属相同　D. 与再结晶前的金属相同

10. 冷变形金属再结晶后____________。

A. 形成等轴晶,强度增大　B. 形成柱状晶,塑性下降

C. 形成柱状晶,强度升高　D. 形成等轴晶,塑性升高

11. 金属的再结晶温度是____________。

A. 一个临界点　B. 一个温度范围

C. 一个确定的温度值　D. 一个最高的温度值

12. 在相同变形量情况下,高纯金属比工业纯度的金属____________。

A. 更易发生回复　B. 更易发生再结晶

C. 更难发生回复　D. 更难发生再结晶

13. 在室温下经轧制变形 50% 的高纯铅的显微组织为____________。

A. 等轴晶粒　B. 带状晶粒

C. 纤维状晶粒　D. 沿轧制方向伸长的晶粒

14. 钢的晶粒细化以后可以____________。

A. 只提高强度　B. 只提高硬度

C. 只提高韧性　D. 既提高强度硬度,又提高韧性

15. 为了提高大跨距铜导线的强度,可以采取____________的方法。

A. 热处理强化　B. 热加工强化

C. 冷塑变形后去应力退火　D. 冷塑变形后进行再结晶退火

16. 下面说法正确的是____________。

A. 钢的退火再结晶温度为 450 ℃

B. 冷变形钨在 1 000 ℃ 发生再结晶

C. 冷变形铅在 0 ℃ 也会发生再结晶

D. 冷变形铝的 $T_{再} \approx 0.4T_m = 0.4 \times 660$ ℃ = 264 ℃

17. 制造齿轮的下列方法中,较为理想的方法是____________。

A. 由钢液浇注成圆饼再加工成齿轮

B. 用粗钢棒切下圆饼再加工成齿轮

C. 用厚钢板加工出圆饼再加工成齿轮

D. 由圆钢棒热锻成圆饼再加工成齿轮

18. 下列工艺操作正确的是____________。

A. 用冷拉强化的弹簧钢丝作沙发弹簧

B. 室温可以将保险丝拉成细丝而不采取中间退火

C. 用冷拉强化的弹簧丝绳吊装大型零件淬火加热时入炉和出炉

D. 铅的铸锭在室温多次轧制成为薄板,中间应进行再结晶退火

四、判断题

1. 金属弹性变形的实质是其晶格结构在外力作用下产生弹性畸变,因此在金属的塑性变形过程中始终伴随有弹性变形。(　　)

2. 塑性变形不仅改变金属材料的形状和尺寸,而且改变其组织和性能;而弹性变形对金属材料的尺寸、组织和性能均无影响。(　　)

3. 同强度类似,金属材料的弹性模量受到合金化与热处理的强烈影响。(　　)

4. 金属理论晶体的强度比实际晶体的强度高得多。(　　)

5. 单晶体主要变形的方式是滑移,其次是孪生。(　　)

6. 晶体的滑移与孪生均是在切应力作用下发生的。(　　)

7. 晶体滑移所需的临界分切应力实测值比理论值小得多。(　　)

8. 滑移是金属塑性变形基本过程之一,不会引起金属晶体结构的变化。(　　)

9. 滑移变形不会引起晶格位向改变,而孪生变形则要引起晶格位向改变。(　　)

10. 金属晶体中,原子排列最密集的晶面间的距离最小,所以滑移最困难。(　　)

11. 体心立方金属与面心立方金属具有相同数量的滑移系,故二者的塑性变形能力完全相同。(　　)

12. 单晶体的塑性变形以单系滑移为主,而多晶体的塑性变形以多系滑移为主,二者均具有不均匀性。(　　)

13. 金属的预变形度越大,其起始再结晶温度越高。(　　)

14. 变形金属的再结晶退火温度越高,退火后得到的晶粒越粗大。(　　)

15. 金属铸件可以通过再结晶退火来细化晶粒。(　　)

16. 再结晶能够消除金属经塑性变形产生的加工硬化,是一种软化过程。(　　)

17. 金属冷变形和热变形的主要区别在于,变形过程中前者产生加工硬化现象而后者不产生加工硬化现象。(　　)

18. 金属的热加工是指在室温以上进行的塑性变形加工。(　　)

19. 重要的金属结构件一般都需进行锻造加工。(　　)

20. 在冷拔钢丝时,如果总变形量很大,中间需要安排几次退火工序。(　　)

五、简答题

1. 画出低碳钢的拉伸曲线,标出弹性变形、塑性变形和断裂三阶段。

2. 何为刚度?影响因素有哪些?为什么说它是组织不敏感性指标?

3. 弹性变形的物理本质是什么?它与原子间结合力有何关系?

4. 塑性变形的物理本质是什么?塑性变形的基本方式有哪几种?

5. 什么是滑移?绘图说明拉伸变形时,滑移过程中晶体的转动机制。

6. 滑移过程中晶体如何转动?切应力作用下滑移易沿着什么晶面和晶向进行?

7. 试述滑移的本质。为什么实测晶体滑移需要的临界分切应力值比理论计算值小得多?

8. 纯金属或合金中，位错强化的本质是什么？

9. 何为加工硬化？金属材料产生加工硬化的原因是什么？如何消除？

10. 用位错理论解释 Hall - Petch 公式。

11. 试用多晶体的塑性变形过程说明纯金属晶粒越细、强度越高、塑性越好的原因。

12. 冷变形金属在加热过程中将经历哪几个阶段？说明各阶段组织与性能的变化。

13. 何为临界变形度？临界变形度对金属再结晶后的组织和性能有何影响？临界变形度在工业生产中有何实际意义？

14. 为什么弹簧钢丝冷拨过程中采用较高温退火，而弹簧冷卷后采用低温退火？

15. 某工厂对高锰钢制造的碎矿机颚板经 1 100 ℃ 加热后，用崭新的优质冷拔钢丝绳吊挂，由起重吊车运往淬火水槽，行至途中钢丝绳突然发生断裂，试分析钢丝绳发生断裂的主要原因。

16. 铜和钨熔点分别为 1 083 ℃ 和 3 399 ℃，试计算二者的再结晶温度。在 800 ℃ 对其分别进行压力加工，属于何种加工？

17. 论述铅在室温下进行塑性变形时的组织与性能的变化。

18. 铸态金属组织经热加工后可以得到何种改善？

19. 金属铸件能否通过再结晶退火来细化晶粒？为什么？

20. 何为超塑性？简述金属材料获得超塑性的基本条件。

六、综合论述及计算题

1. 试述多晶体金属塑性变形的过程及特点。

2. 试述金属材料冷塑性变形对金属组织和性能的影响。

3. 试述冷变形金属在加热过程中各阶段组织和性能的变化。

4. 金属铁、铝和镁的晶体结构分别为体心立方、面心立方和密排六方，试回答下列问题：

(1) 画图说明三种金属的滑移方向、滑移面和滑移系及其数目。

(2) 比较三种金属的塑性，并解释产生差异的原因。

5. 利用弗兰克 - 瑞德位错源模型阐述位错的增殖机制。

6. 试述纯铝在室温下进行塑性变形时的组织和性能的变化。

7. 如何确定金属的再结晶温度和再结晶退火温度？影响金属再结晶温度的因素有哪些？影响金属的再结晶晶粒大小的因素有哪些？

8. 怎样区分冷加工和热加工？试述热加工对金属材料组织和性能的影响，并解释金属锻件的机械性能一般优于其铸件的原因。

9. 已知纯铜的$[\bar{1}10](111)$ 滑移系的临界分切应力 τ_k 为 1 MPa。

(1) 要使$(\bar{1}11)$ 面上的位错沿$[101]$ 方向发生滑移，至少要在$[001]$ 方向上施加多大应力？

(2) 说明此时$(\bar{1}11)$ 面上的位错能否沿$[110]$ 方向滑移？

10. 对铝单晶试样沿$[\bar{1}12]$ 方向施加 2.0 MPa 的拉应力，铝单晶开始沿(111) 面首先发生滑移：

(1) 试确定此时的滑移方向,说明理由;

(2) 计算该滑移系的临界分切应力大小;

(3) 计算拉应力在$(\bar{1}11)\langle 011\rangle$ 滑移系上分切应力大小;据此说明该拉伸条件下,铝单晶体试样表面滑移线特点。

11. 图6.1是纯铝在400 ℃ 拉伸时的应力应变曲线示意图。

(1) 说明出现稳态流变的机制;

(2) 若形变后在该温度下停留1 h, 其组织将如何变化?

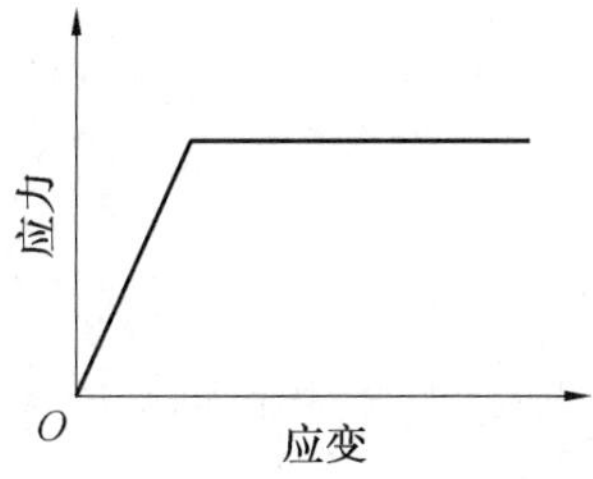

图6.1 纯铝在400 ℃ 拉伸时的应力应变曲线示意图

第 7 章　钢在加热和冷却时的转变

【学习指导】

1. 主要内容

（1）钢在加热时的转变：固态相变特点、共析钢奥氏体化过程、影响奥氏体过程的因素、奥氏体的晶粒大小及其影响因素。

（2）钢在冷却时的转变：过冷奥氏体等温转变曲线、影响过冷奥氏体等温转变的因素、过冷奥氏体连续冷却转变、片状珠光体的形成、粒状珠光体的形成、珠光体的组织与性能、马氏体的晶体结构、钢中马氏体的组织形态与性能、马氏体转变的主要特点、贝氏体转变、钢中贝氏体的组织形态和性能、贝氏体转变特点、魏氏组织。

2. 基本要求

（1）了解加热转变的过程、奥氏体晶粒度的概念及影响因素。

（2）掌握珠光体的转变过程、组织形态及性能特点。

（3）了解和掌握马氏体的形成条件、晶体结构、组织形态、转变特点及性能特点。

（4）了解贝氏体转变特点、组织形态及性能特点。

一、名词解释

热处理、奥氏体化过程、晶粒度、起始晶粒度、实际晶粒度、本质晶粒度、过冷奥氏体、残余奥氏体、奥氏体稳定化、珠光体转变、珠光体、片状珠光体、粗片状珠光体、索氏体、屈氏体、珠光体的片间距、粒状珠光体、马氏体转变、马氏体、板条马氏体、片状马氏体、马氏体的正方度、贝氏体转变、贝氏体、上贝氏体、下贝氏体、粒状贝氏体、魏氏组织

二、填空题

1. 钢加热时的奥氏体形成过程包括__________、__________、__________和__________四个阶段。

2. 在共析钢奥氏体化过程中首先消失的是__________，亚共析钢奥氏体化过程中首先消失的是__________，过共析钢奥氏体化过程中首先消失的是__________。

3. 钢在奥氏体化过程中，影响奥氏体形成速度最主要的因素为__________。

4. 描述过冷奥氏体在 A_1 点以下相转变产物的曲线图有__________和__________两种。

5. 根据共析碳钢转变产物的不同，其 TTT 曲线可分为__________、__________和__________三个转变区，而其 CCT 曲线只分为__________和__________两个转变

区;与共析钢相比,非共析钢C曲线的特征为____________。

6. 将两个45钢的退火态小试样分别加热到 $A_{c1} \sim A_{c3}$ 和 A_{c3} 以上温度保温一定时间后快速冷却,所得组织前者为____________;后者为____________。

7. 根据共析碳钢相变过程中原子的扩散情况,珠光体转变属于____________转变,贝氏体转变属于____________转变,马氏体转变属于____________转变。

8. 根据形态,珠光体分为____________珠光体和____________珠光体;根据层片间距的大小,____________珠光体分为____________体、____________体和____________体。

9. 马氏体按其组织形态主要分为____________和____________两种;按其亚结构主要分为____________和____________两种。

10. 贝氏体按其形成温度和组织形态,主要分为____________和____________两种。

11. 马氏体的硬度主要取决于____________,马氏体的塑性和韧性主要取决于____________。

12. 马氏体具有高硬度、高强度的主要原因在于____________、____________、____________、____________。

13. 当钢中发生奥氏体向马氏体的转变时,原奥氏体中碳含量越高,则 M_s 点越____________,转变后的残余奥氏体量就越____________。

14. 高碳淬火马氏体和回火马氏体在形成条件上的区别是____________,在金相显微镜下观察二者的区别在于____________。

15. 光学显微镜下观察,上贝氏体的组织特征呈____________,而下贝氏体则呈____________。

三、选择题(选出一个或多个正确答案)

1. 下列不同状态的共析钢在同一温度加热时,奥氏体形成速度最快的是________。
   A. 退火态共析钢　B. 回火态共析钢
   C. 淬火态共析钢　D. 正火态共析钢

2. 钢进行奥氏体化的温度越高,保温时间越长________。
   A. 过冷奥氏体越稳定,C曲线越靠左
   B. 过冷奥氏体越稳定,C曲线越靠右
   C. 过冷奥氏体越不稳定,C曲线越靠左
   D. 过冷奥氏体越不稳定,C曲线越靠右

3. 过共析碳钢过冷奥氏体在连续冷却过程中,不可能发生的转变有________。
   A. 共析转变　B. 珠光体转变　C. 马氏体转变　D. 贝氏体转变

4. 过冷奥氏体向珠光体的转变是________。
   A. 切变型转变　B. 扩散型转变　C. 非扩散型转变　D. 半扩散型转变

5. 钢中的马氏体是________。
   A. 两相机械混合物　B. 一种间隙化合物
   C. 一种过饱和固溶体　D. 一种以铁为基的单晶体

6. 碳素钢在淬火后所获得马氏体组织的形态主要取决于________。
   A. 奥氏体化温度　B. 马氏体形成温度
   C. 过冷奥氏体的晶粒度　D. 过冷奥氏体的稳定性

7. 影响马氏体的机械性能的因素有________。

A. 淬火冷却速度　　B. 马氏体的形成温度

C. 马氏体中的碳含量　　D. 原始奥氏体晶粒度

8. 片状马氏体脆性较大的原因包括________。

A. 亚结构以孪晶为主　　B. 马氏体转变温度高

C. 碳含量高、点阵畸变大　　D. 淬火应力大、内部存在显微裂纹

9. 影响碳钢淬火后残余奥氏体量的主要因素是________。

A. 碳钢的碳含量　　B. 钢中碳化物的含量

C. 钢中奥氏体的碳含量　　D. 钢中原始奥氏体的含量

10. 共析钢过冷奥氏体在 350 ~ 550 ℃ 等温转变所形成的组织为________。

A. 珠光体　　B. 索氏体　　C. 上贝氏体　　D. 下贝氏体

11. 上贝氏体和下贝氏体相比，________。

A. 两者具有很低的强度和韧性　　B. 两者具有较高的强度和韧性

C. 上贝氏具有较高的强度和韧性　　D. 下贝氏具有较高的强度和韧性

四、判断题

1. 碳素钢经加热奥氏体化后，在任何情况下，奥氏体中碳的含量均与钢中碳的含量相等。(　　)

2. 将亚共析钢加热到 A_{c1} 和 A_{c3} 之间的温度时，将获得由铁素体和奥氏体构成的两相组织，平衡条件下，两相组织中奥氏体的碳含量总是大于钢的碳含量。(　　)

3. 原始组织为片状珠光体的碳钢加热奥氏体化时，细片状珠光体的奥氏体化速度要比粗片状珠光体的奥氏体化速度快。(　　)

4. 本质细晶粒钢是一种在任何加热条件下晶粒均不发生粗化的钢。(　　)

5. 正常加热条件下，随含碳量的增高，过共析钢的过冷奥氏体稳定性增加。(　　)

6. 碳素钢在奥氏体化时，若奥氏体化温度越高，保温时间越长，则过冷奥氏体越稳定，C 曲线越靠左。(　　)

7. 因为过冷奥氏体的连续冷却转变曲线位于等温转变曲线的右下方，所以连续冷却转变曲线的临界冷却速度比等温转变曲线的大。(　　)

8. 亚共析钢过冷奥氏体在连续冷却过程中，既可能发生珠光体型转变和马氏体型转变，也可能发生贝氏体型转变。(　　)

9. 共析钢中的过冷奥氏体在发生珠光体转变时，等温转变温度越低，转变产物的组织越粗。(　　)

10. 珠光体的形成过程中，铁素体和渗碳体同时发生形核和长大。(　　)

11. 回火索氏体和过冷奥氏体分解时形成的索氏体，两者形成过程不同，组织形态及性能也不相同。(　　)

12. 片状珠光体的力学性能，主要取决于珠光体的片间距和珠光体团的直径。(　　)

13. 碳素钢中的过冷奥氏体发生马氏体转变时，体积要收缩。(　　)

14. 将共析钢奥氏体迅速冷到 230 ℃，过冷奥氏体发生马氏体转变，这时只发生铁原子的扩散而无碳的析出。(　　)

15. 碳素钢的马氏体点 M_s 和 M_f 与奥氏体的碳含量有关，随着奥氏体中碳含量的增加，

M_s 逐渐升高而 M_f 逐渐降低。(　　)

16. 高碳钢淬火时,将获得高硬度的马氏体,但由于奥氏体向马氏体转变的终止温度在0 ℃ 以下,故淬火后钢中保留有少量的残余奥氏体。(　　)

17. 板条状马氏体的亚结构主要为高密度位错,而片状马氏体的亚结构主要为孪晶。(　　)

18. 马氏体的机械性能主要取决于马氏体的含碳量、亚结构和热处理状态。(　　)

19. 对于发生马氏体转变的碳钢,随奥氏体中碳含量的增高,板条马氏体数量相对增多,片状马氏体数量相对减少。(　　)

20. 碳钢中的贝氏体转变是介于珠光体转变和马氏体转变之间的中温转变,其转变过程为有铁原子和碳原子扩散的共格切变过程。(　　)

五、简答题

1. 以共析钢为例,简述钢的奥氏体化过程。
2. 碳钢加热过程中,影响奥氏体形成速度的因素有哪些?如何影响?
3. 比较本质粗晶粒钢和本质细晶粒钢的区别。
4. 影响过冷奥氏体等温转变的因素有哪些?如何影响?
5. 何为钢的上临界冷却速度和下临界冷却速度?二者在生产中有何意义?
6. 请对比说明片状珠光体和粒状珠光体组织和性能特征。
7. 简述片状珠光体和粒状珠光体的形成条件及其影响因素。
8. 什么是珠光体片间距?影响片间距的主要因素是什么?片间距的大小对珠光体机械性能有何影响?
9. 请列出获得粒状珠光体的两种方法。
10. 请对比板条马氏体与片状马氏体的组织形态、结构及性能特征。
11. 影响马氏体形态的因素有哪些?
12. 简述板条马氏体力学性能与片状马氏体力学性能不同的原因。
13. 试比较下贝氏体和片状马氏体。
14. 请对比上贝氏体与下贝氏体的形态特征与性能特点?
15. 何为魏氏组织?它的形成条件如何?对钢的性能有何影响?如何消除?
16. 举例说明马氏体及其应用。
17. 何为奥氏体稳定化?它对钢的组织性能有何影响?
18. 为什么下贝氏体比上贝氏体有优越的性能?
19. 影响奥氏体晶粒大小的因素是什么?
20. 何为奥氏体的起始晶粒度、实际晶粒度和本质晶粒度?
21. 分析亚共析钢连续冷却转变曲线,说明每条线和区域的金属学意义。
22. 何为马氏体?何为马氏体正方度?马氏体的晶体结构如何?
23. 说明马氏体相变的主要特征。
24. 马氏体的硬度主要与什么因素有关?合金元素对硬度的影响如何?
25. 为什么钢中马氏体转变不能进行到底,而总是保留一部分残余奥氏体?
26. 试述钢中含碳量对 M_s 及 M_f 的影响。
27. 何为贝氏体?上贝氏体、下贝氏体和粒状贝氏体的形貌特征如何?

28. 马氏体高强度、高硬度的本质是什么?

六、综合论述及计算题

1. 何为冷奥氏体的等温转变曲线(CCT 曲线)和连续转变曲线(TTT 曲线)?试绘图说明共析钢过冷奥氏体的等温转变曲线与连续转变曲线(TTT 曲线),说明各条线、区及区域的金属学意义;并比较两曲线之间的异同点。

2. 试述钢中马氏体的两种基本形态及其与钢含碳量关系,比较它们的性能特点并解释产生性能差异的原因。

3. 试比较钢的贝氏体转变与珠光体转变、马氏体转变的异同点。

4. 阐述片状珠光体和粒状珠光体的形成机制及形成过程,比较共析钢的片状珠光体和粒状珠光体的机械性能,并说明粒状珠光体性能较优的原因。

5. 某亚共析钢的连续冷却转变曲线(CCT 图)如图7.1所示,试分析其过冷奥氏体以 v_1、v_2、v_3、v_4 和 v_k 的冷却速度冷却到室温时所得到的组织。

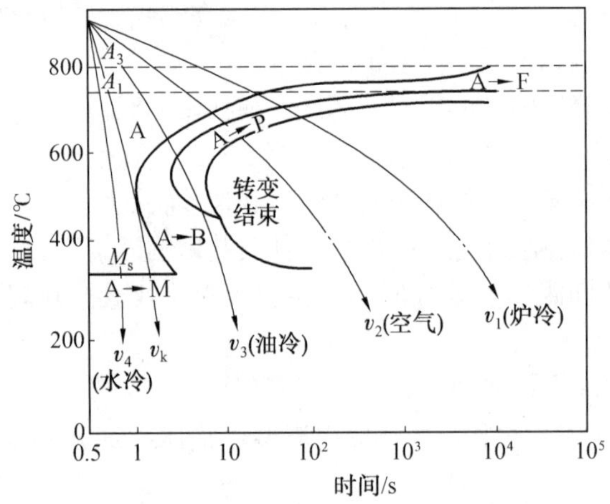

图 7.1　亚共析钢过冷奥氏体连续冷却转变曲线(CCT 图)

6. 金属与合金晶粒大小对其性能有何影响?我们学过的获得细晶粒的方法有哪些?

第8章 钢的回火转变及合金时效

【学习指导】

1. 主要内容

(1) 淬火钢回火时的组织变化:回火时钢的机械性能的变化、回火稳定性、回火脆性。

(2) 合金的时效状态:时效机理、脱溶后的显微组织、欠时效、峰时效与过时效、时效时性能的变化、调幅分解。

2. 基本要求

(1) 掌握淬火钢回火转变过程及组织变化。

(2) 了解合金的时效、脱溶过程及性能变化。

一、名词解释

钢的回火、回火马氏体、回火屈氏体、回火索氏体、钢的回火脆性、第一类回火脆性、第二类回火脆性、脱溶、局部脱溶、连续脱溶、不连续脱溶、时效、冷时效、温时效、自然时效、人工时效、欠时效、峰时效、过时效、时效硬化、GP 区、调幅分解

二、填空题

1. 淬火钢在回火时的组织转变过程由________、________、________、________、________等阶段完成。

2. 淬火钢进行回火的目的是________、________、________。一般地,回火温度越高,钢的强度与硬度越________,塑性与韧性越________。

3. 淬火钢低温回火后的组织为________,其目的是使钢具有高的________、________和________;中温回火后的组织为________,一般用于高________的结构件;高温回火后的组织为________,用于要求足够高________及高________的零件。

4. 淬火钢在250 ~ 400 ℃ 回火后产生的脆性通常称为________或________。

5. 第二类回火脆性主要产生于含________、________、________等合金元素的钢中,其产生的原因是钢中晶粒边界的________增加的结果。这类脆性可用________的方法来防止,此外,在钢中加入________、________等合金元素及________热处理等方法也能防止回火脆性。

6. 合金可产生时效的基本条件为________,其实质为________,根据时效的方式不同分为________和________两种。

三、选择题(选出一个或多个正确答案)

1. 淬火碳钢在 400 ℃ 回火所得到的组织为________。
   A. 回火索氏体　B. 回火马氏体　C. 回火屈氏体　D. 回火珠光体
2. 回火温度高于 400 ℃ 时,淬火低碳钢中的 α 相发生明显的________。
   A. 回复　B. 脱溶　C. 分解　D. 再结晶
3. 某些淬火钢在回火过程中产生的回火脆性,将导致钢的________显著下降。
   A. 强度　B. 硬度　C. 塑性　D. 韧性
4. 合金时效过程中,硬度达到极值后随时效时间延长而下降的现象,称为________。
   A. 冷时效　B. 欠时效　C. 峰时效　D. 过时效
5. 调幅分解是固体分解的一种特殊形式,其特征可描述为________。
   A. 一种同素异构转变
   B. 无形核与长大过程的转变
   C. 保持共格关系的切变转变
   D. 一种固溶体分解为成分不同结构相同的两种固溶体

四、判断题

1. 回火温度高于 200 ℃,淬火钢将在回火过程发生回复与再结晶。(　　)
2. 所有成分的钢种均可出现第一类回火脆性和第二类回火脆性。(　　)
3. 经退火再高温回火的淬火碳钢,可得到回火索氏体组织,具有良好的综合机械性能。(　　)
4. 碳钢件在锻造后一般在空气中冷却,其过程相当于回火处理。(　　)
5. 第一类回火脆性是可逆的,第二类回火脆性是不可逆的。(　　)
6. 合金固溶体的调幅分解是一种典型的固态相变。(　　)

五、简答题

1. 什么是回火? 钢经淬火后为什么一定要进行回火?
2. 简述淬火共析钢在回火过程中残余奥氏体的转变及其产物。
3. 简述钢的回火脆性及其产生的原因。实际生产中,如何消除和抑制?
4. 何为合金的时效? 影响时效动力学的因素有哪些?
5. 试述钢的回火分类。各类回火的应用如何? 何为调质? 在何处应用?

六、综合论述及计算题

1. 试述共析钢淬火后在回火过程中的组织转变过程,并写出三种典型的回火组织。
2. 试比较马氏体、索氏体、屈氏体和回火马氏体、回火索氏体、回火屈氏体的组织特征和性能特点。
3. 说明 Cu 的质量分数为4% 的 Al - Cu 合金的过饱和固溶体在 190 ℃ 时效脱溶过程及力学性能的变化。

第 9 章　钢的热处理工艺

【学习指导】

1. 主要内容

（1）钢的退火与正火：钢的退火与正火目的及工艺参数。

（2）钢的淬火与回火：钢的淬火加热、淬火冷却、淬火组织与性能、淬火缺陷、淬透性、回火种类及工艺特点、回火的应用。

（3）其他类型热处理简介。

2. 基本要求

（1）掌握四种普通热处理工艺制订原则、应用范围、组织与性能的变化。

（2）熟练应用普通热处理工艺，学会制订简单的热处理工艺规范。

3. 进一步要求

全面、系统地掌握“金属学与热处理”课程的基础理论、基本知识和基本技能，并能灵活运用金属学热处理理论分析和解决工程实际问题的综合能力。

一、名词解释

钢的热处理工艺、退火、完全退火、不完全退火、球化退火、扩散退火、再结晶退火、去应力退火、正火、淬火、完全淬火、不完全淬火、淬火应力、过热、过烧、单液淬火法、双液淬火法、分级淬火法、等温淬火法、钢的淬透性、钢的淬硬性、回火、低温回火、中温回火、高温回火

二、填空题

1. 钢的热处理工艺是由__________、__________、__________三个阶段所组成，一般来讲，热处理不会改变热处理工件的__________，但却能改变它的__________。

2. 钢球化退火的主要目的是_______________，主要适用于__________钢。

3. 根据 $Fe - Fe_3C$ 相图确定钢完全退火的正常温度范围为__________。

4. 钢的正常淬火温度范围，对于亚共析钢为_______________，对于过共析钢为____________。

5. 在正常淬火温度下，碳素共析钢的临界冷却速度比碳素亚共析钢的__________。

6. 钢的淬透性越高，则其 C 曲线的位置越_____________，说明临界冷却速度越__________；目前较普遍采用的测定钢的淬透性的方法为__________。

7. 淬火内应力主要包括__________和__________两种。

8. 若将奥氏体化的工件，放入温度在 M_s 点附近的冷却介质中，稍加保温后再取出空冷，以完成马氏体转变，这种冷却方法称为__________。

9. 常见钢的淬火缺陷有__________、__________、__________、__________。

10. 碳素钢具有最佳切削加工性能的硬度范围一般为__________，为便利切削加工，不同成分的碳素钢应采用不同的热处理方法：$w(C) \leqslant 0.5\%$ 的碳钢宜采用__________，$w(C) \geqslant 0.77\%$ 的碳钢宜采用__________，$w(C) = 0.5\% \sim 0.77\%$ 的碳钢宜采用__________。

三、选择题（选出一个或多个正确答案）

1. 钢锭中的成分偏析可以通过________得到改善。

A. 完全退火　B. 不完全退火　C. 扩散退火　D. 再结晶退火

2. 对钢进行再结晶退火的目的为________。

A. 改善切削加工　B. 消除或改善晶内偏析

C. 消除或降低内应力　D. 消除冷塑性变形后产生的加工硬化

3. 碳钢工件焊接后应进行________。

A. 重结晶退火　B. 再结晶退火　C. 去应力退火　D. 扩散退火

4. 淬硬性好的钢________。

A. 具有高的临界冷却速度　B. 具有高的淬透性

C. 具有高的碳含量　D. 具有高的合金元素含量

5. 某钢的淬透性为 $J\frac{40}{10}$，其含义为________。

A. 10 钢的硬度为 40 HRC

B. 40 钢的硬度为 10 HRC

C. 距该钢试样末端 10 mm 处的硬度为 40 HRC

D. 距该钢试样末端 40 mm 处的硬度为 10 HRC

6. 过共析钢的正常淬火加热温度为________。

A. $A_{c1} + (30 \sim 50)$℃　B. $A_{ccm} + (30 \sim 50)$℃

C. $A_{c3} + (30 \sim 50)$℃　D. $A_1 + (30 \sim 50)$℃

7. 若钢中加入合金元素能使 C 曲线左移，则将使淬透性________。

A. 提高　B. 降低

C. 不改变　D. 对小截面试样提高，对大截面试样降低

8. 将某碳钢工件淬入高于 M_s 点的热浴中，经一定时间保温，使奥氏体进行下贝氏体转变后取出空冷，该淬火冷却方法称为________。

A. 分级淬火　B. 双液淬火

C. 单液淬火　D. 等温淬火

9. 对形状复杂，截面变化大的零件进行淬火时，应采用________。

A. 水淬　B. 油淬　C. 盐水淬火　D. 双级淬火

10. 直径为 12 mm 的 45 钢试样经 850 ℃ 加热水淬后的显微组织为________。

A. 马氏体　B. 铁素体 + 马氏体

C. 马氏体 + 残余奥氏体　D. 铁素体 + 残余奥氏体

11. 各种成分碳钢的回火处理应在________。

A. 退火后进行　B. 正火后进行　C. 淬火后进行　D. 再结晶后进行

12. 中碳结构钢和低合金钢经调质处理后的组织为________。

A. 粒状珠光体　B. 回火索氏体　C. 回火屈氏体　D. 回火马氏体

四、判断题

1. 高合金钢既具有良好的淬透性，也具有良好的淬硬性。(　　)
2. 钢中未溶碳化物的存在，将使钢的淬透性降低。(　　)
3. 在正常加热淬火条件下，亚共析钢的淬透性随碳含量的增大而增大，过共析钢的淬透性随碳含量的增大而减小。(　　)
4. 碳钢淬火理想的冷却速度应该是在奥氏体等温转变曲线(即C曲线)的鼻部温度(650～500 ℃)时要快冷，以避免奥氏体分解，则其余温度不必快冷，以减少淬火内应力引起的变形或开裂。(　　)
5. 为了消除加工硬化，以便进行进一步加工，常对冷加工后的金属进行完全退火。(　　)
6. 完全退火可使亚共析钢、过共析钢的组织完全重结晶，获得接近平衡状态的组织。(　　)
7. 低碳钢淬火后，只有经高温回火才可获得较为优良的力学性能。(　　)
8. 低碳钢的硬度低，可以用淬火方法显著地提高其硬度。(　　)
9. 发生加工硬化的金属材料，为恢复其原有性能，常进行再结晶退火处理。(　　)
10. 淬火、低温回火后能保证钢件具有高的弹性极限和屈服强度，并有很好韧性，它常应用于各类弹簧。(　　)
11. 为改善低碳钢的机械性能及切削加工性，常用正火代替退火工艺。(　　)
12. 钢的过热现象可通过正火和退火来纠正，但钢若产生过烧，则无法采用热处理进行纠正。(　　)
13. 马氏体中的碳质量分数越高，钢的淬透性越好。(　　)
14. 马氏体中的碳质量分数越高，钢的淬硬性越好。(　　)
15. 钢的过冷奥氏体越稳定，钢的淬透性越好。(　　)
16. 高碳工具钢的淬硬性高，所以淬透性很大。(　　)
17. 低碳合金钢的淬硬性不高，所以淬透性很小。(　　)
18. 同样形状尺寸的工件，用不同的钢制造，在同样条件下淬火，淬硬层较深的，淬透性较好。(　　)
19. 一定尺寸的同一钢种，水淬比油淬时的淬透层深，所以这种钢在水中的淬透性大。(　　)
20. 同一钢种在相同介质中淬火，小件比大件的淬透层深，所以这种钢的小件淬透性大。(　　)

五、简答题

1. 钢的常用退火工艺有哪些？请分别简述之。
2. 何为球化退火？为什么共析钢和过共析工具钢都要进行球化退火？

3. 什么是钢的正火？在生产中正火主要有哪些应用？

4. 简述钢的淬透性和淬硬性及其区别。

5. 简述合金元素对钢的淬透性的影响。

6. 何为淬火？试述淬火的目的。常用的淬火介质有哪些？碳钢常用淬火方法有哪些？

7. 如何选择亚共析钢、共析钢、过共析钢的淬火温度？

8. 以碳钢为例，比较正火和退火的目的。如何选择？

9. 何为钢的调质处理？有何用途？

10. 如果钢淬火时的冷却速度可以任意控制，那么它的理想的冷却曲线应如何？并详细解释。

11. 简述钢的回火的种类、回火温度范围及回火组织名称。

12. 试述共析钢等温球化退火工艺原理。

六、综合论述及计算题

1. 试在共析钢过冷奥氏体等温转变图上，画出常用淬火方法的冷却曲线示意图。

2. 试分析比较在正常淬火条件下 20 钢($w(C) = 0.2\%$)、45 钢($w(C) = 0.45\%$)、T8 钢($w(C) = 0.77\%$)的淬透性和淬硬性高低。

3. 将直径 10 mm 的 T8 钢($w(C) = 0.77\%$，$M_s = 230$ ℃)加热至 760 ℃，保温后采用下列冷却方式，说明其热处理工艺名称及获得的组织：(1) 随炉冷却；(2) 油冷；(3) 在 300 ℃ 硝盐中停留至组织转变结束，然后空冷。

4. 碳质量分数为 1.2% 的碳钢，其原始组织为片状珠光体加网状渗碳体，为了获得回火马氏体加粒状渗碳体组织，应采用哪些热处理工艺？写出工艺名称及工艺参数(加热温度、冷却方式)；并写出各热处理后的组织。(注：该钢的 $A_{c1} = 730$ ℃，$A_{ccm} = 820$ ℃)

5. 45 钢($w(C) = 0.45\%$，$A_{c1} = 730$ ℃，$A_{c3} = 780$ ℃)制造的连杆，要求具有良好的综合机械性能，试确定预备热处理和最终热处理工艺，并说明各热处理后的组织。

6. 用 T10A($w(C) = 1.0\%$，$A_{c1} = 730$ ℃，$A_{c3} = 800$ ℃)制造冷冲模的冲头，试制定预备热处理和最终热处理工艺(包括名称和具体参数)，并说明热处理各阶段获得的组织(冲头要求具有高硬度、高耐磨性)。

7. 某热处理车间对 T12 钢(碳质量分数为 1.2%)进行球化退火时由于仪表失灵使加热温度升高，当操作者发现时已经在 1 100 ℃，保温 2 h，请问此操作者应如何处理进行补救才能获得所需要的组织？(注：该钢的 $A_{c1} = 730$ ℃，$A_{ccm} = 820$ ℃)

8. 某机床上的螺栓本应用 45 钢($w(C) = 0.45\%$，$A_{c1} = 730$ ℃，$A_{c3} = 780$ ℃)制造，但错用了 T12($w(C) = 1.2\%$，$A_{c1} = 730$ ℃，$A_{ccm} = 820$ ℃)，退火、淬火都沿用了 45 钢工艺，问此时将得到什么组织？性能如何？

9. 何为钢的淬透性？影响淬透性的因素有哪些？何为钢的淬硬性？影响淬硬性的因素有哪些？

10. 某规格炮弹壳采用常温下拉伸变形和旋压成型工艺生产，试分析该产品的组织结构和性能特点。分析在随后的存储和使用过程中可能存在何种风险？如何改善工艺来规避该风险？

11. 甲乙两厂都生产同一种轴类零件，均选用45钢（$w(C)=0.45\%$，$A_{c1}=730$ ℃，$A_{c3}=810$ ℃），甲厂采用正火，乙厂采用调质处理，均能达到硬度要求，试制定正火和调质处理工艺参数（包括加热温度参数、冷却方式以及各工序加热转变完成后和冷却至室温时得到的组织）。

12. 若用$w(C)=0.6\%$的碳钢（$A_{c1}=730$ ℃，$A_{c3}=800$ ℃）制造弹簧，试制定最终热处理工艺（包括名称和具体参数），并说明热处理各阶段获得的组织。

13. 汽车半轴先期经过锻造形成胚料，最后经调质处理赋予其服役性能，简要说明分别经过上述工艺处理后该零件的组织结构及其性能特点。

第 10 章　扩散

【学习指导】

1. 主要内容

(1) 扩散概述:扩散现象和本质、扩散机制、固态金属扩散的条件、固态扩散的分类。

(2) 扩散定律:菲克第一定律、菲克第二定律、扩散应用举例。

(3) 影响扩散的因素:温度、键能和晶体结构、固溶体类型、晶体缺陷、化学成分。

2. 基本要求

(1) 认识扩散现象和本质、固态金属扩散的条件、固态扩散的分类。

(2) 熟悉扩散的宏观规律、微观机理。

(3) 掌握影响扩散的因素。

一、名词解释

扩散、激活能、自扩散、互扩散、下坡扩散、上坡扩散、原子扩散、反应扩散/相变扩散、稳态扩散

二、填空题

1. ________是物质中原子或分子的迁移现象,是物质传输的一种方式,是________中的一个重要现象。

2. 原子产生振动跃迁的两个原因是________和________。

3. 扩散的现象是在扩散力的作用下,原子发生________________。

4. 扩散的本质是原子依靠热运动被从________________________________。

5. 原子克服能垒所必须的能量称为________。原子间的________越大,排列得越紧密,原子迁移越困难。

6. 对于固态金属来说,扩散机制主要有________________和________________。

7. 固态金属扩散的条件有________________、________________、________________和________________。

8. 与浓度梯度无关的扩散,称为________,如晶粒自发长大、晶界的移动。伴有浓度变化的扩散,称为________,这种扩散主要由浓度梯度或温度梯度引起。

9. 扩散从浓度较高处向较低处扩散,使浓度均匀化为止,称为________。沿着浓度升高的方向进行的扩散,称为________,这种扩散是由低浓度向高浓度的扩散,使浓度发生两极分化。

10. 在普遍的情况下，决定扩散的基本因素是________。

11. 在扩散过程中晶格类型始终不变，没有新相产生的扩散是________。

12. ________________是通过扩散使固溶体的溶质组元浓度超过固溶度极限而形成新相的过程。

13. 反应扩散的特点是____________________。

14. 扩散过程中扩散物质的浓度分布不随时间变化，只随距离 x 变化的扩散过程是________________。

15. 不同类型的固溶体，溶质原子的扩散激活能是不同的。________的扩散激活能比________的扩散激活能小。

16. 影响扩散的因素有____。

三、选择题（选出一个或多个正确答案）

1. ________是物质中原子或分子的迁移现象，是物质传输的一种方式，是固体材料中的一个重要现象。

   A. 传导　　B. 扩散　　C. 对流　　D. 相变

2. 原子产生振动跃迁的主要原因是________。

   A. 激活能　　B. 扩散力　　C. 缺陷集中　　D. 温度

3. 扩散的________是在扩散力的作用下，原子发生定向宏观的迁移。

   A. 现象　　B. 本质　　C. 原因　　D. 方式

4. 扩散的________是原子依靠热运动被从一个位置迁移到另一个位置。

   A. 现象　　B. 本质　　C. 原因　　D. 方式

5. 原子克服能垒所必须的能量称为激活能。影响激活能的因素有________。

   A. 原子间的结合力　　B. 温度　　C. 晶体缺陷　　D. 固溶体类型

6. 对于固态金属来说，扩散机制主要有________。

   A. 空位扩散机制　　B. 间隙扩散机制　　C. 置换扩散机制　　D. 交换扩散机制

7. 固态金属扩散的条件有________。

   A. 有驱动力　　B. 扩散原子要有固溶度

   C. 足够高温度　　D. 足够长时间

8. 扩散要有驱动力。影响驱动力的因素有________。

   A. 温度梯度　　B. 应力梯度　　C. 表面自由能差　　D. 电场和磁场的作用

9. 根据扩散过程是否发生浓度变化，分为________。

   A. 自扩散　　B. 上坡扩散　　C. 下坡扩散　　D. 互扩散

10. 根据扩散方向是否与浓度梯度相同，分为________。

    A. 自扩散　　B. 上坡扩散　　C. 下坡扩散　　D. 互扩散

11. 根据扩散过程中是否出现新相，分为________。

    A. 自扩散　　B. 原子扩散　　C. 反应扩散　　D. 互扩散

12. 成分一定条件下，影响扩散的因素有________。

    A. 温度　　B. 键能和晶体结构　　C. 固溶体类型　　D. 晶体缺陷

四、判断题

1. 扩散是物质中原子或分子的迁移现象，是固体材料中的一个重要现象，是物质传输的唯一一种方式。(　　)

2. 原子产生振动跃迁的两个原因是激活能和缺陷集中。(　　)

3. 扩散的本质是在扩散力的作用下，原子发生定向宏观的迁移。(　　)

4. 扩散的现象是原子依靠热运动被从一个位置迁移到另一个位置。(　　)

5. 原子间的结合力越大，排列得越紧密，激活能越大，原子迁移越困难。(　　)

6. 在扩散过程中原子可以离开其点阵位置，"跳入"邻近的空位。温度越高，空位浓度越小，金属中的原子扩散越容易。(　　)

7. 在扩散过程中原子可以从一个间隙位置移动到另一个间隙位置。间隙原子尺寸越小，扩散越快。(　　)

8. 组元总是从化学位高的地方自发地迁移到化学位低的地方，以提高系统自由能。(　　)

9. 温度梯度、应力梯度、表面自由能差，以及电场和磁场的作用也可引起扩散。(　　)

10. 温度越高，原子振动越激烈，激活能越高。(　　)

11. 扩散原子在晶体中的每次跃迁移动距离 0.4 nm，需要长时间才能形成宏观定向迁移。(　　)

12. 互扩散是与浓度梯度无关的扩散。(　　)

13. 互扩散是伴有浓度变化的扩散，主要是由浓度梯度或温度梯度引起。(　　)

14. 根据扩散方向是否与浓度梯度相同，分为自扩散和互扩散。(　　)

15. 在普遍的情况下，决定扩散的基本因素是化学位。(　　)

16. 在扩散过程中晶格类型始终不变，没有新相产生的过程是反应扩散。(　　)

17. 通过扩散使固溶体的溶质组元浓度超过固溶度极限而形成新相的过程是反应扩散。(　　)

18. 结构不同的固溶体对扩散元素的溶解限度是不同的，由此所造成的浓度梯度不同，也会影响扩散速率。(　　)

19. 致密度越大的晶体结构，原子的扩散激活能越小，原子越易迁移，扩散系数越大，扩散速度越快。(　　)

20. 不同类型的固溶体，溶质原子的扩散激活能是不同的。间隙原子的扩散激活能比置换原子的扩散激活能大。(　　)

21. 扩散物质通常可以沿晶内扩散、晶界扩散和表面扩散。一般规律是表面扩散最快，晶内次之，晶界最慢。(　　)

22. 在位错、空位等缺陷处的原子比完整晶格处的原子扩散容易得多。(　　)

23. 不同金属的自扩散激活能与其点阵的原子间结合力有关，因而与表征原子间结合力的宏观参量都有关，熔点低的金属的自扩散激活能必然大。(　　)

五、简答题

1. 举例说明什么是扩散。

2. 什么是扩散的现象？扩散的本质是什么？原子产生振动跃迁的两个原因是什么？

3. 什么是激活能？受哪些因素影响？

4. 对于固态金属来说，扩散机制主要有哪几种？

5. 固态金属中要发生扩散必须满足哪些条件？

6. 固态扩散如何分类？

7. 何为上坡扩散和下坡扩散？试举几个实例说明。

8. 试利用相律解释反应扩散的特点。

9. 将均匀的 Al－Cu 合金方棒进行弹性弯曲，并在一定温度下加热，结果会发生什么现象？

10. 什么是菲克第一定律？

11. 什么是菲克第二定律？

12 写出扩散系数的一般表达式。

六、综合论述及计算题

1. 如图 10.1 所示，一树枝状晶体，沿一横截二次晶轴的 *AB* 线上溶质原子的浓度一般呈正弦波形变化。试计算铸锭经均匀化退火后，成分偏析的振幅要求降低到原来的 1% 时所需的时间。

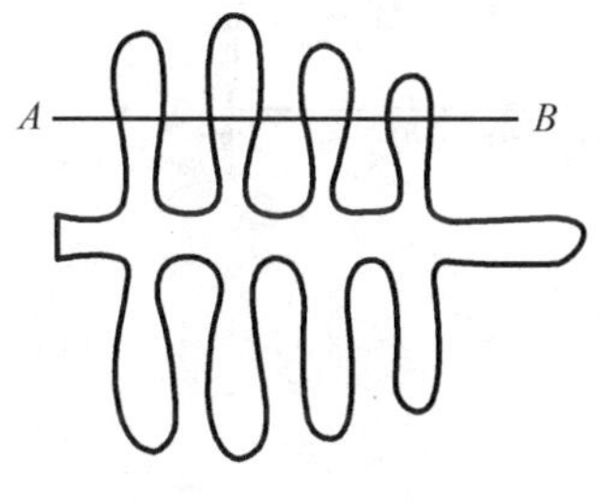

(a) 铸锭中的枝晶偏析

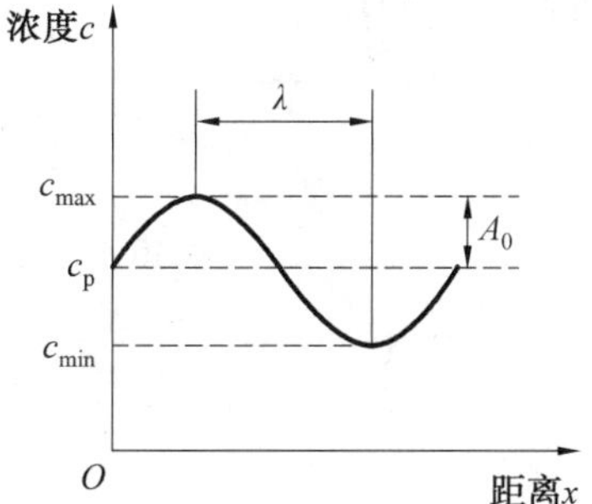

(b) 溶质原子在枝晶二次轴之间的浓度分析

图 10.1

2. 在927 ℃时，碳在 γ－Fe 中的扩散常数为 $D_0 = 0.20\ cm^2/s$，$Q = 140 \times 10^3$ J/mol；而 Ni 的扩散常数为 $D_0 = 0.44\ cm^2/s$，$Q = 283 \times 10^3$ J/mol。若 $R = 8.31$，试计算碳和镍的扩散系数。

3. 碳在 γ－Fe 中扩散时，$D_0 = 2.0 \times 10^{-5}\ m^2/s$，$Q = 140 \times 10^3$ J/mol。若 $R = 8.314$ J/(mol·K)，试计算在 927 ℃ 和 1 027 ℃ 时碳的扩散系数。

4. 铁在 912 ℃时发生 α－Fe($D_0 = 19 \times 10^{-5}\ m^2/s$，$Q = 239 \times 10^3$ J/mol) 向 γ－Fe($D_0 = 1.8 \times 10^{-5}\ m^2/s$，$Q = 270 \times 10^3$ J/mol) 转变，试计算其自扩散系数。

5. 扩散系数的物理意义是什么？影响扩散的因素有哪些？如何影响？

6. 已知铜在铝中的扩散常数 $D_0 = 0.084\ cm^2/s$，$Q = 136 \times 10^3$ J/mol，试计算在47 7 ℃ 和 497 ℃ 时铜在铝中的扩散系数。

7. 有一铜铝合金铸锭，内部存在枝晶偏析，二次枝晶轴间距为 0.01 cm，试计算该铸锭在 477 ℃($D_{477℃} = 2.83 \times 10^{-15}$) 和497 ℃($D_{477℃} = 5.94 \times 10^{-15}$) 均匀化退火时使成分偏析振幅降低到 1% 所需的保温时间。

8. 渗碳是将零件置于渗碳介质中使碳原子进入工件表面，然后以下坡扩散的方式使碳原子从表层向内部扩散的热处理方法。试问：

(1) 温度高低对渗碳速度有何影响？

(2) 渗碳应该在 α - Fe 中还是应该在 γ - Fe 中进行？

(3) 空位密度、位错密度和晶粒大小对渗碳速度有何影响？

9. 铜的熔点为 1 083 ℃，银的熔点为 962 ℃，若将质量相同的一块纯铜板和一块纯银板紧密地压合在一起，置于 900 ℃ 炉中长期加热，问将出现什么样的变化？冷至室温后会得到什么样的组织？（图 10.3 为 Cu - Ag 相图）

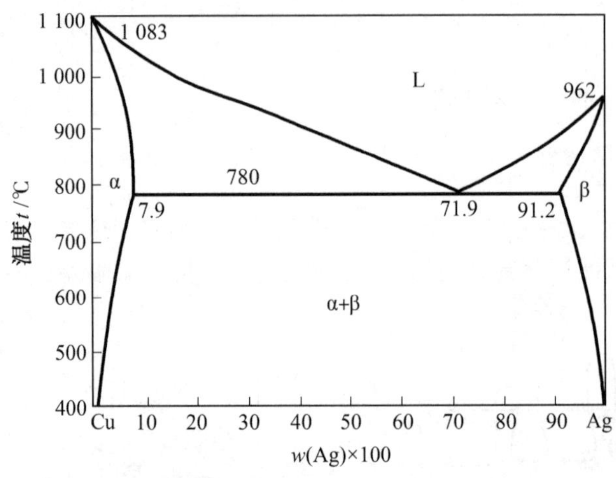

图 10.2 Cu - Ag 相图

附录　综合练习

综合练习一

一、判断题(对的,题前用字母 T 标注;错的,题前用字母 F 标注。每题 1 分,共 20 分)

1. (　　) 间隙固溶体的机械性能和间隙化合物的机械性能是相似的。

2. (　　) 由固溶体(基体) 和金属化合物(第二相) 构成的合金,适量的金属化合物在合金中起强化相作用。

3. (　　) 金属化合物以细小粒状均匀分布在固溶体中会使强度提高,化合物颗粒越细小、分布均匀,其强度越高,这种现象称细晶强化。

4. (　　) 可锻铸铁由于具有较好的塑性,故可以进行锻造。

5. (　　)Cr12 钢含 Cr 量很高,可以作为不锈钢使用。

6. (　　)$\alpha-Fe$ 比 $\gamma-Fe$ 的致密度小,但其溶碳量却不大。

7. (　　) 纯铁发生同素异构转变时必然伴随着体积和尺寸的变化。

8. (　　) 不论在什么条件下,金属晶体缺陷总是使金属强度降低。

9. (　　) 工业上广泛采用变质处理的方法来细化铸件的晶粒。

10. (　　)LF6 只能通过形变强化,不能通过热处理强化。

11. (　　) 锻件、冲压件都可以通过再结晶退火,来消除加工硬化,降低硬度。

12. (　　) 室温下金属的晶粒越细小,则其强度、硬度越高,塑性、韧性也越好。

13. (　　) 钢在加热时要控制奥氏体的晶粒度。

14. (　　) 经塑性变形后,金属的晶粒变细,故金属的强度、硬度升高。

15. (　　) 用冷拉紫铜管制造输油管,在冷弯以前应进行去应力退火,以降低硬度、提高塑性,防止弯曲裂纹产生。

16. (　　) 铝合金热处理也是基于铝具有多晶型转变。

17. (　　) 珠光体是铁碳合金中的一个常见相。

18. (　　) 同一钢材在奥氏体化加热条件下,水淬比油淬的淬透性好;小件比大件的淬透性好。

19. (　　) 热加工纤维组织(流线) 不可以通过热处理方法给予消除。

20. (　　) 对于金属来说,冷却曲线上的水平台就是该金属的理论结晶温度。

二、选择题(有 1 ～ 4 个正确答案。每题 1 分,错选或选不全的不得分,共 20 分)

1. 同质材料的多晶体比单晶体的塑性变形抗力大,这是由于多晶体有(　　)。
A. 晶界　B. 各晶粒的晶格位向不同
C. 晶体结构　D. 化学成分

2. 铜和镍两个元素可以形成(　　) 固溶体。
A. 无限溶解度的间隙　B. 有限溶解度的间隙
C. 无限溶解度的置换　D. 有限溶解度的置换

3. 金属晶体中的线缺陷就是(　　)。
A. 相界　B. 空位　C. 晶界　D. 位错

4. 金属再结晶以后的晶粒大小与(　　) 有关。
A. 预先变形度　B. 再结晶时加热温度
C. 再结晶的保温时间　D. 残余应力

5. 固溶体的机械性能特点是(　　)。
A. 高硬度　B. 高强度　C. 高塑性　D. 高刚度

6. 碳钢中的金属化合物是属于(　　)。
A. 正常价化合物　B. 电子化合物　C. 间隙化合物　D. 间隙相

7. 为了获得最佳机械性能,铸铁组织中的石墨应呈(　　)。
A. 粗片状　B. 细片状　C. 团絮状　D. 球状

8. 一定温度下由一定成分的固相同时生成两个成分固定的固相过程,称为(　　)。
A. 共晶反应　B. 共析反应　C. 包晶反应　D. 匀晶反应

9. 变形金属在加热过程中将经历(　　) 阶段。
A. 回复　B. 去应力　C. 再结晶　D. 晶粒长大

10. 碳溶入 γ - Fe 中形成的固溶体,其晶格形式是(　　)。
A. 简单立方晶格　B. 体心立方晶格　C. 面心立方晶格　D. 密排六方晶格

11. 组成晶格的最基本的几何单元是(　　)。
A. 原子　B. 晶胞　C. 晶粒　D. 亚晶粒

12. 面心立方晶格的配位数是(　　)。
A. 6　B. 8　C. 10　D. 12

13. 提高 LY12 零件强度的方法通常采用(　　)。
A. 淬火 + 低温回火　B. 固溶处理 + 时效　C. 加工硬化　D. 调质处理

14. 在工业生产条件下,金属结晶时冷速越快,N/G 值(　　),晶粒越细。
A. 越大　B. 越小　C. 不变　D. 等于零

15. 在机械制造中,常用的普通灰口铸铁的组织有(　　)。
A. 铁素体 + 石墨片　B. 铁素体 + 珠光体 + 石墨片　C. 珠光体 + 石墨片
D. 珠光体 + 渗碳体 + 石墨片　E. 珠光体 + 渗碳体 + 莱氏体 + 石墨片

16. 经塑性变形后金属的强度、硬度升高,这主要是由(　　) 造成的。
A. 位错密度提高　B. 晶体结构改变　C. 晶粒细化　D. 出现纤维组织

17. 金属化合物的机械性能特点是(　　)。
A. 高塑性　B. 高熔点　C. 高强度　D. 硬而脆

18. 具有面心立方晶格的金属塑性变形能力比体心立方晶格的大,其原因是(　　)。

A. 滑移系多　　B. 滑移面多

C. 滑移方向多　　D. 滑移面和方向都多

19. 齿轮设计时,根据其工作条件及性能要求,选材及最终热处理可有如下选择(　　)。

A. 中碳钢 感应加热表面淬火 + 低温回火

B. 低碳钢 表面渗碳处理 + 预冷淬火 + 低温回火

C. 高碳钢 淬火 + 低温回火

D. 球墨铸铁 等温淬火 + 低温回火

20. 实测的晶体滑移需要的临界分切应力值比理论计算的小,这说明晶体滑移机制是(　　)。

A. 滑移面的刚性移动　　B. 位错在滑移面上运动

C. 空位、间隙原子迁移　　D. 晶界迁移

三、简答题(每题 5 分,共 30 分)

1. 什么是多晶型转变? 举例说明纯铁的多晶型转变。
2. 说明两种典型马氏体的组织形态、亚结构、晶体结构及性能特点。
3. 简述冷塑性变形对金属组织与性能的影响。
4. 高碳钢淬火温度应如何确定? 为什么?
5. 我们学过的强化金属材料的方法有哪几种?
6. 简述淬火态钢在回火加热时的组织转变过程及所得回火组织的性能特点。

四、综合题(每题 10 分,共 30 分)

1. 根据 $Fe-Fe_3C$ 相图,回答下列问题:

(1) 画出 $Fe-Fe_3C$ 相图(表明各点的符号温度及成分),以相组成物填写相区;

(2) 分别写出 $Fe-Fe_3C$ 相图中三条水平线上发生的反应式及得到的组织的名称;

(3) 分别画出亚共析钢、共析钢和过共析钢室温平衡组织的示意图;

(4) 计算 $w(C)=0.6\%$ 的铁碳合金组织组成物的相对含量。

2. 画出共析钢过冷奥氏体等温转变曲线和连续冷却转变曲线;在图中示意地画出退火、正火、淬火、等温淬火的冷却曲线,并在曲线末端写出得到的组织。

3. 制造汽车后桥半轴应选用什么钢号? 试制定所需预备热处理和最终热处理工艺,并注明工艺名称、加热温度、冷却方式以及热处理各阶段所获得的组织与性能。(A_{c1} = 730 ℃,A_{ccm} = 830 ℃,A_{c3} = 780 ℃)

综合练习二

一、判断题(对的,题前用字母 T 标注;错的,题前用字母 F 标注。每题 1 分,共 10 分)

1. (　　) 高合金钢既具有良好的淬透性,又具有良好的淬硬性。

2. (　　) 钢经加热转变得到成分单一、均匀的奥氏体组织,随后采用缓慢冷却的热处理工艺称为退火。

3. (　　) 本质细晶粒钢是一种在任何加热条件下晶粒均不发生粗化的钢。

4. (　　) 几乎所有的钢都会产生第一类回火脆性,若回火后采用快冷的方式可以避免此类脆性。

5. (　　) 下贝氏体是含碳过饱和的片状铁素体和碳化物组成的复相组织,呈现竹叶状。

6. (　　) 对碳钢的组成而言,奥氏体的比容最小,马氏体的比容最大。

7. (　　) 在碳钢中共析钢与过共析钢相比,共析钢具有较高的淬透性和淬硬性。

8. (　　) 上贝氏体是含碳过饱和的片状铁素体和碳化物组成的复相组织,呈现羽毛状。

9. (　　) 含碳量越高的钢,其硬度也越高。

10. (　　) 淬火态钢的硬度取决于马氏体的硬度和残余奥氏体的含量。

二、填空题(每题 1 分,共 10 分)

1. 纯金属结晶的基本规律是(　　) 和(　　)。

2. 按塑性由大到小的顺序,金属三种典型的晶体结构是(　　　)、(　　　)、(　　　)。

3. 纯金属浇注时细化晶粒的方法有(　　)、(　　) 和(　　) 三种。

4. 固溶体的晶格类型与(　　) 组元的晶格类型相同。

5. 实际金属的晶体缺陷有四类:点缺陷有(　　　　　　　　　　　　　　　　　　),线缺陷有(　　　　　　　　　　　　　　),面缺陷有(　　　　　　　　　　　　　),体缺陷有(　　　　　　)。

6. 过冷度 ΔT = (　　　　　　　)。冷却速度越大,则过冷度越(　　)。

7. 体心立方晶格的致密度为(　　),配位数为(　　),一个晶胞中含有(　　) 个原子。

8. 金属晶体滑移的本质是(　　　　　　　　　　　)。

9. 室温下金属的晶粒越细,则其强度越(　　),塑性越(　　)。

10. 低碳钢锻造后为改善其切削加工性能,应进行(　　　　　　) 热处理。

三、选择题(有 1 ~ 4 个正确答案。每题 1 分,错选或选不全的不得分,共 20 分)

1. 在正常淬火条件下,下列钢中淬透性最好的是(　　)。

A. 20 钢(w(C) = 0.2%)　　B. 45 钢(w(C) = 0.45%)

C. T8 钢(w(C) = 0.77%)　　D. T10 钢(w(C) = 1.0%)

2. 溶质固溶度随温度降低而显著减小的合金,经固溶处理后在室温下放置一段时间,其力学性能将发生的变化是(　　)。

A. 强度和硬度显著下降　　B. 强度和硬度显著提高

C. 塑性下降　　D. 塑性提高

3. 调幅分解是固溶体分解的一种特殊形式,其特征可以描述为(　　)。

A. 一种多晶型转变　　B. 形核和长大的过程

C. 无形核的上坡扩散过程

D. 一种固溶体分解为成分不同而结构相同的两种固溶体

4. 在正常淬火条件下,下列钢中淬硬性最好的是(　　)。

A. 20 钢($w(C) = 0.2\%$)　　B. 45 钢($w(C) = 0.45\%$)

C. T8 钢($w(C) = 0.77\%$)　　D. T10 钢($w(C) = 1.0\%$)

5. 影响奥氏体形成速度的因素是(　　)。

A. 加热温度　　B. 保温时间

C. 原始组织　　D. 化学成分

6. 六方晶系中的晶向[110]换算成四指数的米勒指数可表示为(　　)

A. $[2\bar{1}\bar{1}0]$　　B. $[10\bar{1}0]$　　C. $[11\bar{2}0]$　　D. $[\bar{1}2\bar{1}0]$

7. 铁碳合金平衡组织中二次渗碳体可能达到的最大含量为(　　)。

A. 2.26%　　B. 22.6%　　C. 15.2%　　D. 77.4%

8. 右图斜线所示晶面的晶面指数为(　　)

A. (121)　　B. (102)

C. (211)　　D. (112)

直角坐标系

9. 合金在正温度梯度条件结晶时晶体生长形态可能为(　　)。

A. 胞状　　B. 蜂窝状

C. 平面状　　D. 树枝状

10. 提高有色金属零件强度的方法主要采用(　　)。

A. 淬火 + 低温回火　　B. 固溶处理 + 时效

C. 加工硬化　　D. 调质处理

11. 晶面(110)和(111)所在的晶带,其晶带轴的指数为(　　)。

A. $[\bar{1}10]$　　B. $[1\bar{1}0]$　　C. $[01\bar{1}]$　　D. $[0\bar{1}1]$　　E. $[\bar{1}01]$

12. 与固溶体相比,金属化合物的性能特点是(　　)。

A. 熔点高、硬度低　　B. 硬度高、塑性高　　C. 熔点高、硬度高;

D. 熔点高、塑性低　　E. 硬度低、塑性高

13. 影响金属材料性能的重要因素是(　　)。

A. 化学成分　　B. 内部结构　　C. 组织状态　　D. 服役环境温度

14. 在双原子作用模型中(　　)。

A. 结合能是吸引能与排斥能的代数和

B. 若吸引能是负值,则排斥能是正值

C. 原子趋于紧密的排列集团比其以单个孤立的自由原子状态存在时势能更低

D. 当金属原子间处于平衡距离时，其结合能达到最低值，称为键能

15. 45 钢若完全奥氏体化后淬火，则得到马氏体中碳的质量分数约为(　　)。

A. 0.1%　　B. 0.25%　　C. 0.4%　　D. 0.45%

16. 弹簧钢丝经冷卷制成弹簧后，应进行(　　) 处理。

A. 再结晶退火　　B. 去应力退火　　C. 完全退火　　D. 扩散退火

17. 金属在热加工过程中，加工硬化(　　)。

A. 始终不会产生　　B. 始终存在着

C. 有产生、也有消除　　D. 只能产生、不能消除

18. 已知钨的熔点为 3 380 ℃，在 1 000 ℃ 对其进行压力加工，该加工(　　)。

A. 属于热加工　　B. 属于冷加工　　C. 不是热加工或冷加工　　D. 无法确定

19. 存在网状渗碳体的过共析钢，预备热处理应进行(　　)。

A. 正火　　B. 正火 + 球化退火　　C. 球化退火　　D. 扩散退火

20. 合金时效过程中，硬度达到极值前随时效时间延长而上升的现象，称为(　　)。

A. 冷时效　　B. 欠时效　　C. 峰时效　　D. 过时效

四、简答题(每题 5 分，共 30 分)

1. 简述马氏体组织形态特征，影响马氏体性能的因素有哪些？
2. 何为临界变形度？简述临界变形度对金属再结晶后的组织和性能有何影响。
3. 试述共析钢加热时，珠光体向奥氏体转变的过程。
4. 简述钢的淬透性和淬硬性及其区别。钢的淬透性有何实际意义？
5. 何为魏氏组织？魏氏组织形成条件有哪些？对钢的性能有何影响？如何消除？
6. 简述钢的回火脆性及其产生的原因。实际生产中，如何消除和抑制？

五、综合题(每题 10 分，共 30 分)

1. 根据 Fe — Fe_3C 相图，回答下列问题：

(1) 画出 Fe - Fe_3C 相图(表明各点的符号温度及成分)，以组织组成物填写相区；

(2) 分析碳的质量分数为 0.45% 的碳钢平衡结晶过程，画出冷却曲线，绘制每一阶段该合金的显微组织示意图；

(3) 分别计算室温下该合金的相组成物及组织组成物的相对含量。

2. T12A 钢中碳的质量分数约为 1.2%，A_{c1} = 730 ℃，A_{ccm} = 810 ℃，M_s = 205 ℃，M_f = − 42 ℃，该合金的原始组织为片状珠光体加网状渗碳体，若用此钢制作冷冲模的冲头，说明需要经过哪些热处理工序才能满足零件的性能要求，写出具体的热处理工艺名称、加热温度参数、冷却方式以及各工序加热转变完成后冷至室温时得到的组织及其性能特点。

3. 右图为组元在固态下互不溶解的三元共晶合金相图的投影图：

(1) 画出 I - I 位置的垂直截面图，并填写相区；

(2) 分析 O 点成分合金的平衡结晶过程；

(3) 写出 O 点成分合金在室温下组织组成物的相对含量表达式。

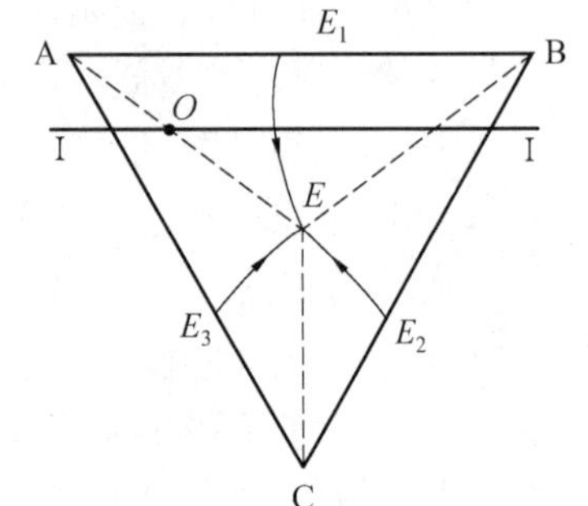

三元共晶合金相图投影图

综合练习三

一、判断题(对的,题前用字母 T 标注;错的,题前用字母 F 标注。每题 1 分,共 20 分)

1. (　　) 在冷拔钢丝时,如果总变形量很大,中间需安排多次回复退火工序。

2. (　　) 共析钢过冷奥氏体在连续冷却过程中,既可能发生珠光体转变和马氏体转变,也可能发生贝氏体转变。

3. (　　) 对于发生马氏体转变的碳钢,随奥氏体中碳含量的增高,板条马氏体数量相对减少,片状马氏体数量相对增多。

4. (　　) 晶体滑移所需的临界分切应力实测值比理论值小得多。

5. (　　) 金属铸件可以通过再结晶退火来细化晶粒。

6. (　　) 三元合金在恒温下进行四相平衡转变时,其液相成分和析出的固相成分均保持不变。

7. (　　) 滑移是金属塑性变形基本过程之一,不会引起金属晶体结构的变化。

8. (　　) 共析钢过冷奥氏体在等温冷却过程中,既可能发生珠光体转变和贝氏体转变,也可能发生马氏体转变。

9. (　　) 金属晶体中,原子排列最密集的晶面间的距离最小,所以滑移最困难。

10. (　　) 原始组织为片状珠光体的碳钢加热奥氏体化时,细片状珠光体的奥氏体化速度要比粗片状珠光体的奥氏体化速度快。

11. (　　) 碳素钢中的过冷奥氏体发生马氏体转变时,体积要收缩。

12. (　　) 经淬火再高温回火的碳钢,可得到回火索氏体组织,具有良好的综合机械性能。

13. (　　) 钢经加热转变得到成分单一、均匀的奥氏体组织,随后采用水冷或油冷的处理工艺称为淬火。

14. (　　) 同二元合金类似,三元合金相图变温截面上的液相线和固相线也表示平衡相的成分。

15. (　　) 微观内应力是由于塑性变形时,工件各部分之间的变形不均性所产生的。

16. (　　) 纤维组织是热变形工件的组织特征之一,冷加工变形得不到同样的纤维组织。

17. (　　) 在碳钢中共析钢与亚共析钢相比,共析钢具有较高的淬透性和淬硬性。

18. (　　) 马氏体与回火马氏体的一个重要区别在于:马氏体是含碳的过饱和固溶体,回火马氏体是机械混合物。

19. (　　) 生产中将钢的淬火 + 回火的热处理工艺称为调质处理。

20. (　　) 几乎所有的钢都会产生第二类回火脆性,若回火后采用快冷的方式可以消除此类脆性。

二、选择题(有 1 ~ 4 个正确答案。每题 1 分,错选或选不全的不得分,共 20 分)

1. 三元相图的重心法则可用于(　　)。

A. 三元合金平衡相的组成　　B. 分析三元合金的平衡结晶过程

C. 确定三元合金的成分

D. 描述确定成分的合金在某一温度下的三个平衡相的成分和它们的含量的关系

2. 利用三元相图的变温截面,可(　　)。

A. 确定三元合金平衡相的成分

B. 定性分析三元合金的平衡结晶过程

C. 确定三元合金平衡相的含量

D. 分析三元合金室温下的组织特征

3. 某三元共晶相图如下图所示,则 E_2 温度点的等温截面为(　　)。

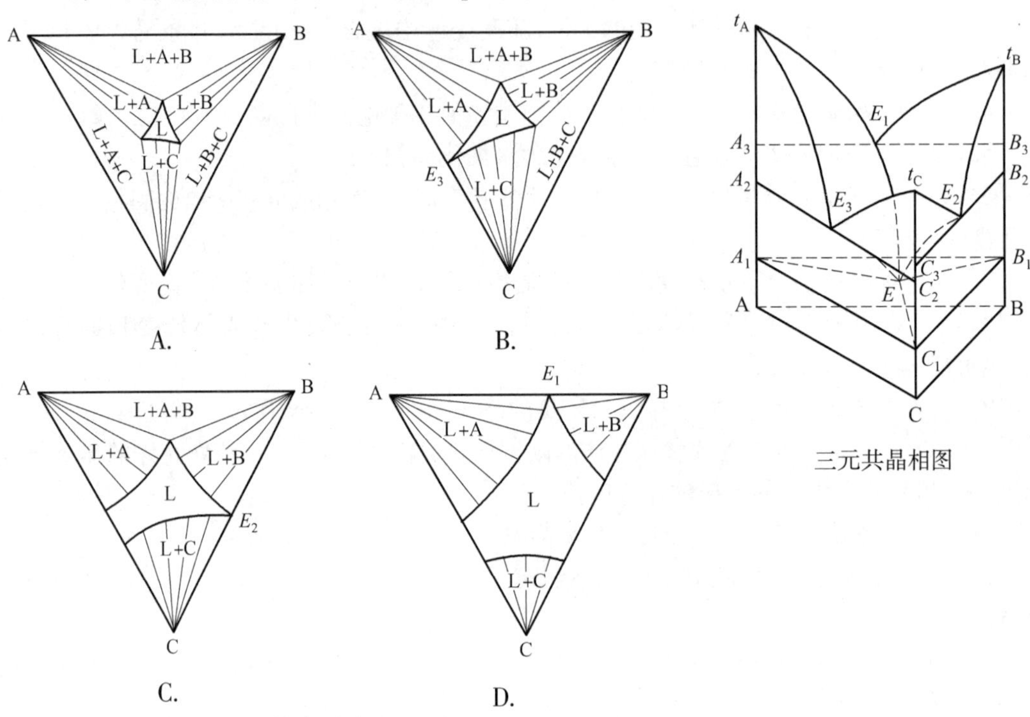

三元共晶相图

4. 面心立方金属的滑移系为(　　)。

A. 〈111〉{110}　　B. 〈110〉{111}

C. 〈100〉{110}　　D. 〈100〉{111}

5. 冷变形金属再结晶后,(　　)。

A. 形成等轴晶,强度增大　　B. 形成柱状晶,塑性下降

C. 形成柱状晶,强度升高　　D. 形成等轴晶,塑性升高

6. 制造齿轮的下列方法中,较为理想的方法是(　　)。

A. 由钢液浇注成圆饼再机械加工成齿轮

B. 用粗钢棒切下圆饼再机械加工成齿轮

C. 由圆钢棒热锻成圆饼再机械加工成齿轮

D. 用厚钢板机械加工出圆饼和齿轮

7. 钢中的马氏体是(　　)。

A. 两相机械混合物　　B. 一种间隙化合物

C. 一种过饱和固溶体　　D. 一种以铁为基的单晶体

8. 共析钢过冷奥氏体在 350 ~ 550 ℃ 的温度区间等温转变所形成的组织为(　　)。

A. 珠光体　　B. 索氏体　　C. 下贝氏体　　D. 上贝氏体

9. 合金时效过程中,硬度达到极值后随时效时间延长而下降的现象,称为(　　)。

A. 冷时效　　B. 欠时效　　C. 峰时效　　D. 过时效

10. 调幅分解是固体分解的一种特殊形式,其特征可描述为(　　)。

A. 一种固溶体分解为成分不同结构相同的两种固溶体

B. 无形核与长大过程的转变

C. 保持共格关系的切变转变

D. 一种同素异构转变

11. 右图所示三元合金系中 G 点对应合金成分为(　　)。

A. 40% A + 10% B + 50% C

B. 10% A + 50% B + 40% C

C. 10% A + 40% B + 50% C

D. 50% A + 10% B + 40% C

成分三角形

12. 利用三元相图的等温截面,可(　　)。

A. 分析三元合金的相平衡

B. 确定三元合金平衡相的成分

C. 确定三元合金平衡相的含量

D. 确定三元合金室温下的组织

13. 某三元共晶相图如右下图所示,则 E_3 温度点的等温截面为(　　)。

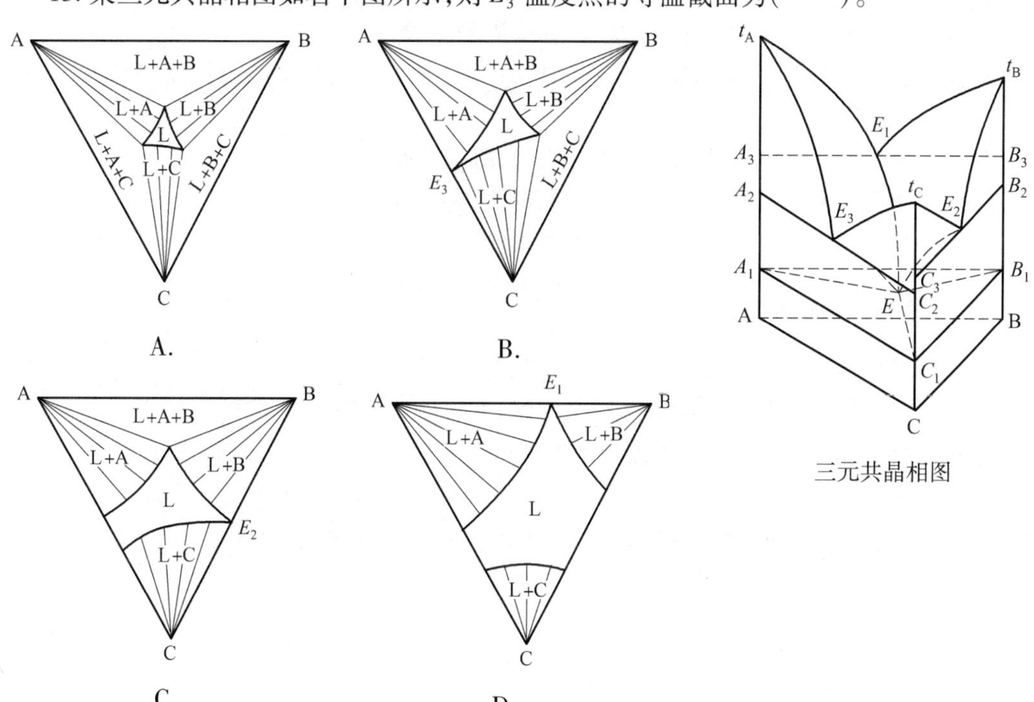

三元共晶相图

14. 体心立方金属的滑移系为(　　)。
A. 〈111〉{110}　　B. 〈110〉{111}
C. 〈100〉{110}　　D. 〈100〉{111}

15. 变形金属再结晶过程是一个新晶粒代替旧晶粒的过程,该过程(　　)。
A. 发生了固态相变　　B. 发生了多晶型转变
C. 发生了重结晶　　D. 无新晶型生成

16. 制造汽车半轴的下列方法中,较为理想的成型方法是(　　)。
A. 由钢液精密铸造成轴　　B. 用粗钢棒经车削加工成轴
C. 由钢液浇注成铸锭再机械加工成轴　　D. 由圆钢棒先热锻,再车削加工成轴

17. 钢中的下贝氏体是(　　)。
A. 两相机械混合物　　B. 一种间隙化合物
C. 一种过饱和固溶体　　D. 一种以铁为基的单晶体

18. 共析钢过冷奥氏体在 $M_s \sim M_f$ 的温度区间转变所形成的组织为(　　)。
A. 马氏体　　B. 索氏体　　C. 下贝氏体　　D. 上贝氏体

19. 为了提高零件的机械性能,通常将热轧圆钢中的流线(纤维组织)通过(　　)。
A. 热处理消除　　B. 切削来切断　　C. 锻造使其分布合理　D. 锻造来消除

20. 各种成分碳钢的回火处理应在(　　)。
A. 退火后进行　　B. 正火后进行　　C. 淬火后进行　　D. 再结晶后进行

三、简答题(每题 5 分,共 30 分)

1. 为什么弹簧钢丝冷拔过程中采用较高温退火,而弹簧冷卷后采用低温退火?

2. 解释金属锻件的机械性能一般优于其铸件的原因。

3. 如何确定金属的再结晶温度和再结晶退火温度?影响金属的再结晶晶粒大小的因素有哪些?

4. 金属材料产生加工硬化的原因是什么?如何消除?

5. 临界变形度对金属再结晶后的组织和性能有何影响?

6. 试述冷塑性变形对金属组织和性能的影响。

四、综合题(每题 10 分,共 30 分)

1. 何为马氏体?说明板条马氏体具有高强韧性的原因。

2. 绘图共析钢过冷奥氏体的等温转变曲线,并说明各条线及区域的金属学意义。影响共析钢过冷奥氏体等温转变曲线的因素有哪些?

3. 若用碳的质量分数为0.6%的碳钢(A_{c1} = 730 ℃,A_{c3} = 800 ℃)制造弹簧,试制定最终热处理工艺(包括名称和具体参数),并说明工艺各阶段获得的组织和性能。

综合练习四

一、判断题(对的,题前用字母 T 标注;错的,题前用字母 F 标注。每题 1 分,共 20 分)

1. (　　) 钢经加热转变得到成分单一、均匀的奥氏体组织,随后采用空气中冷却的处理工艺称为正火。

2. (　　) 在碳钢中共析钢与亚共析钢相比,亚共析钢具有较高的淬透性和淬硬性。

3. (　　) 几乎所有的钢都会产生第一类回火脆性,若回火后采用快冷的方式可以消除此类脆性。

4. (　　) 下贝氏体是含碳过饱和的片状铁素体和碳化物组成的复相组织,呈现羽毛状。

5. (　　) 回火马氏体与马氏体相比有更好的综合力学性能。

6. (　　) 钢经加热转变得到均匀的奥氏体组织,随后采用缓慢冷却的热处理工艺称为退火。

7. (　　) 六方晶系的[010]晶向指数,若改用四坐标轴的密勒指数标定,可表示为$[\bar{1}\bar{1}20]$。

8. (　　) 上贝氏体是含碳过饱和的片状铁素体和碳化物组成的复相组织,呈现竹叶状。

9. (　　) 再结晶可使冷变形金属的加工硬化效果及内应力消除。

10. (　　) 假设晶格常数相同时,FCC 晶体比 BCC 晶体原子半径大,但致密度小。

11. (　　) 金属元素被称为正电性元素,其原子的价电子数较少,通常不超过 3 个。

12. (　　) 间隙相可称为缺位固溶体,具有比较简单的晶体结构,其成分可以在一定范围内变动。

13. (　　) 杰克逊因子 α 是一个重要参量,一般金属材料的 $\alpha \leqslant 2$,其液固界面属于粗糙型界面;许多有机物和无机化合物的 $\alpha \geqslant 5$,其液固界面属于光滑型界面。

14. (　　) 影响金属结晶过冷度的因素是金属的本性、金属的纯度、冷却速度和铸造模具所用材料。

15. (　　) 影响置换式固溶体溶解度的因素是尺寸差、电负性差、电子浓度和晶体结构。

16. (　　) 具有粗糙界面的合金在正温度梯度条件时以二维晶核方式长大。

17. (　　) 若某金属其键能越高,则其熔点、强度和模量也越高。

18. (　　) 影响晶体表面能的因素是外部介质的性质、裸露晶面的原子密度和晶体本身的性质。

19. (　　)T10 钢的制造的手锯条,要求具有高的硬度、耐磨性,最终热处理后的组织应为回火索氏体。

20. (　　) 淬火态钢中的马氏体硬度主要取决于马氏体的亚结构、马氏体的正方度和马氏体的含碳量。

二、选择题(有 1 ~ 4 个正确答案。每题 1 分,错选或选不全的不得分,共 20 分)

1. 某些淬火钢在回火过程中产生的回火脆性,将导致钢的(　　) 显著下降。

A. 强度　　B. 硬度　　C. 塑性　　D. 韧性

2. 当加热到 A_3 温度(即为 GS 线对应的温度)时,碳钢中的铁素体将转变为奥氏体,这种转变可称为(　　)。

A. 再结晶　　B. 重结晶　　C. 伪共晶　　D. 多晶型转变

3. 在室温平衡状态下,碳钢的含碳量超过 1.0% 后,随着含碳量增加,其(　　)。

A. 强度、塑性均下降　　B. 硬度升高、塑性下降

C. 硬度、塑性均下降　　D. 强度、塑性均不确定

4. 钢的淬透性取决于(　　)。

A. 淬火冷却速度　　B. 钢的临界冷却速度

C. 工件的尺寸、形状　　D. 过冷奥氏体的稳定性

5. 淬火 + 高温回火被称为(　　)。

A. 时效处理　　B. 变质处理　　C. 调质处理　　D. 固溶处理

6. 下贝氏体是(　　)。

A. 过饱和的 α 固溶体

B. 含碳过饱和的铁素体和碳化物组成的复相组织

C. 呈现羽毛状　　D. 呈现竹叶状

7. 完全退火工艺主要适用于(　　)。

A. 亚共析钢　　B. 共析钢　　C. 过共析钢　　D. 铸铁

8. 钢的回火处理工艺是(　　)。

A. 正火后进行　　B. 淬火后进行

C. 是退火后进行　　D. 预备热处理工艺

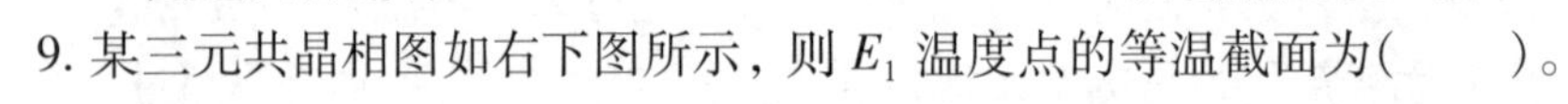

9. 某三元共晶相图如右下图所示, 则 E_1 温度点的等温截面为(　　)。

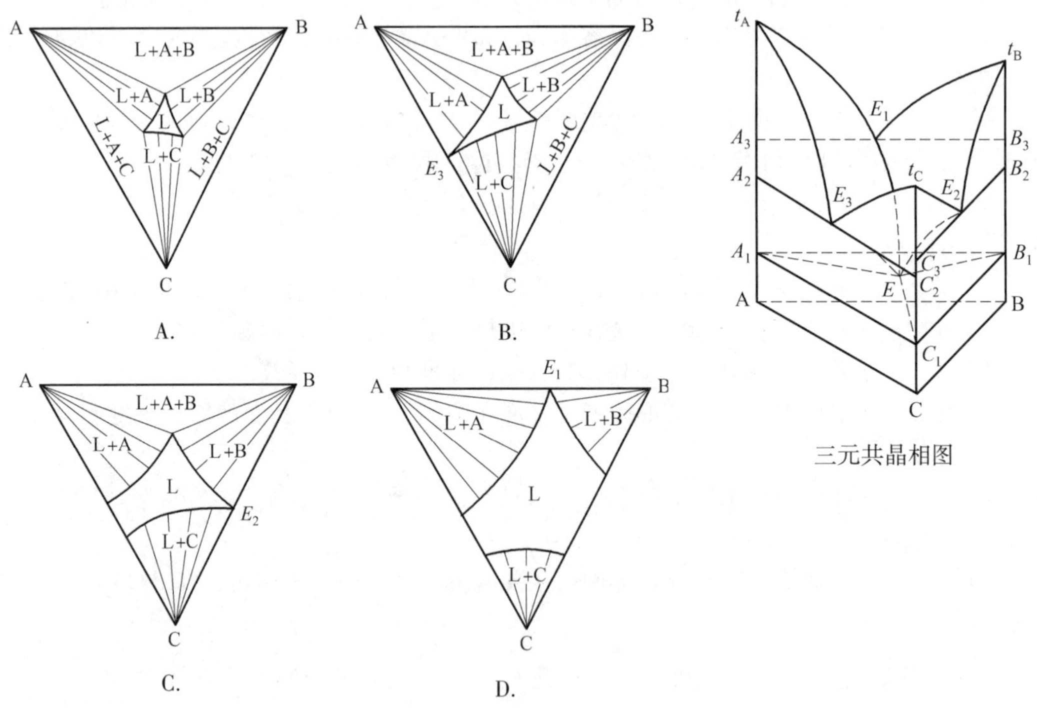

三元共晶相图

10. 铸铁与碳钢的区别在于有无(　　)。

A. 渗碳体　B. 珠光体　C. 铁素体　D. 莱氏体

11. 实际工程用金属材料一般表现出各向同性,这是因为实际金属为(　　)。

A. 固溶体　B. 单晶体　C. 理想晶体　D. 多晶体

12. 通常情况下,随回火温度提高,淬火钢的(　　)。

A. 强度下降　B. 硬度下降　C. 塑性提高　D. 韧性基本不变

13. 共析碳钢加热转变为奥氏体后,冷却时所形成的组织主要取决于(　　)。

A. 奥氏体化时的均匀化程度　B. 冷却时的转变温度

C. 冷却时的转变时间　D. 冷却速度;

14. 马氏体的硬度主要取决于 (　　)。

A. 马氏体的亚结构　B. 马氏体相变的起始温度

C. 马氏体的含碳量　D. 马氏体的正方度

15. 从金属学的观点来看,冷加工和热加工是以(　　) 温度为界限区分的。

A. 结晶　B. 再结晶　C. 相变　D. 室温

16. 影响马氏体的机械性能的因素有(　　)。

A. 淬火冷却速度　B. 马氏体的形成温度

C. 马氏体中的碳含量　D. 原始奥氏体晶粒度

17. 下列不同状态的共析钢在同一温度加热时,奥氏体形成速度最快的是(　　)。

A. 退火态共析钢　B. 回火态共析钢

C. 淬火态共析钢　D. 正火态共析钢

18. 利用三元相图的等温截面图,可以(　　)。

A. 确定三元合金平衡相的成分　B. 定性分析三元合金的平衡结晶过程

C. 确定平衡相的含量　D. 应用杠杆定律和重心法则

19. 在正常淬火条件下 20、40Cr、T8、65 钢的淬透性由高至低顺序为(　　)。

A. 40Cr、T8、65、20　B. T8、65、20、40Cr

C. 65、40Cr、T8、20　D. 20、40Cr、65、T8

20. 为了提高耐磨性,20CrMnTi 制的齿轮应选择预备及最终热处理工艺(　　) 的热处理工艺。

A. 正火、淬火及低温回火　B. 正火、调质及低温回火

C. 球化退火、淬火及低温回火　D. 完全退火、淬火及低温回火

三、简答题(每题 5 分,共 30 分)

1. 试述共析钢在加热过程中的组织转变过程。

2. 试比较下贝氏体和片状马氏体。

3. 什么是第二类回火脆性? 如何消除或抑制?

4. 分析一次渗碳体、二次渗碳体、三次渗碳体及共析渗碳体有何异同点?

5. 画出共析钢等温转变曲线示意图,说明共析钢奥氏体化后在随后冷却过程中,可能发生哪些类型的组织转变(注明温度区间、组织类型的名称和显微组织形态特征)?

6. 为什么过共析钢锻后一般都要进行球化退火? 为什么过共析钢的淬火加热温度采用A_{c1} + (30 ~ 50)℃,而不是采用 A_{ccm} + (30 ~ 50)℃?

四、综合题(每题 10 分,共 30 分)

1. 下图是纯铝在 400 ℃ 拉伸时的应力应变曲线示意图:

(1) 说明出现稳态流变的机制;

(2) 若形变后在该温度下停留 1 h, 其组织将如何变化?

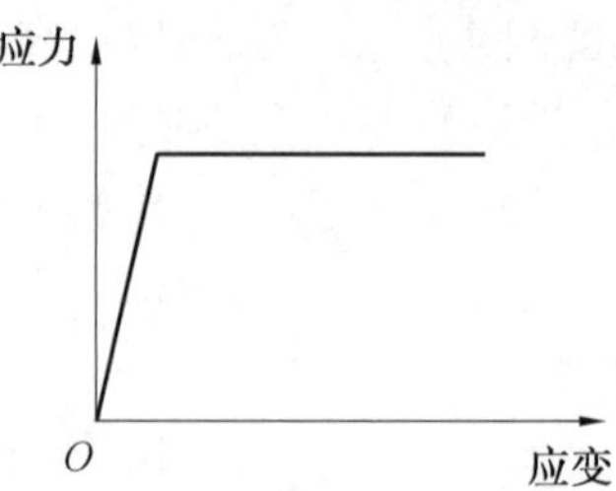

纯铝在 400 ℃ 拉伸时的应力应变曲线示意图

2. 右图为组元在固态下完全不溶的三元共晶合金相图的投影图:

(1) 作 mn 变温截面图,分析 O_1 点成分合金的平衡结晶过程。

(2) 写出 O_1 点成分合金室温下的相组成物,给出各相的相对含量的表达式。

(3) 写出 O_1 点成分合金室温下的组织组成物,给出各组织组成物的相对含量的表达式。

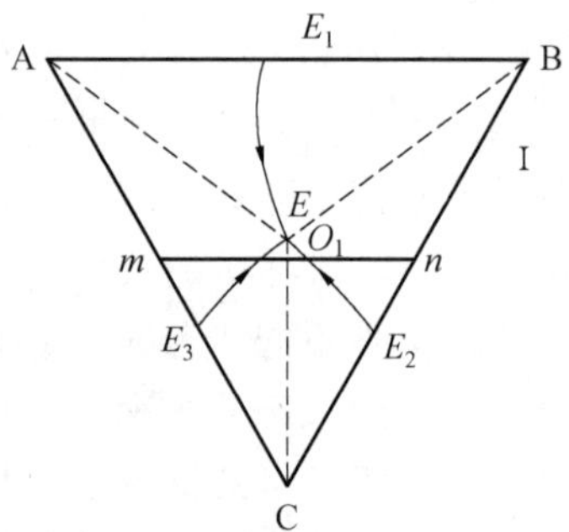

三元共晶合金相图的投影图

3. 45 钢(w(C) = 0.45%,A_{c1} = 730 ℃,A_{c3} = 780 ℃)制造的连杆,要求具有良好的综合机械性能,试确定预备热处理和最终热处理工艺,并说明各工艺阶段热处理后的组织及性能。如果错用了 T12(w(C) = 1.2%,A_{c1} = 730 ℃,A_{ccm} = 830 ℃),问此时将得到组织和性能如何?

综合练习五

一、判断题(对的,题前用字母 T 标注;错的,题前用字母 F 标注。每题 1 分,共 20 分)

1. (　　) 宏观内应力是由于塑性变形时,工件各部分之间的变形不均性所产生的。
2. (　　) 回复可使冷变形金属的加工硬化效果及内应力消除。
3. (　　) 三元共晶合金中,三元共晶转变为在恒温恒压下进行的四相平衡转变,转变发生时的液相成分和析出的固相成分均保持不变。
4. (　　) 淬透性好的钢,其淬硬性也高。
5. (　　) 三元合金成分三角形中通过某一顶点的直线所含的由另外两个顶点所代表的组元的含量为一定值。
6. (　　) 魏氏组织常伴随着奥氏体晶粒粗大而出现,使钢的力学性能显著降低,无法消除。
7. (　　) 钢奥氏体化后,在空气中冷却,获得珠光体类组织的热处理工艺称为正火。
8. (　　) 回火索氏体与索氏体相比有更好的综合力学性能。
9. (　　) 淬火状态的共析钢在同一温度加热时奥氏体形成速度最快。
10. (　　) 一般金属中常用的强化方法,本质上是依靠减少结构缺陷来实现的。
11. (　　) 密排六方晶格的配位数和致密度均与面心立方晶格相同,这说明这两种晶胞中原子的紧密排列程度相同。
12. (　　) 空位或间隙原子在每一温度都有一个相应的平衡浓度,温度越高,平衡浓度越低。
13. (　　) 一个相的稳定与否,不能单独由这个相来决定,还要取决于共生相的自由能的相对高低。
14. (　　) 螺型位错运动的方向与滑移方向平行。
15. (　　) 三元合金中最多可能出现四相平衡。
16. (　　) 间隙相一般具有与其组元完全不同的晶体结构。
17. (　　) 板条马氏体又称为高碳马氏体,具有良好的综合机械性能。
18. (　　) 影响金属材料性能的内在因素是服役环境温度。
19. (　　) 晶面(011) 和(111) 所在的晶带,其晶带轴的指数为$[\bar{1}10]$。
20. (　　) 若一晶体结构的原子配位数为 12,则原子之间的作用方式为金属键。

二、选择题(1 ~ 4 个正确答案, 每题 1 分,错选或选不全的不得分,共 20 分)

1. 当共析钢加热到 A_1 温度时, 碳钢中的珠光体将转变为奥氏体, 这种转变可称为(　　)。

　A. 再结晶　　B. 重结晶　　C. 伪共晶　　D. 多晶型转变

2. 机械制造业常用的经冷变形金属材料中有(　　)。

　A. 形变织构　　B. 加工硬化现象　　C. 残余应力　　D. 大量位错

3. 影响马氏体机械性能的因素有(　　)。

　A. 淬火冷却速度　　B. 马氏体的形成温度

C. 马氏体中的碳含量　　D. 原始奥氏体晶粒度

4. 淬硬性好的钢(　　)。

A. 具有高的临界冷却速度　　B. 具有高的淬透性

C. 具有高的碳含量　　D. 具有高的合金元素含量

5. 中碳结构钢和低合金钢经调质处理后的组织为(　　)。

A. 粒状珠光体　　B. 回火索氏体

C. 回火屈氏体　　D. 回火马氏体

6. 冷变形金属加热至再结晶温度以上,将(　　)。

A. 发生再结晶　　B. 改变晶粒形状　　C. 去除残余应力　　D. 消除加工硬化

7. 溶质原子溶入溶剂晶格中,溶质原子(　　)。

A. 可在晶格间隙中　　B. 可替代溶剂原子在晶格结点上

C. 可与溶剂原子同在晶格结点上　　D. 可在晶格间隙、结点上并存

8. 45 钢制机床主轴,其轴颈部分要求具有一定的硬度(HRC 50 ~ 55)和耐磨性,故最终热处理应进行(　　)。

A. 调质处理　　B. 感应加热表面淬火 + 低温回火

C. 淬火　　D. 渗碳处理

9. 二元合金相图上的水平线,可能是(　　)。

A. 匀晶反应　　B. 共晶反应　　C. 共析反应　　D. 多晶型转变

10. 碳钢在室温下的平衡组织是由(　　)两相所组成。

A. 铁素体和渗碳体　　B. 铁素体和珠光体

C. 奥氏体和铁素体　　D. 渗碳体和珠光体

11. 形成单相固溶体的合金,在平衡结晶过程中固相的化学成分是(　　)。

A. 固定不变的　　B. 随温度下降而改变的

C. 沿着液相线改变　　D. 沿着固相线改变

12. 总的说来,碳钢的抗拉强度随含碳量的增加而(　　)。

A. 提高　　B. 下降　　C. 不变　　D. 存在最高值

13. 一般来说,合金钢比碳钢有(　　)的特点。

A. 塑性高　　B. 淬透性好

C. 强度低　　D. 可能具有耐热、耐蚀等特殊性能

14. W18Cr4V 的二次硬化效应是在(　　)时产生的。

A. 球化退火　　B. 高温淬火　　C. 高温回火　　D. 低温回火

15. (　　)属于片间距较细的珠光体类型的组织。

A. 屈氏体　　B. 回火索氏体　　C. 贝氏体　　D. 片状马氏体

16. T10 钢车床顶尖原料经锻造以后,其预备热处理应为(　　)。

A. 低温回火　　B. 扩散退火　　C. 球化退火　　D. 淬火

17. T12 钢(A_{c1} = 730 ℃, A_{ccm} = 810 ℃)分别加热至 760 ℃, 850 ℃ 奥氏体化并经水冷后的组织依次为(　　)。

A. 奥氏体 + 二次渗碳体、奥氏体

B. 马氏体 + 渗碳体 + 少量残余奥氏体、马氏体 + 少量残余奥氏体

C. 奥氏体、马氏体

D. 马氏体 + 少量残余奥氏体、马氏体 + 渗碳体 + 少量残余奥氏体

18. W18Cr4V 高速钢热处理工艺的特点有(　　)。

A. 较高的奥氏体化温度　　B. 较高的回火温度

C. 多次回火处理　　D. 需要深冷处理

19. 45 钢制造的连杆，要求具有良好的综合机械性能，最终热处理后的组织应为(　　)。

A. 回火马氏体　　B. 屈氏体　　C. 索氏体　　D. 回火索氏体

20. 在正常淬火条件下 Q235、45、65Mn、T12 钢的淬硬性由高至低顺序为(　　)。

A. Q235、45、65Mn、T12　　B. 45、65Mn、T12、Q235

C. T12、65Mn、45、Q235　　D. 65Mn、T12、Q235

三、简答题(每题 5 分,共 30 分)

1. 奥氏体晶粒大小用什么来表示？其对金属的机械性能有何影响？影响奥氏体晶粒大小的因素是什么？

2. 说明 Al－4.5%Cu 合金的过饱和固溶体在 190 ℃ 时效脱溶过程及其力学性能变化规律。

3. 什么是钢的冷脆性与热脆性？说明其产生的原因及如何预防？

4. 亚共析钢淬火保温温度如何选择？为什么？

5. 什么是回火？钢经淬火后,为什么一定要进行回火？

6. 铁加热至 912 ℃ 时发生了多晶型转变,若其原子半径增加了 2%,试求单位质量的铁发生此转变时的体积变化率(结果保留两位有效数字)。

四、综合题(每小题 10 分,共 30 分)

1. 若液固两相单位体积自由能差为 ΔG_V,假设过冷液相中形成一个边长为 a 的立方体晶胚,其单位面积表面能为 σ,试推导计算其临界形核半径和形核功。

2. 将直径 10 mm 的 T8 钢($w(C)=0.77\%$,$M_s=230$ ℃)加热至 760 ℃,保温后采用下列冷却方式,说明其热处理工艺名称及获得的组织及性能:(1) 随炉冷却;(2) 油冷;(3) 在 300 ℃ 硝盐中停留至组织转变结束,然后空冷。

3. 根据 $Fe-Fe_3C$ 相图,回答下列问题:

(1) 画出 $Fe-Fe_3C$ 相图(标明各点的符号,温度及成分),以组织组成物填写相区;

(2) 写出相图中水平线的反应名称和反应表达式;

(3) 分析碳的质量分数为 4.3% 的铁碳合金平衡结晶过程,画出冷却曲线,绘制每一阶段该合金的显微组织转变示意图;

(4) 计算莱氏体中共晶渗碳体、二次渗碳体、共析渗碳体的相对百分含量(保留小数点后两位)。

第二部分　参考答案

绪　论

简答题

1. 金属学与热处理是研究金属及合金的科学,涉及金属及合金的化学成分、组织、结构与性能的关系、变化规律,以及金属材料的应用。

2. 学习目的有三点:

(1) 掌握有关金属材料学科的基本概念、基本原理和基本方法;

(2) 为合理地选材和制订零件的热加工工艺规程奠定坚实的基础;

(3) 得到金相分析及热加工工艺方面的技能训练。

3. 材料的性能取决于材料的内部结构与组织。不同的加工工艺得到的结构和组织不同,从而也改变了材料的性能。对不同的材料应采用不同的加工工艺,以达到成型、调整和改善性能的目的。

4. 金属材料是具有正的电阻温度系数的物质,通常具有良好的导电性、导热性、延展性、高的密度和金属光泽。

5. 金属材料的性能主要包括使用性能和工艺性能两方面,其中:

(1) 使用性能包括力学性能、物理性能和化学性能。

(2) 工艺性能包括铸造性能、塑性加工性能、焊接性能、热处理工艺性能、粉末冶金和机械加工性能等。

6. 热加工工艺主要包括铸造、锻造、焊接和热处理四方面。

7. 金属零件的一般工艺流程是:冶炼 → 浇注 → 锻造 → 预备热处理 → 粗加工 → 最终热处理 → 精加工。

第1章　金属与合金的晶体结构

一、名词解释

结构:是指材料内部原子(或离子、分子、原子集团)的具体排列情况,即这些质点在三维空间的排列规律。

组织:是指借助于显微镜所观察到的材料微观组成与形貌,通常称为显微组织。

相:是指合金中结构相同、成分和性能均一并以界面相互分开的组成部分。

组元:是指组成合金最基本的、独立的物质。

金属:是指原子电子结构的最外层的电子数很少、具有正的电阻温度系数的物质,通常具有良好的导电性、导热性、延展性和金属光泽。

金属键:原子贡献出价电子成为正离子,沉浸在电子云中,并与依靠运动于其间的公有化的自由电子的静电作用而结合起来的结合方式称为金属键。它没有饱和性和方向性。

晶体:是指原子(或离子、分子、原子集团)在三维空间中有规则的周期性重复排列的物质。

非晶体:是指原子(或离子、分子)在三维空间中无规则的排列的物质。

晶体结构:是指晶体中原子(或离子、分子、原子集团)在三维空间中有规律的周期性的重复排列方式。

空间点阵:是指阵点有规则地周期性重复排列所形成的空间几何图形。

晶格:是指人为地将阵点用直线连接起来而形成的空间格子。

晶胞:是指从晶格中选取的一个能够完全反映晶格特征的最小几何单元。

晶粒:是指组成固态金属的结晶颗粒。

单晶体:是指由单个晶粒所组成的晶体。

多晶体:是指由两颗以上晶粒所组成的晶体。

晶向:是指晶体中任意两个原子之间连线所指的方向。

晶面:是指晶体中由一系列原子所组成的平面。

晶带:平行于或相交于同一直线的一组晶面组成一个晶带。

晶带轴:是指晶带中平行于或相交于同一直线的直线。

多晶型转变:也称同素异构转变,是指当外部条件(如温度、压强)改变时,金属内部由一种晶体结构向另一种晶体结构的转变。

配位数:是指晶体结构中与任一个原子最近邻、等距离的原子数目。

致密度:是指晶胞中原子所占体积与晶胞体积之比。

合金:是指由两种或两种以上的金属,或金属与非金属,经熔炼、烧结或其他方法组合而成并具有金属特性的物质。

单相合金:是指由一种固相组成的合金。

多相合金:是指由几种不同相组成的合金。

固溶体:合金的组元之间以不同的比例相互混合,混合后形成的固相的晶体结构与组成合金的某一组元的相同,这种相称为固溶体。

间隙固溶体:是指溶质原子填入溶剂原子间的一些间隙中所形成的固溶体。

置换固溶体:是指溶质原子位于溶剂晶格的某些结点位置所形成的固溶体。

固溶强化:是指固溶体中,随着溶质浓度的增加,固溶体的强度、硬度提高,而塑性、韧性有所下降的现象。

金属化合物:是指合金组元间发生相互作用而形成的一种新相,又称中间相。

电子化合物:是指由第Ⅰ族或过渡元素与第Ⅱ至第Ⅴ族金属元素形成的金属化合物,其不遵守原子价规律,而是按照一定电子浓度比值形成的化合物。

间隙化合物:是指当非金属元素(以 X 表示)与过渡族金属元素(以 M 表示)原子半径的比值$r_X/r_M > 0.59$时,形成的结构很复杂的化合物。

间隙相:是指当非金属元素(以 X 表示)与过渡族金属元素(以 M 表示)原子半径的比值$r_X/r_M < 0.59$时,形成的具有比较简单的晶体结构的化合物。

点缺陷:是指在三个方向上的尺寸都很小的相当于原子尺寸的缺陷。

线缺陷:是指在两个方向的尺寸很小,在另一个方向的尺寸相对很大的缺陷。

面缺陷:是指在一个方向的尺寸很小,在另外两个方向上的尺寸相对很大的缺陷。

空位:某些具有足够高能量的原子,克服周围原子对它的约束,脱离开原来的平衡位置迁移到别处而形成的空结点。

间隙原子:是指处于晶格间隙中的原子。

置换原子:是指占据在原来基体原子平衡位置上的异类原子。

位错:是指在晶体中的某处有一列或若干列原子发生了有规律的错排现象。

柏氏矢量:是表示位错的性质和晶格畸变大小、方向的量。由完整的晶体闭合回路与围绕位错线的闭合回路对比,得到终点 Q 到始点 M 的矢量 $\boldsymbol{b}$,即为柏氏矢量。

位错密度:是指单位体积中所包含的位错线的总长度。

表面能:是指表面层晶格畸变引起的单位面积上升高的能量,也称比表面能。

晶界:是指晶体结构相同但位向不同的晶粒之间的界面,也称晶粒间界。

亚晶界:是指由彼此之间存在不大的(几十分到$1°$、$2°$)位向差,直径$10 \sim 100\ \mu m$的晶块组成的内界面,也称为亚晶粒间界。

小角度晶界:是指相邻晶粒间的位向差小于$10°$时的晶界。

大角度晶界:是指相邻晶粒间的位向差大于$10°$时的晶界。

堆垛层错:是在实际晶体中,晶面堆垛顺序发生局部差错而产生的一种晶体缺陷,简称层错。

相界:是指具有不同晶体结构的两相之间的分界面。

共格界面:是指界面上的原子同时位于两相晶格的结点上,为两种晶格所共有的相界。

半共格界面:是指界面上的两相原子部分地保持着对应关系的,介于共格与非共格之间的相界。

非共格界面:是指相界的畸变能高至不能维持共格关系时,形成的相界。

内吸附:是指金属中存在的能降低界面能的异类原子向晶界偏聚的现象。

二、填空题

1. 金属键;离子键;共价键

2. 原子呈周期性的规则排列,易于失去最外层或次外层价电子;金属键
3. 原子是否呈周期性的规则排列
4. 晶格;从晶格中选取的一个能够完全反映晶格特征的最小几何单元
5. 4;2
6. 面心立方;体心立方;密排六方
7. 〈111〉;〈110〉
8. 各不相同;各向异性;多;相同;伪各向同性
9. 细;粗
10. 点缺陷;线缺陷;面缺陷
11. 空位;间隙原子;置换原子;晶界;亚晶界;孪晶界;相界;堆垛层错;晶体表面
12. 线;刃型位错;螺型位错;刃型
13. 单位体积中所包含的位错线的总长度;$\rho = \sum L/V$
14. 0.296 nm
15. 面心立方;{111};0.256 nm;8.432×10^{19}
16. α - Fe、Cr、V;γ - Fe、Al、Cu、Ni;Mg、Zn
17. $(\bar{1}21)$
18. (140)
19. $[\bar{1}10]$;[221];[121]
20. 快;具有表面能,且晶格排列不规整
21. 无序固溶体;有序固溶体;有限固溶体;无限固溶体;间隙固溶体;置换固溶体
22. 相界;共格界面;半共格界面;非共格界面

三、选择题

1. A、B、C 2. A 3. D 4. C 5. B 6. B 7. D 8. C 9. C 10. D 11. C 12. C

四、判断题

1. × 2. √ 3. × 4. √ 5. √ 6. × 7. × 8. × 9. × 10. × 11. √ 12. × 13. × 14. × 15. √ 16. √ 17. √ 18. × 19. √ 20. × 21. × 22. √ 23. × 24. ×

五、简答题

1. 原子与依靠运动于其间的公有化的自由电子间产生静电作用而结合起来的方式称为金属键。它没有饱和性和方向性。

离子键是正、负离子间由库仑引力而结合的方式。离子的电荷分布呈球形对称,在任意方向上都可以吸引电荷相反的离子,没有方向性和饱和性。

共价键是相邻原子共用其外部的价电子,形成稳定的电子满壳层结构而结合的方式。两个相邻的原子只能共用一对电子。故一个原子的共价键数,即与它共价结合的原子数最多只能有$(8-N)$个,N表示这个原子最外层的电子数。因此,共价键具有明显的饱和性,各键之间有确定的方位。

2. 金属中主要含有金属健,由于金属键没有饱和性和方向性,在外加电场作用下,金属中的自由电子能够沿着电场方向定向运动,形成电流,从而显示出良好的导电性。

自由电子的运动和正离子的振动使金属具有良好的导热性。

由于金属键没有饱和性和方向性,当金属的两部分发生相对位移时,金属的正离子始终被包围在电子云中,从而保持金属键结合,所以金属能经受变形而不断裂,具有良好的延展性。

3. 晶体与非晶体的区别主要在于内部的原子(或离子、分子)排列情况。

凡是原子(或离子、分子)在三维空间按一定规律呈周期性排列的固体均是晶体。而非晶体则不呈这种周期性的规则排列。

晶体纯物质有固定的熔点,单晶体具有各向异性。而非晶体纯物质在熔化时存在一个温度范围,没有明显的熔点,具有各向同性。

4. 组元:是指组成合金最基本的、独立的物质。

相:指合金中结构相同,成分和性能均一并以界面相互分开的组成部分。

组织:指借助于显微镜所观察到的材料微观组成与形貌,通常称为显微组织。组织可以由单相或多相组成。

5. 在工业上使用的金属元素中,除了少数具有复杂的晶体结构外,绝大多数都具有比较简单的晶体结构。其中最典型、最常见的晶体结构有三种类型:体心立方结构、面心立方结构和密排六方结构。

(1) 体心立方结构(bcc):在体心立方晶胞中,晶胞的三个棱边长度相等。三个轴间夹角均为90°;原子分布在立方晶胞的八个顶角及其体心位置。具有这种晶体结构的金属有α - Fe、Cr、Mo、W、V、Nb等30多种。

(2) 面心立方结构(fcc):在面心立方晶胞中,晶胞的三个棱边长度相等。三个轴间夹角均为90°;原子分布在立方晶胞的八个顶角及六个侧面的中心。具有这种晶体结构的金属有γ - Fe、Al、Cu、Ni、Ag等约20种。

(3) 密排六方结构(hcp):在密排六方晶胞中,结构为正六方棱柱,原子分布在六方晶胞的十二个顶角、上下底面的中心及晶胞体内两底面中间三个间隙里。具有这种晶体结构的金属有Mg、Zn、Cd、Be、α - Ti、α - Co等。

6. (1) 晶向指数的确定方法如下:

① 以晶胞的三个棱边为坐标轴X、Y、Z,以晶格常数为坐标轴的长度单位;

② 从坐标原点引一有向直线平行于待定晶向;

③ 在所引有向直线上取距原点最近的那个原子点,求出该点在X、Y、Z上的坐标值;

④ 将三个坐标值按比例化为最小简单整数,依次写入方括号[ ]中。

(2) 表征晶向指数用三轴坐标系法表示。取X、Y、Z为晶轴,三个轴互相垂直。用三个坐标轴求出晶向指数,表示为[UVW]。若晶向指向坐标的负方向时,则在晶向指数的这一数字之上冠以负号。

7. (1) 晶面指数的确定方法如下:

① 以晶胞的三条相互垂直的棱边为参考坐标轴X、Y、Z,坐标原点O位于待定晶面之外;

② 以晶格常数为度量单位,求出待定晶面在各坐标轴上的截距;

③ 取各截距的倒数,并化为最小简单整数,放在圆括号( )内。

(2) 表征晶面指数用三轴坐标系法标定。取 X、Y、Z 为晶轴,三轴互相垂直。其晶面指数表示为(hkl)。如果所求晶面在坐标轴上的截距为负值,则在相应的指数上加一负号。

8.

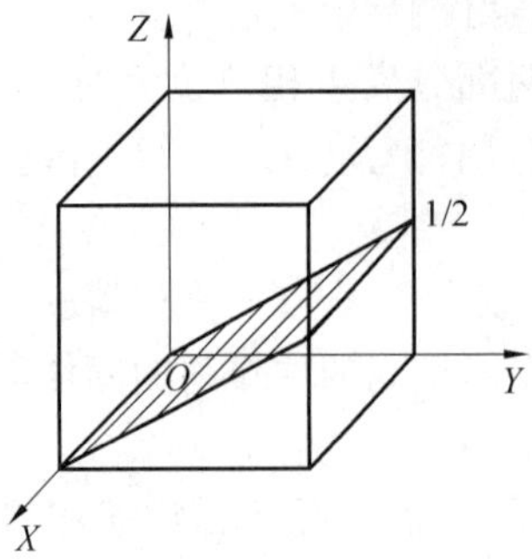

(012)

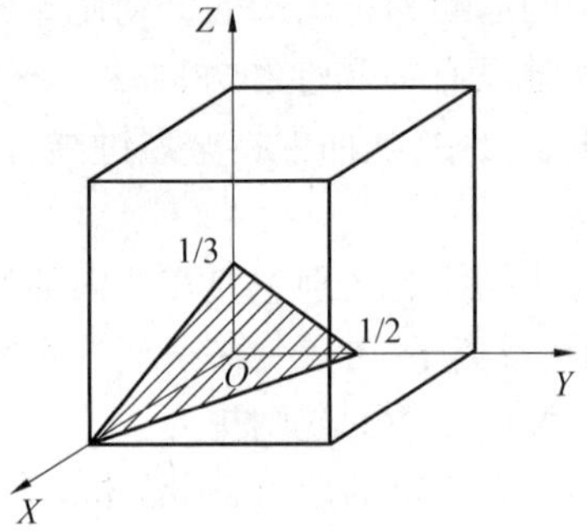

(123)

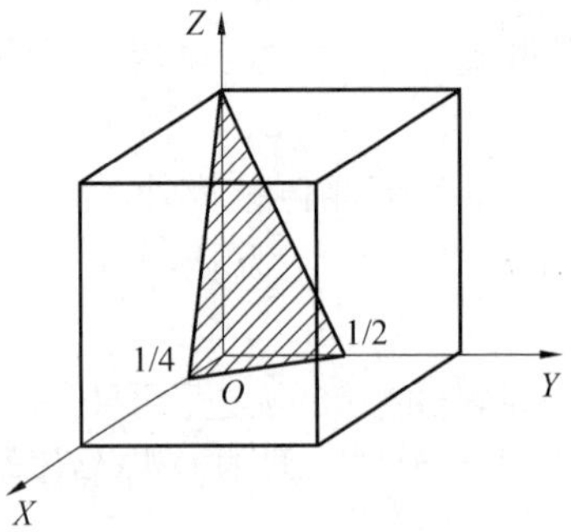

(421)

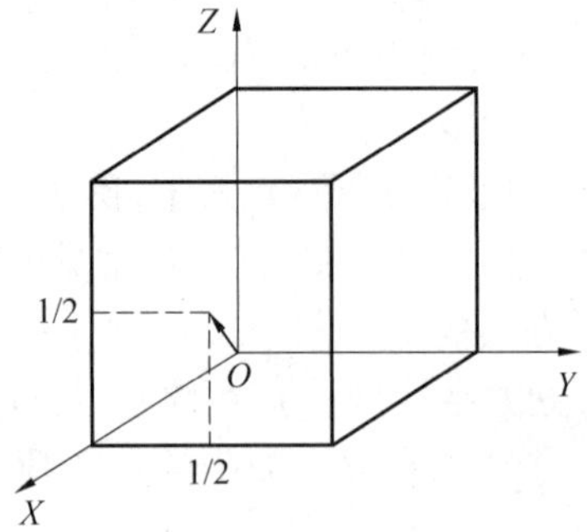

[211]

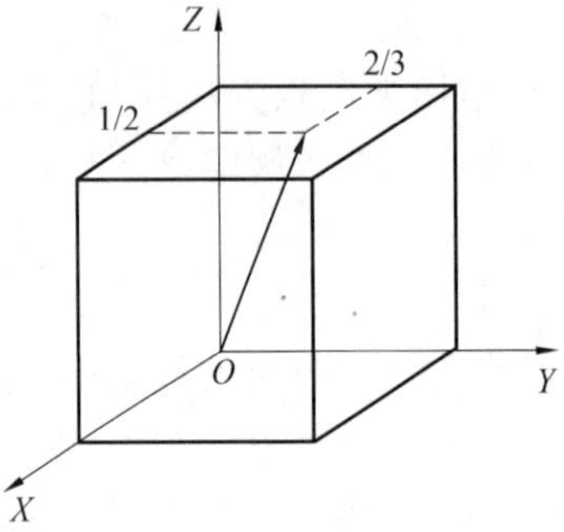

[346]

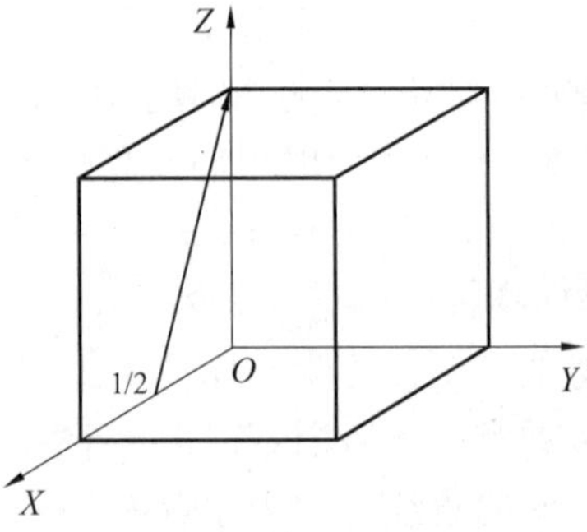

[$\bar{1}$02]

9. 立方晶系的{111}晶面族构成的八面体图如下:

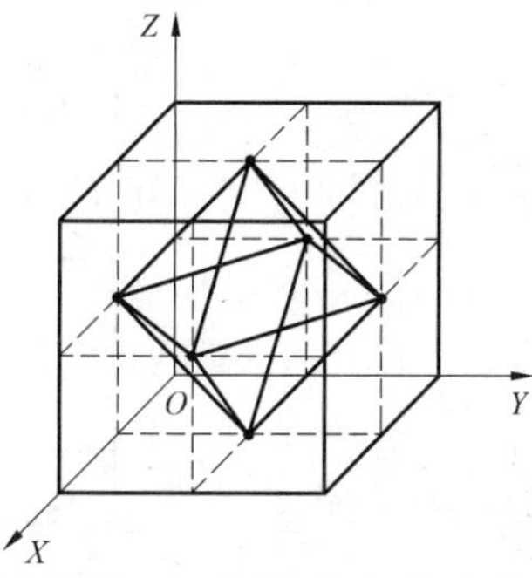

10. 室温下 Fe 为体心立方晶体结构,每个晶胞中含有的 Fe 原子数为:

$$8\times\frac{1}{8}+1=2$$

室温下 Cu 为面心立方晶体结构,每个晶胞中含有的 Cu 原子数为:

$$8\times\frac{1}{8}+\frac{1}{2}\times 6=4$$

由于

$$1\ \text{cm}^3=10^{21}\ \text{nm}^3$$

所以,1 cm^3 中 Fe 的原子数为:

$$\frac{1\times 10^{21}\times 2}{(0.286)^3}=8.549\times 10^{22}$$

1 cm^3 中 Cu 的原子数为:

$$\frac{1\times 10^{21}\times 4}{(0.3607)^3}=8.524\times 10^{22}$$

11. 立方晶系的{100}晶面族示意图如下:

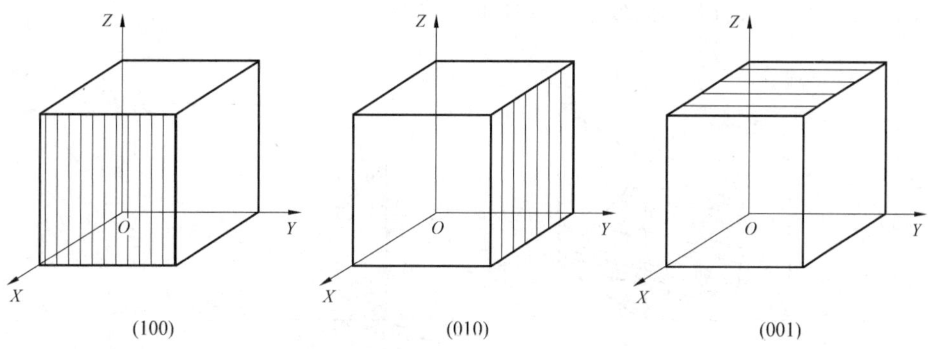

(100)　(010)　(001)

12. 立方晶系的{110}晶面族示意图如下:

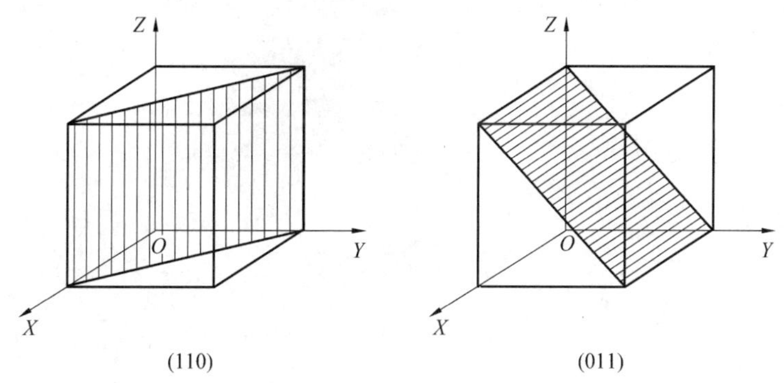

(110)　(011)

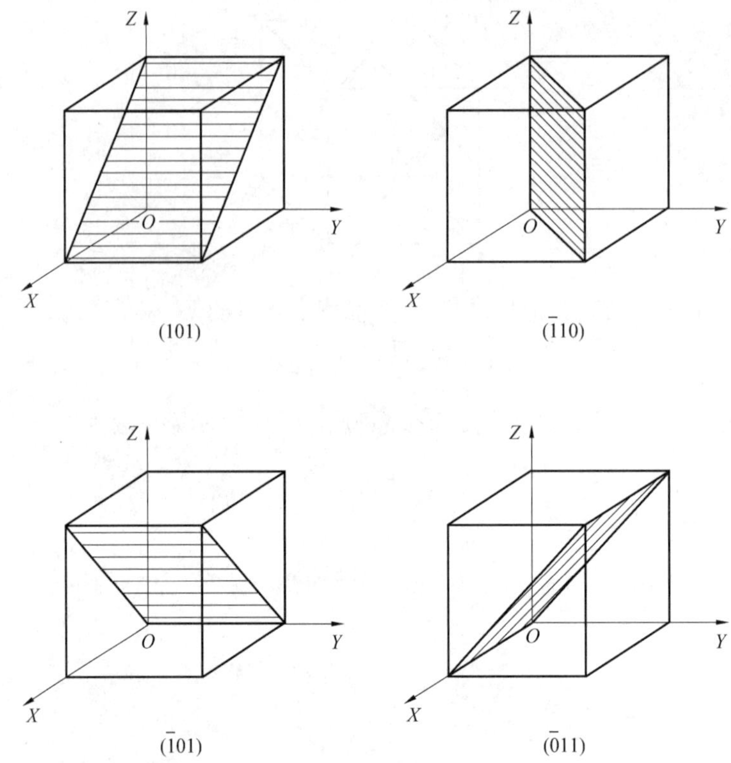

(101)　$(\bar{1}10)$

$(\bar{1}01)$　$(0\bar{1}1)$

13. 立方晶系的{111}晶面族示意图如下：

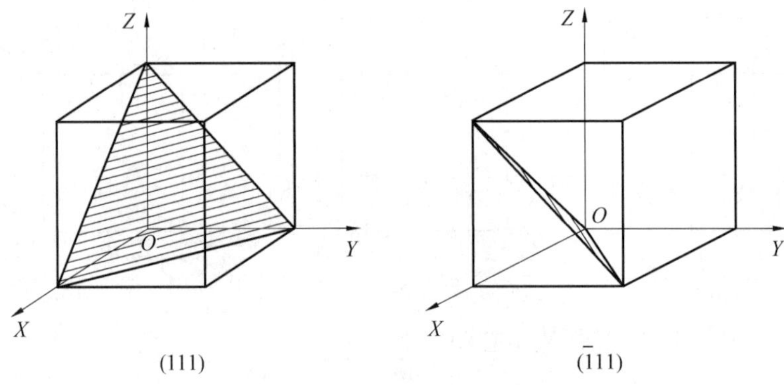

(111)　$(\bar{1}11)$

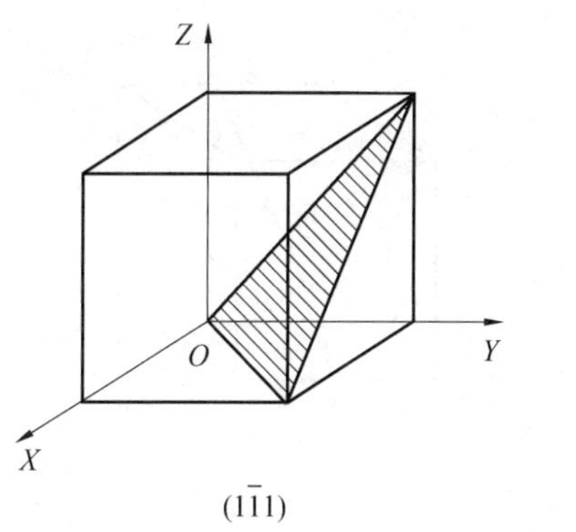

$(1\bar{1}1)$

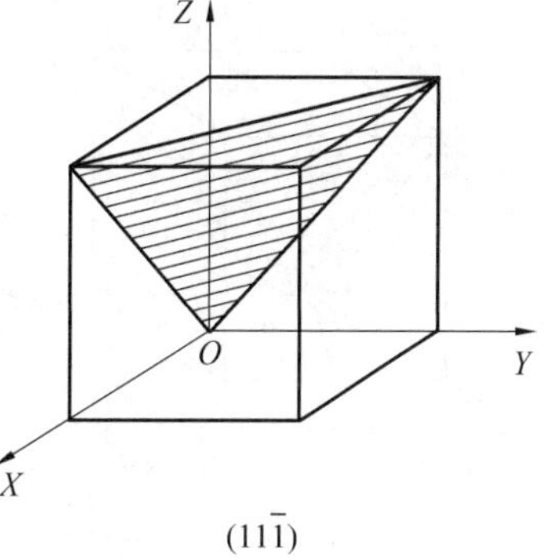

$(11\bar{1})$

14. 立方晶系的{112} 晶面族示意图如下：

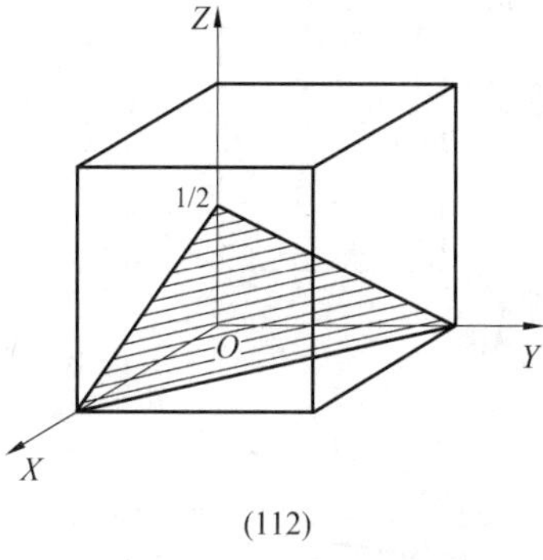

(112)

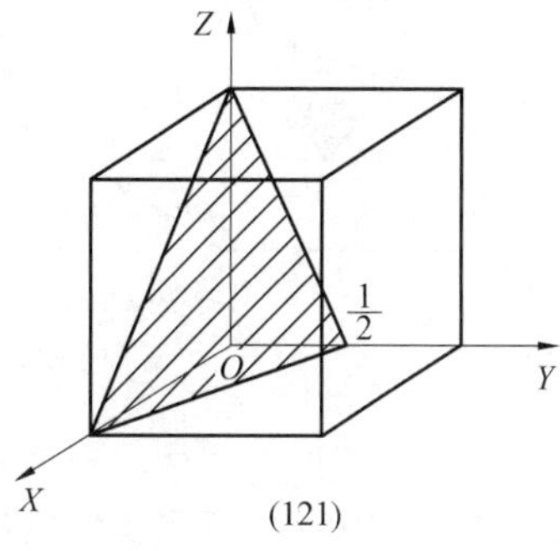

(121)

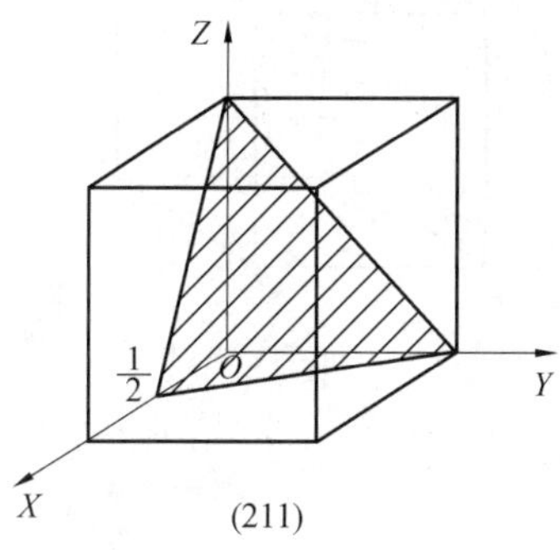

(211)

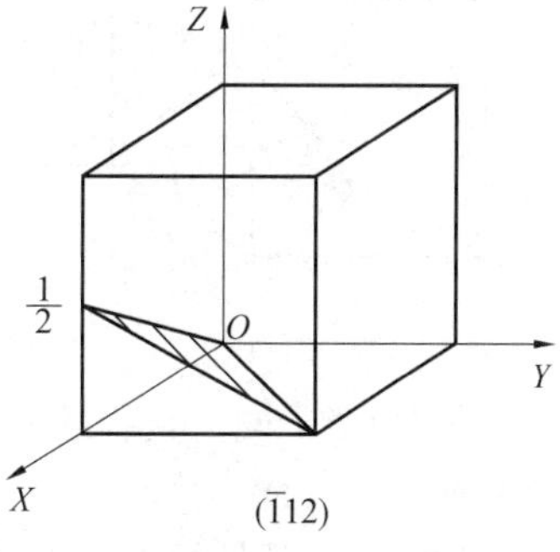

$(\bar{1}12)$

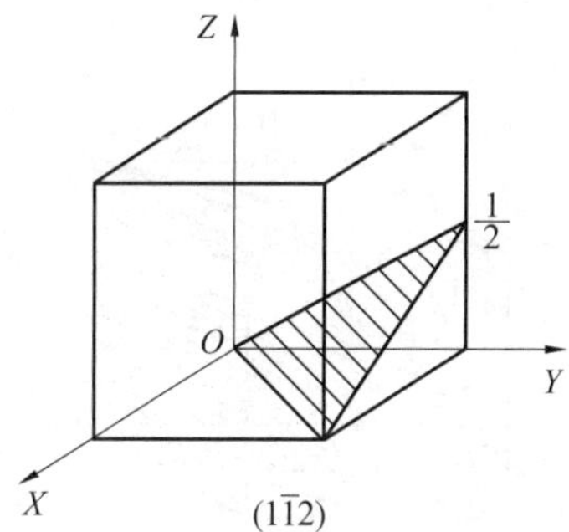

$(1\bar{1}2)$

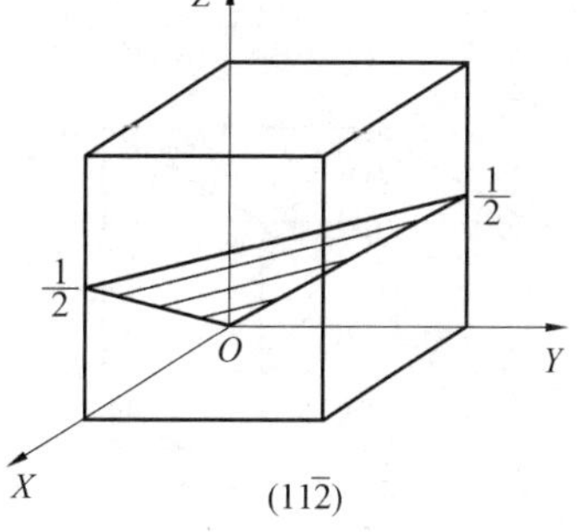

$(11\bar{2})$

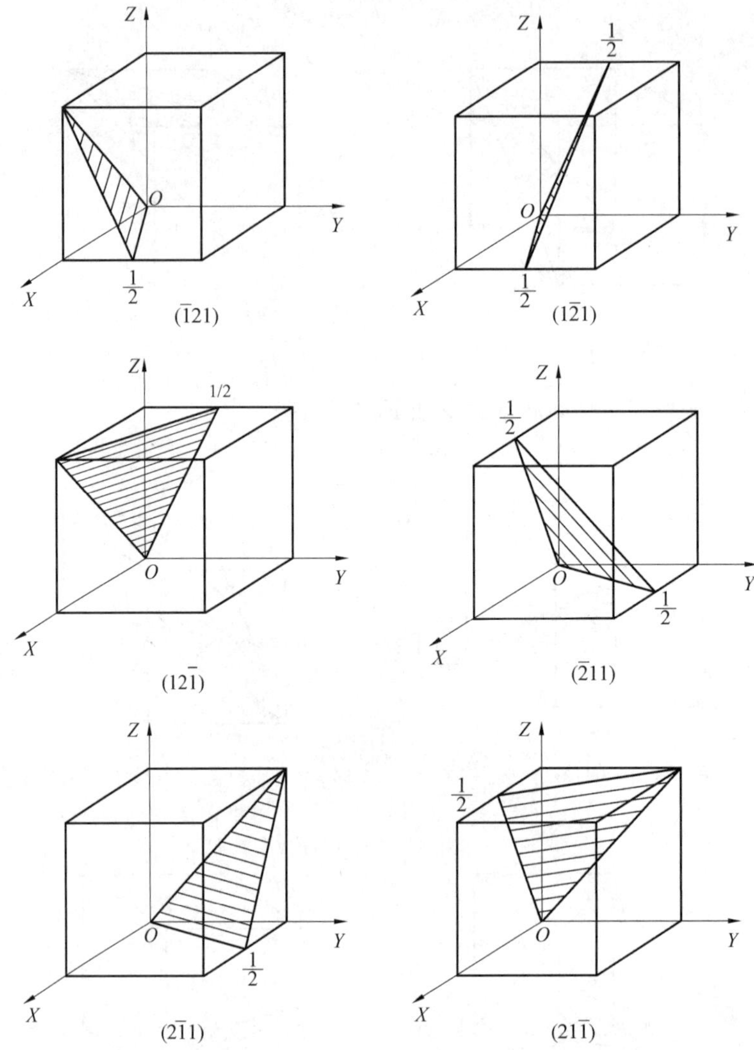

15.（1）平行于或相交于同一直线的一组晶面组成一个晶带；晶带中平行于或相交于的那条直线称为晶带轴。

（2）立方晶系[001]为晶带轴的共带面示意图如下：

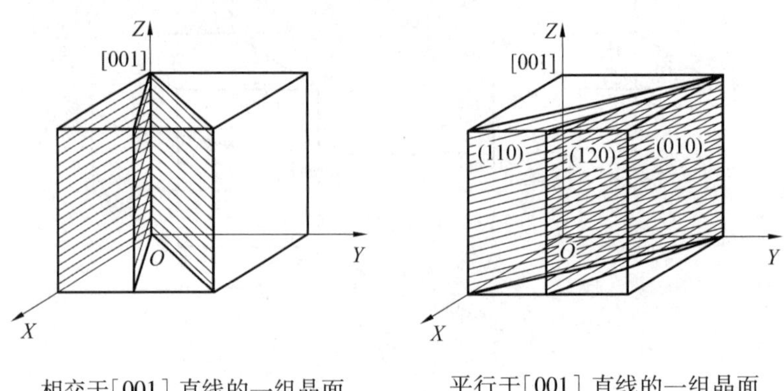

相交于[001]直线的一组晶面　　平行于[001]直线的一组晶面

16. 各向异性是晶体的一个重要特性,是区别于非晶体的一个重要标志。晶体具有各向异性的原因,是晶体原子在三维空间按一定规律呈周期性排列,引起在不同晶向上的原子紧密程度不同所致。原子的紧密程度不同,意味着原子之间的距离不同,则导致原子间的结合力不同,从而使晶体在不同晶向上的物理、化学和力学性能不同,即无论是弹性模量、断裂抗力、屈服强度,还是电阻率、磁导率、线膨胀系数等方面都表现出明显的差异。

17. 合金的组元之间以不同的比例相互混合,混合后形成的固相的晶体结构与溶剂元素的相同,这种类型的合金相称为固溶体。

(1) 根据溶质原子在溶剂中的位置,分为置换式固溶体与间隙式固溶体;

(2) 按固溶度分类,分为有限固溶体和无限固溶体;

(3) 按溶质原子与溶剂原子的相对分布分类,分为无序固溶体和有序固溶体。

18. (1) 在固溶体中,随着溶质浓度的增加,固溶体的强度、硬度提高,而塑性、韧性有所下降,这种现象称为固溶强化。

(2) 对于固溶体,其溶质原子的溶入,造成晶格畸变,对金属的力学性能将产生影响,使金属的屈服强度和抗拉强度升高,塑性和韧性有所下降。

19. (1) 常见的金属化合物有间隙相和间隙化合物。

① 间隙相。当非金属原子半径与金属原子半径的比值小于0. 59时,将形成具有简单晶体结构的金属间化合物,称为间隙相。在间隙相晶格中金属原子位于晶格结点位置,而非金属原子则位于晶格的间隙处。

② 间隙化合物。当非金属原子半径与金属原子半径的比值大于0. 59时,将形成具有复杂晶体结构的金属间化合物,其中非金属原子也位于晶格的间隙处,称为间隙化合物。在间隙化合物中,部分金属原子会被另一种或几种金属原子所置换,形成以间隙化合物为基的固溶体。

(2) 间隙相的强化效果最佳。因为,间隙相具有极高的熔点和硬度,同时其脆性也很大,是高合金钢和硬质合金中的重要强化相。此外, 通过化学热处理或气相沉积等方法,在钢的表面形成一薄层致密的间隙相,可显著提高钢的耐磨性或耐腐蚀性。间隙化合物也具有很高的熔点和硬度,脆性较大,也是钢中重要的强化相之一。与间隙相相比,间隙化合物的熔点和硬度以及化学稳定性都要低一些。

20. 金属晶体的缺陷根据其几何形态分为以下三种:

(1) 点缺陷。其特征是在空间三维方向上的尺寸都很小,约为几个原子间距。常见的点缺陷有空位、间隙原子和置换原子。

(2) 线缺陷。其特征是在空间两个方向上的尺寸都很小,另一个方向上的尺寸相对很大。属于这一类的主要是位错。

(3) 面缺陷。其特征是在空间一个方向上的尺寸很小,另外两个方向上的尺寸相对很大。属于这一类的主要是晶界、相界等。

21. (1) 刃型位错具有以下几个特征:

① 有一额外半原子面。

② 位错线是一个具有一定宽度的细长晶格畸变管道,既有正应变又有切应变。对于正刃型位错,滑移面之上晶格受到压应力,滑移面之下为拉应力。负刃型位错与之相反。

③ 位错线与晶体的滑移方向相垂直,位错线运动的方向垂直于位错线。

(2) 与韧性位错相比,螺型位错具有以下几个特征:

① 没有额外半原子面。

② 位错线是一个具有一定宽度的细长晶格畸变管道，其中只有切应变，而无正应变。

③ 位错线与晶体的滑移方向平行，位错线运动的方向垂直于位错线。

22.（1）当柏氏矢量与位错线既不平行又不垂直而是交成任意角度时，则位错是刃型位错和螺型位错的混合类型，称为混合型位错。

（2）刃型位错的位错线和螺型位错的位错线都是一条直线，当位错线是弯曲的即为混合型位错。

23. 柏氏矢量可以表示位错的性质，还可以表示晶格畸变的大小和方向。下面以刃型位错为例，说明柏氏矢量的确定方法。

（1）在实际晶体中（图（a）），从距位错一定距离的任一原子 M 出发，以至相邻原子为一步，沿逆时针方向环绕位错线做一闭合回路，形成柏氏回路。

（2）在完整晶体中（图（b）），以同样的方向和步数做相同的回路，此时的回路没有封闭。

（3）由完整晶体的回路终点 Q 到始点 M 引一矢量 $\boldsymbol{b}$，使该回路闭合，这个矢量 $\boldsymbol{b}$ 即为这条位错线的柏氏矢量。

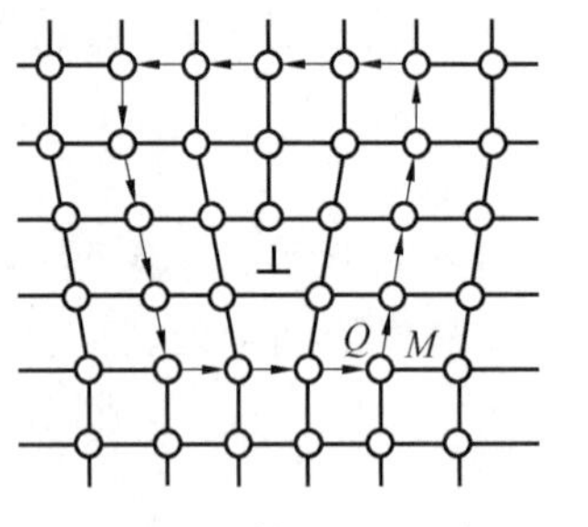

(a) 实际晶体的柏氏回路

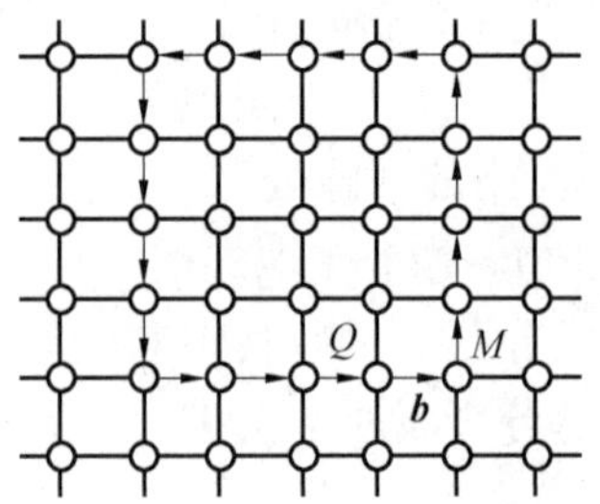

(b) 完整晶体的相应回路

刃型位错柏氏矢量的确定

24.（1）柏氏矢量可以表示位错的性质，还可以表示晶格畸变的大小和方向。由完整的晶体回路终点 Q 到始点 M 引一矢量 $\boldsymbol{b}$，使该回路闭合，这个矢量 $\boldsymbol{b}$ 即为柏氏矢量。

（2）因为 A 点切线方向与柏氏矢量 $\boldsymbol{b}$ 方向垂直，所以 A 是刃型位错；

因为 B 点切线方向与柏氏矢量 $\boldsymbol{b}$ 方向平行，所以 B 是螺型位错；

因为 C 点切线方向与柏氏矢量 $\boldsymbol{b}$ 方向既不平行又不垂直，故 C 点是混合型位错。

25. 各种类型的位错是指晶体中的原子发生了有规律的错排现象。其特点是原子发生错排的范围只在一维方向上很大，是一个直径为 3 ～ 5 个原子间距，长数百个原子间距以上的管状原子畸变区。位错是一种极为重要的晶体缺陷，对金属强度、塑性变形、扩散和相变等有显著影响。位错包括两种基本类型：刃型位错和螺型位错。

位错密度可用单位体积中位错线总长度来表示，即：

$$\rho = \frac{\sum L}{V}$$

式中，ρ 为位错密度，m^{-2}；$\sum L$ 为位错线的总长度，m；V 为体积，m^3。

26. 位错是一种极为重要的晶体缺陷,对金属强度有显著影响。在实际金属材料中,位错密度越大,材料的强度越高。如刃型位错的应力场可以与间隙原子发生弹性交互作用,各种间隙原子及尺寸较大的置换原子,它们的应力场是压应力,因此与正刃型位错的上半部分的应力相同,二者相互排斥,但与下半部分应力相吸引,这使得点缺陷大多聚集在正刃型位错的下半部分或负刃型位错的上半部分,从而使位错的晶格畸变降低,使位错难以运动从而造成金属强化。

27. 晶界与相界最根本的区分是界两边的晶体结构是否相同。相界是相与相之间的界,界两边晶体结构不同;而晶界是晶粒与晶粒之间的界,界两边的晶体结构相同。具体如下:

(1) 晶界。

晶体结构相同但位向不同的晶粒之间的界面称为晶粒间界,简称晶界。主要有:

① 小角度晶界。当相邻晶粒的位向差小于10°时,称为小角度晶界。

② 大角度晶界。位向差大于10°时,称为大角度晶界。金属和合金中的晶界大都属于大角度晶界。

③ 亚晶界。每个晶粒内的原子排列总体上是规整的,但还存在许多位向差极小的亚结构,称为亚晶粒。亚晶粒之间的界面称为亚晶界。亚晶界属于小角度晶界。

④ 孪晶界。孪晶是指相邻两个晶粒中的原子沿一个公共晶面(孪晶面)构成镜面对称的位向关系。孪晶之间的界面称为孪晶界。

(2) 相界。

在多相组织中,具有不同晶体结构的两相之间的分界面称为相界。相界的结构有三类,即共格界面、半共格界面和非共格界面。

① 共格界面。共格界面是指界面上的原子同时位于两相晶格的结点上,为两种晶格所共有。界面上原子的排列规律既符合这个相内原子排列的规律,又符合另一个相内原子排列的规律。

② 非共格界面。当相界的畸变能高至不能维持共格关系时,则共格关系破坏,变成非共格相界。

③ 半共格界面。介于共格与非共格之间的是半共格相界,界面上的两相原子部分地保持着对应关系,其特征是在相界面上每隔一定距离就存在一个刃型位错。

28. 假设Ag、Al可以互溶:

(1) 若以Ag为溶剂,当$x_{Al}=49\%$时,则:

$$C_{电子}=\frac{V_A(100-x)+V_Bx}{100}=\frac{1\times(100-49)+3\times49}{100}=1.98>1.36$$

(2) 若以Al为溶剂,当$x_{Ag}=49\%$,则:

$$C_{电子}=\frac{V_A(100-x)+V_Bx}{100}=\frac{3\times(100-49)+1\times49}{100}=2.02>1.36$$

上述两种情况下,电子浓度均大于面心立心晶格的极限电子浓度1.36,故Ag、Al不能无限互溶。

29. $\alpha-Fe$是体心立方晶格。体心立方晶格中,四面体间隙半径较大,其最大间隙半径为:

$$r_B=0.126a=0.126\left(\frac{4}{\sqrt{3}}r\right)=0.126\times\frac{4}{\sqrt{3}}\times0.1252=0.0364\ \text{nm}$$

γ－Fe是面心立方晶格。面心立方晶格中,八面体间隙半径较大,其最大间隙半径为:

$$r_B = 0.146a = 0.146 \times \frac{4}{\sqrt{2}}r = 0.146 \times \frac{4}{\sqrt{2}} \times 0.1293 = 0.0534\ \text{nm}$$

所以,虽然α－Fe间隙总量大于γ－Fe,但其最大的单个间隙半径却小于γ－Fe,所以γ－Fe的溶碳能力比α－Fe强。

30. 设钛体心立方(bcc)原子半径为 r_1,密排六方(hcp)原子半径为 r_2,由于 $r_2 = 102\% r_1$,体心立方原子数为2个,密排六方原子数为6个,所以单位质量的钛的体积变化为:

$$\Delta V\% = \frac{\frac{m}{6}V_{hcp} - \frac{m}{2}V_{bcc}}{\frac{m}{2}V_{bcc}} = \frac{6 \times \left(\frac{1}{2}a_2 \times \frac{\sqrt{3}}{2}a_2 \times \sqrt{\frac{8}{3}a_2}\right) - 3a_1^3}{3a_1^3}$$

$$= \frac{6 \times \frac{\sqrt{6}}{2\sqrt{3}}(2r_2)^3 - 3\left(\frac{4}{\sqrt{3}}r_1\right)^3}{3\left(\frac{4}{\sqrt{3}}r_1\right)^3}$$

$$= -2.52\%$$

31. (1 0 0) 面间距为:

$$d_{hjk} = \frac{a}{\sqrt{h^2 + j^2 + j^2}} = \frac{a}{\sqrt{1^2 + 0^2 + 0^2}} = a$$

(1 1 0) 面间距为:

$$d_{hjk} = \frac{a}{\sqrt{h^2 + j^2 + j^2}} = \frac{a}{\sqrt{1^2 + 1^2 + 0^2}} = \frac{\sqrt{2}}{2}a$$

(1 1 1) 面间距为:

$$d_{hjk} = \frac{a}{\sqrt{h^2 + j^2 + j^2}} = \frac{a}{\sqrt{1^2 + 1^2 + 1^2}} = \frac{\sqrt{3}}{3}a$$

[100] 晶向上的原子排列密度为:

$$\frac{\frac{1}{2} + \frac{1}{2}}{a} = \frac{1}{a}$$

[110] 晶向上的原子排列密度为:

$$\frac{\frac{1}{2} + \frac{1}{2} + 1}{\sqrt{2}a} = \frac{\sqrt{2}}{a}$$

[111] 晶向上的原子排列密度为:

$$\frac{\frac{1}{2} + \frac{1}{2}}{\sqrt{3}a} = \frac{\sqrt{3}}{3a}$$

六、综合论述及计算题

1. 双原子作用模型即为两个原子之间的相互作用情况。当两个原子相距很远时,它们之间实际上不发生相互作用。但当它们相互逐渐靠近时,其间将会产生相互作用力。分析表明,固态金属中两个原子之间的相互作用力包括:正离子和周围自由电子之间的吸引力和正离子与正离子以及电子与电子之间的排斥力。吸引力力图使两原子靠近,而排斥力却力图使两原子分开,它们的大小都随原子间距离的变化而变化,如下图所示。

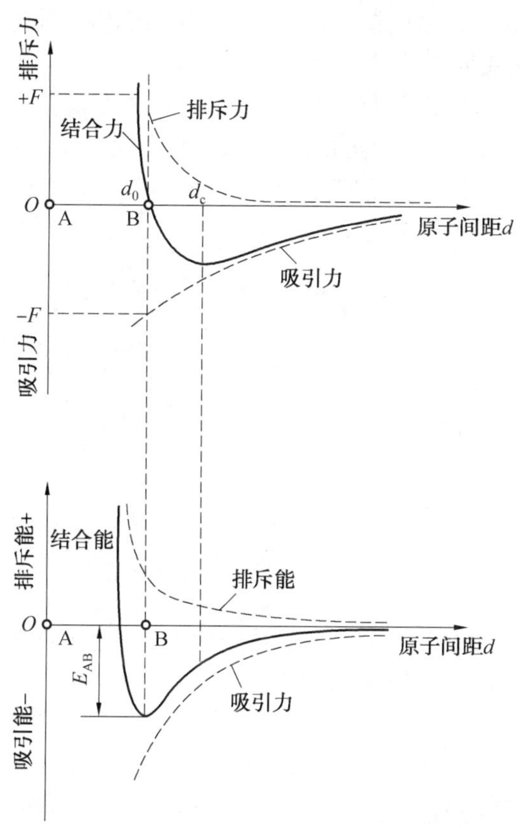

图的上半部分为A、B两原子间的吸引力和排斥力曲线,两原子结合力为吸引力与排斥力的代数和。吸引力是一种长程力,排斥力是一种短程力。当两原子间距较大时,吸引力大于排斥力,两原子自动靠近。当两原子靠近至使其电子层发生重叠时,排斥力便急剧增长,一直到两原子距离为 d_0 时,即吸引力与排斥力相等,原子间结合力为零。当两原子距离小于 d_0 时,排斥力大于吸引力,原子间要相互排斥;当两原子距离大于 d_0 时,吸引力大于排斥力,两原子要相互吸引。

图的下半部分是吸引能和排斥能与原子间距的关系曲线,结合能为吸引能与排斥能的代数和。当形成原子集团比分散孤立的原子更稳定、势能更低时,在吸引力的作用下把远处的原子移近所做的功是使原子的势能降低,所以吸引能是负值;相反,排斥能是正值。当原子移至平衡距离 d_0 时,其结合能达到最低值,即此时原子的势能最低、最稳定。任何对 d_0 的偏离,都会使原子的势能增加,从而使原子处于不稳定状态,原子就有力图回到低能状态,恢复到平衡距离的倾向。

将上述双原子作用模型加以推广,当大量金属原子结合成固体时,为使固态金属具有最低的能量,以保持其稳定状态,大量原子之间也必须保持一定的平衡距离,因此,固态金属中的原子趋于规则排列。

如果试图从固态金属中把某个原子从平衡位置移开,就必须对它做功,以克服周围原子对它的作用力。这个要被移动的原子周围近邻的原子数越多,所需要做的功就越大,原子间的结合能(势能)越低。而能量最低的状态是最稳定的状态,任何系统都有自发从高能状态向低能状态转化的趋势。因此,常见金属中的原子总是自发地趋于紧密的排列,以保持最稳定的状态。

2. (1) 当外部条件(温度或压强等)改变时,金属内部由一种晶结构向另一种晶体结构的转变称为多晶型转变或同素导构转变。如 Fe 在 912 ℃ 以下为体心立方晶格,称为 α - Fe;当加热到 912 ℃ 时,则晶格结构转变为面心立方晶格,称为 γ - Fe;当加热到 1 394 ℃ 时,晶格结构又转变为体心立方晶格,称为 δ - Fe。

(2) 铁(Fe) 在 912 ℃ 发生多晶型转变时,会由体心立方晶格转变为面心立方晶格。

设 Fe 原子半径为 r,有 m 个原子。

由于 体心立方原子半径 $r=\frac{\sqrt{3}}{4}a_1$,面心立方原子半径 $r=\frac{\sqrt{2}}{4}a_2$,则体心立方晶格常数为 $\frac{4\sqrt{3}}{3}r$,面心立方晶格常数为 $2\sqrt{2}r$。

所以此时的体积变化为:

$$\Delta\%=\frac{\Delta V}{V}=\frac{\frac{m}{4}V_{\text{fcc}}-\frac{m}{2}V_{\text{bcc}}}{\frac{m}{2}V_{\text{bcc}}}=\frac{a_2^3-2a_1^3}{2a_1^3}=\frac{\left(\frac{4r}{\sqrt{2}}\right)^3-2\left(\frac{4r}{\sqrt{3}}\right)^3}{2\left(\frac{4r}{\sqrt{3}}\right)^3}=-8.7\%$$

3. (1) 金属元素除了少数具有复杂的晶体结构外,绝大多数都具有比较简单的晶体结构,其中最典型、最常见的晶体结构有三种类型:体心立方结构、面心立方结构和密排六方结构。

① 体心立方结构(bcc)。在体心立方晶胞中,原子分布在立方晶胞的八个顶角及其体心位置。具有这种晶体结构的金属有 Cr、V、Mo、W 和 α - Fe 等 30 多种。

② 面心立方结构(fcc)。在面心立方晶胞中,原子分布在立方晶胞的八个顶角及六个侧面的中心。具有这种晶体结构的金属有 Al、Cu、Ni 和 γ - Fe 等约 20 种。

③ 密排六方结构(hcp)。在密排六方晶胞中,原子分布在六方晶胞的十二个顶角,上下底面的中心及晶胞体内两底面中间三个间隙里。具有这种晶体结构的金属有 Mg、Zn、Cd、Be 等 20 多种。

(2) 晶胞特征。

由于金属的晶体结构类型不同,导致金属的性能也不相同。而具有相同晶胞类型的不同金属,其性能也不相同,这主要是由晶胞特征不同决定的。常用如下参数来表征晶胞的特征:

① 晶胞原子数 n。晶胞原子数是指一个晶胞内所包含的原子数目。

体心立方晶胞每一个角上的原子是同属于与其相邻的 8 个晶胞所共有,每个晶胞实际上只占有它 1/8,而立方体中心结点上的原子却为晶胞所独有,所以每个晶胞中实际所含的原子数为: $n=8\times1/8+1=2$ 个。

面心立方晶胞每一个角上的原子是同属于与其相邻的 8 个晶胞所共有,每个晶胞实际上只占有它 1/8,而位于六个面中心的原子为相邻的两个晶胞所共有,所以每个晶胞只分到面心原子的 1/2,因此面心立方晶胞中实际所含的原子数为: $n=8\times1/8+6\times1/2=4$ 个。

密排六方晶胞中六方柱每个角上的原子均属于六个晶胞所共有,上、下底面中心的原子同时为两个晶胞所共有，再加上晶胞内的三个原子，故密排六方晶胞中原子数为：$n = 12 \times 1/6 + 2 \times 1/2 = 6$ 个。

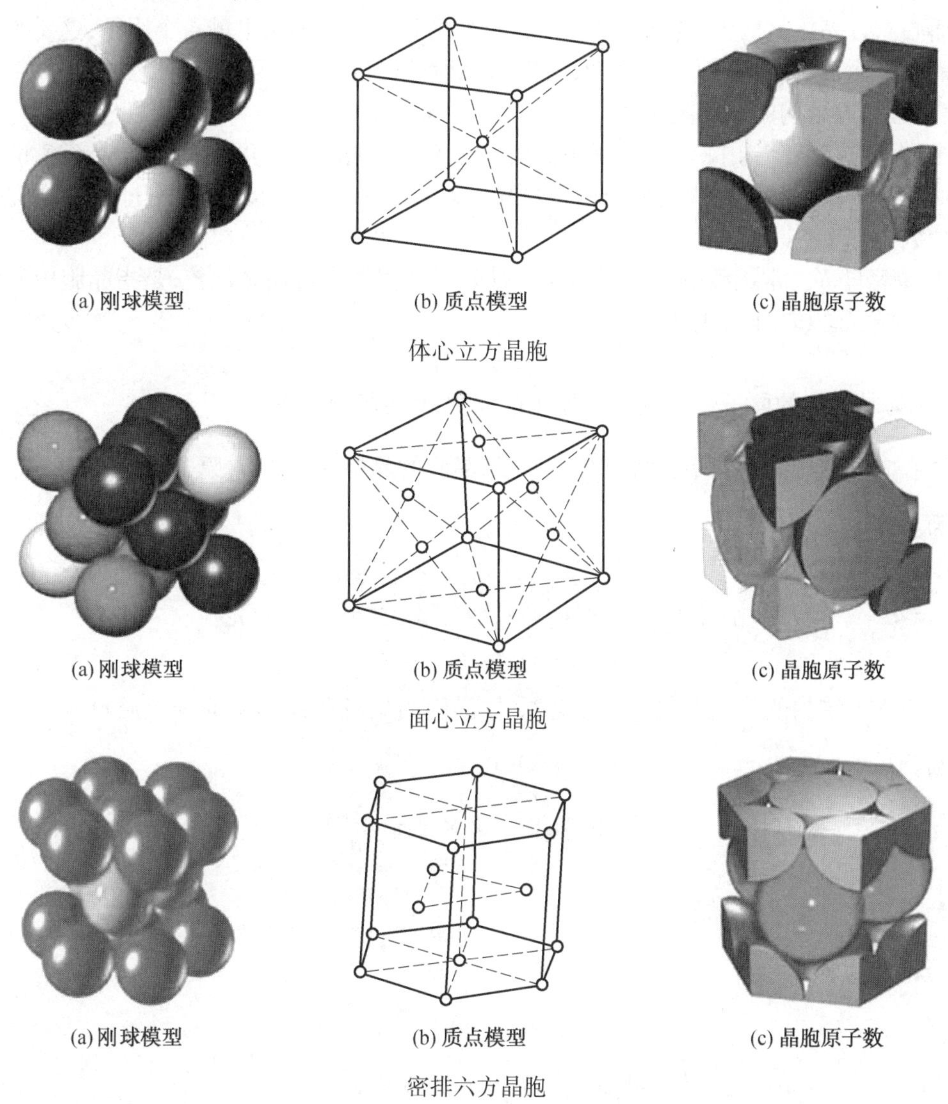

(a) 刚球模型　(b) 质点模型　(c) 晶胞原子数

体心立方晶胞

(a) 刚球模型　(b) 质点模型　(c) 晶胞原子数

面心立方晶胞

(a) 刚球模型　(b) 质点模型　(c) 晶胞原子数

密排六方晶胞

② 原子半径 r。原子半径通常是指晶胞中原子密度最大的方向上相邻两原子之间平衡距离的一半，与晶格常数 a 有一定的关系。

在体心立方晶胞中，体对角线[111]晶向上的原子彼此相切，设晶胞的晶格常数为 a，因而有立方体对角线长度 $4r = \sqrt{3}a$，所以体心立方晶胞中的原子半径 $r = \frac{\sqrt{3}}{4}a$。

在面心立方晶胞中，只有面对角线[110]晶向上的原子彼此相切，因而有面对角线长度 $4r = \sqrt{2}a$，所以面心立方晶胞中的其原子半径 $r = \frac{\sqrt{2}}{4}a$。

在密排六方晶胞中，上下底面的中心原子与周围六个角上的原子相切，所以其原子半径 $r = a/2$。

③ 配位数。配位数是指晶格中任一原子最邻近、等距离的原子数。显然晶体中原子配位数越大，晶体中的原子排列越紧密。

在体心立方晶体结构中，与立方体中心的原子最近邻、等距离的原子数有 8 个，所以体心立方结构的原子配位数为 8。

面心立方晶体结构中，与面中心原子最近邻的是它周围顶角上的 4 个原子，这 5 个原子构成一个平面，这样的平面共有 3 个，所以与该原子最近邻、等距离的原子共有 $4 \times 3 = 12$ 个，故面心立方结构的原子配位数为 12。

密排六方晶体结构中，晶胞底面中心的原子不仅与周围 6 个角上的原子相接触，而且与其下面的 3 个位于晶胞之内的原子以及与其上面的 3 个原子相接触，故密排六方结构的原子配位数为 12。

④ 致密度 K。常用致密度对晶体原子排列紧密程度进行定量比较，是指晶胞中所含全部原子的体积总和与该晶胞体积之比：

$$K = nv/V$$

式中，n 为晶胞中的原子数；v 为单个原子的体积；V 为晶胞体积。

体心立方结构的晶胞中包含有 2 个原子，晶胞的晶格常数为 a，原子半径 $r = \frac{\sqrt{3}}{4}a$，其致密度为：

$$K = \frac{nv}{V} = \frac{2 \times \frac{4}{3}\pi r^3}{a^3} = \frac{2 \times \frac{4}{3}\pi\left(\frac{\sqrt{3}a}{4}\right)^3}{a^3} = 0.68$$

面心立方结构的晶胞中包含有 4 个原子，晶胞的晶格常数为 a，原子半径 $r = \frac{\sqrt{2}}{4}a$，其致密度为：

$$K = \frac{nv}{V} = \frac{4 \times \frac{4}{3}\pi r^3}{a^3} = \frac{2 \times \frac{4}{3}\pi\left(\frac{\sqrt{2}a}{4}\right)^3}{a^3} = 0.74$$

密排六方结构的晶胞中包含有 6 个原子，晶胞的晶格常数为 a，原子半径 $r = a/2$，其致密度为：

$$K = \frac{nv}{V} = \frac{6 \times \frac{4}{3}\pi r^3}{\frac{3\sqrt{3}}{2}a^2\sqrt{\frac{8}{3}}a} = \frac{6 \times \frac{4}{3}\pi\left(\frac{a}{2}\right)^3}{3\sqrt{2}a^3} = 0.74$$

⑤ 间隙半径。

a. 体心立方晶格的间隙。

八面体间隙原子位于晶胞六面体的面中心及棱边中点，即由六个原子所组成的八面体中心。四个角上的原子中心至间隙中心的距离较远，为$\frac{\sqrt{2}}{2}a$；上下顶点的原子中心至间隙中心的距离较近，为 $a/2$。间隙的棱边长度不全相等，是一个不对称的八面体间隙，间隙半径为顶点原子至间隙中心的距离减去原子半径，即：

$$r_{八面体} = \frac{1}{2}a - \frac{\sqrt{3}}{4}a = \frac{2-\sqrt{3}}{4}a = 0.067a$$

四面体间隙由四个原子所组成的四面体中心棱边长度不全相等，也是不对称间隙。原子中心到间隙中心的距离皆为$\sqrt{5}a/4$，因此间隙半径为：

$$r_{四面体} = \frac{\sqrt{5}}{4}a - \frac{\sqrt{3}}{4}a = 0.126a$$

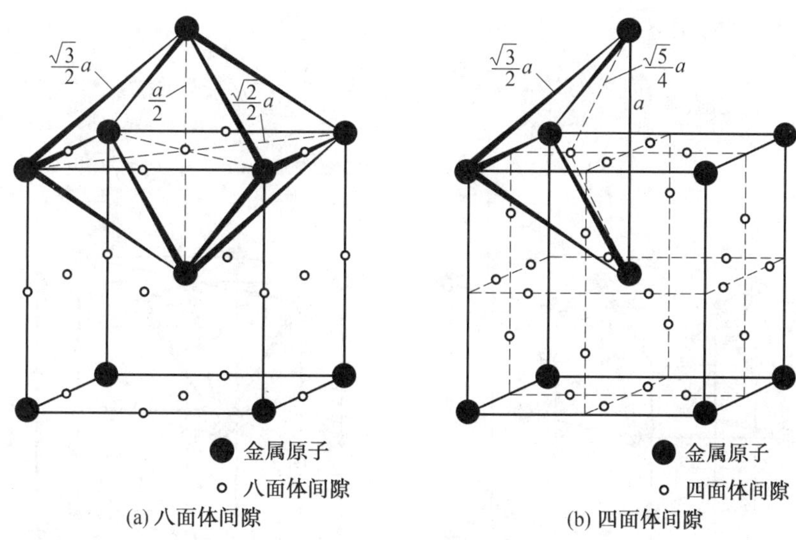

(a) 八面体间隙　(b) 四面体间隙

体心立方晶格的间隙

b. 面心立方晶格的间隙。

位于晶胞中心及棱边中点，即由六个原子所组成的八面体中心。间隙原子至间隙中心的距离均为 $a/2$，原子半径为 $\sqrt{2}a/4$，所以间隙半径为：

$$r_{八面体} = \frac{1}{2}a - \frac{\sqrt{2}}{4}a = \frac{2-\sqrt{2}}{4}a \approx 0.146a$$

位于晶胞体对角线上靠结点 1/4 处，即由四个原子所组成的四面体中心。间隙原子至间隙中心的距离均为 $\sqrt{3}a/4$，原子半径为 $\sqrt{2}a/4$，所以间隙半径为：

$$r_{四面体} = \frac{\sqrt{3}}{4}a - \frac{\sqrt{2}}{4}a \approx 0.08a$$

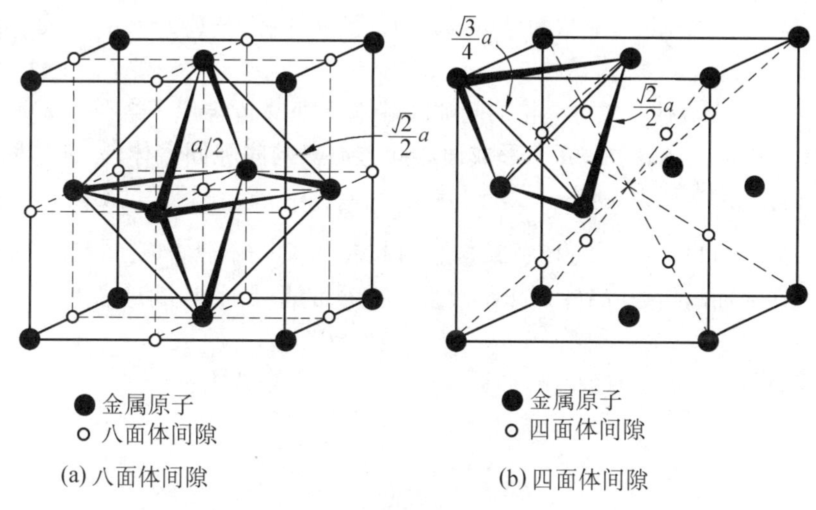

(a) 八面体间隙　(b) 四面体间隙

面心立方晶格的间隙

c. 密排六方晶格的间隙。

密排六方结构的八面体间隙和四面体间隙的形状与面心立方晶格的完全相似，只是间隙中心在晶胞中的位置不同。

$$r_{八面体} = \frac{\sqrt{2}}{2}a - r = \frac{\sqrt{2}}{2}a - \frac{1}{2}a = \frac{\sqrt{2}-1}{2}a \approx 0.207a$$

$$r_{四面体} = \frac{\sqrt{6}}{4}a - r = \frac{\sqrt{6}}{4}a - \frac{1}{2}a = \frac{\sqrt{6}-2}{4}a \approx 0.112a$$

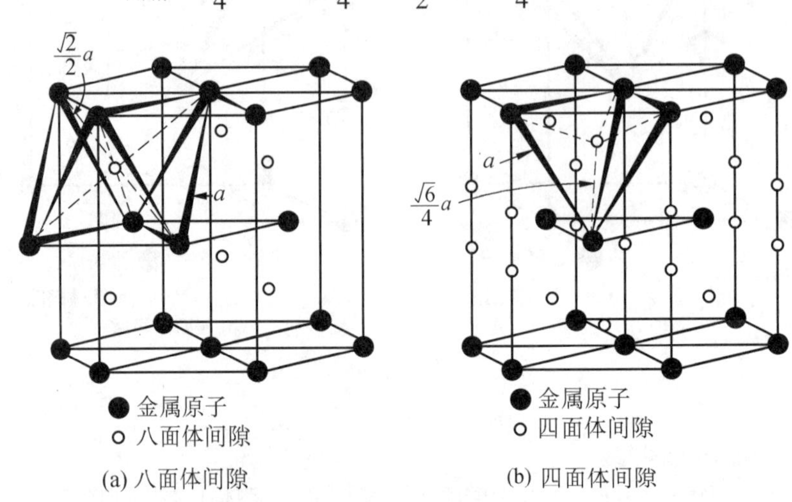

(a) 八面体间隙　(b) 四面体间隙

密排六方晶格的间隙

4. 碳溶入α－Fe 中会形成铁素体组织，是体心立方晶格的间隙固溶体。碳溶入γ－Fe 中会形成奥氏体组织，是面心立方晶格的间隙固溶体。

碳溶入α－Fe 形成的铁素体组织最大溶解度为 0.021 8%。碳溶入γ－Fe 形成的奥氏体组织最大溶解度为 2.11%。

α－Fe 为体心立方结构，体心立方结构的晶胞中包含有 2 个原子，晶胞的晶格常数为 a，原子半径 $r = (\sqrt{3}a)/4$，其致密度为 0.68，配位数为 8。γ－Fe 为面心立方结构，面心立方结构的晶胞中包含有 4 个原子，晶胞的晶格常数为 a，原子半径 $r = (\sqrt{2}a)/4$，其致密度为 0.74，配位数为 12。

碳在α－Fe 中形成体心立方晶格的间隙固溶体，八面体间隙原子半径为 0.067a，四面体间隙半径为 0.126a。碳在γ－Fe 中形成面心立方晶格的间隙固溶体，八面体间隙半径为 0.146a，四面体间隙半径为 0.06a。因此，碳在α－Fe 和γ－Fe 中溶解度不同。

5. 六方晶系中$[11\bar{2}1]$、$[\bar{1}211]$、$[\bar{3}211]$、$[\bar{1}\bar{1}22]$晶向均不属于以$[11\bar{2}\bar{3}]$为轴的晶带。

因为，如果晶面的指数(hkl)属于指数为$[UVW]$的晶带时，应满足：

$$hU + kV + lW = 0$$

并且，三个坐标轴$[UVW]$与四个坐标轴$[uvtw]$之间的转换式为：

$$\{U = u - t\}$$

$$\{V = v - t\}$$

$$\{W = w\}$$

所以，四个坐标轴的$[11\bar{2}1]$、$[\bar{1}211]$、$[\bar{3}211]$、$[\bar{1}\bar{1}22]$和$[11\bar{2}\bar{3}]$转换成三个坐标轴后

为$[\bar{1}\bar{1}1]$、$[011]$、$[211]$、$[\bar{1}\bar{1}2]$ 和$[33\bar{2}]$。

(1) $[11\bar{2}1]$ 晶面与$[11\bar{2}\bar{2}]$ 晶向:

$$(-1)\times 3+(-1)\times 3+1\times(-2)=-3-3-2=-8\neq 0$$

(2) $[1\bar{2}11]$ 晶面与$[11\bar{2}\bar{3}]$ 晶向:

$$0\times 3+1\times 3+1\times(-2)=3+3-2=4\neq 0$$

(3) $[\bar{3}211]$ 晶面与$[11\bar{2}\bar{3}]$ 晶向:

$$2\times 3+1\times 3+1\times(-2)=6+3-2=7\neq 0$$

(4) $[\bar{1}\bar{1}22]$ 晶面与$[11\bar{2}\bar{3}]$ 晶向:

$$(-1)\times 3+(-1)\times 3+2\times(-2)=-3-3-4=-10\neq 0$$

6. (1) 组元、相、固溶体的定义及它们之间的关系如下:

组元是组成合金最基本、独立的物质,具有一定的晶体结构。

相是指合金中结构相同、成分和性能均一并以界面相互分开的组成部分。合金的相是由组元组成的,相同的组元可以组成不同的相。

合金的组元之间以不同的比例相互混合,混合后形成的固相的晶体结构与组成合金的某一组元的相同,这种相称为固溶体。

(2) 固溶体的晶体结构特点是:晶格畸变,溶质原子偏聚与短程有序,溶质原子长程有序。

① 晶格畸变。由于溶质与溶剂的原子半径不同,因而在溶质原子附近的局部范围内形成一弹性应力场,造成晶格畸变。晶格畸变程度可通过溶剂晶格常数的变化反映出来。

② 溶质原子偏聚与短程有序。研究表明,当同种原子间的结合力较大时,溶质原子倾向于成群地聚集在一起,形成许多偏聚区;当异种原子间的结合力较大时,溶质原子在固溶体中的分布呈现短程有序。

③ 溶质原子长程有序。某些具有短程有序的固溶体,当其成分接近一定原子比(如1∶1)时,可在低于某一临界温度时转变为长程有序结构,这样的固溶体称为有序固溶体。对CuAu有序固溶体,铜原子和金原子按层排列于(001)晶面上。由于铜原子比金原子小,故使原来的面心立方晶格畸变为正方晶格。

(3) 影响固溶体结构的主要因素有以下四个:

① 原子尺寸。当溶质原子溶入溶剂晶格后,会引起晶格畸变。组元间的原子半径越大,晶格畸变能越高,晶格越不稳定。

② 电负性。两元素在元素周期表中的位置相距越远,电负性差值越大,越不利于形成固溶体。

③ 电子浓度。固溶体的电子浓度有一极限值,超过此极限值,固溶体就不稳定。

④ 晶体结构。如果溶质与溶剂的晶体结构相同,则形成无限固溶体;如果溶质与溶剂的晶体结构不同,则形成有限固溶体。

7. (1) 固溶体中随着溶质浓度的增加,固溶体的强度和硬度提高,而韧性和塑性有所下降,这种现象称固溶强化。

(2) 溶质原子完全溶于固态溶剂中,并能保持溶剂元素的晶格类型,这种类型的合金相称为固溶体。根据溶质原子在溶剂中的位置,可将其分为置换式固溶体与间隙式固溶体。

置换式固溶体是指溶质原子占据了溶剂原子晶格结点位置而形成的固溶体。金属元素彼此之间通常都形成置换式固溶体。

一些原子半径小于0.1 nm的非金属元素如C、N等作为溶质原子时，通常处于溶剂晶格的某些间隙位置而形成间隙式固溶体。

间隙固溶体的强化效果比置换固溶体强化效果大。因为，间隙原子造成的晶格畸变比置换原子大得多，所以其强化效果也大得多；并且，溶质原子和溶剂原子的尺寸差别越大，所引起的晶格畸变也越大，强化效果越好。

(3) 当无序固溶体转变为有序固溶体时，会引起晶格类型的改变，使合金的性能会发生突变，即硬度和脆性显著增加，而塑性和电阻则明显降低。

8. (1) 金属固溶体。

合金的组元之间以不同的比例相互混合，混合后形成的固相的晶体结构与组成合金的某一组元的晶体结构相同，这种相称为固溶体。根据溶质原子在溶剂中的位置，可将其分为置换式固溶体与间隙式固溶体。

① 置换式固溶体。置换式固溶体是指溶质原子占据了溶剂原子晶格结点位置而形成的固溶体。金属元素彼此之间通常都形成置换式固溶体。

② 间隙式固溶体。一些原子半径小于 0.1 nm 的非金属元素如 C、N 等作为溶质原子时，通常处于溶剂晶格的某些间隙位置而形成间隙式固溶体。

固溶体的塑性、韧性比一般的化合物高得多，一般的金属材料总是以固溶体为其基本相。

(2) 金属间化合物。

金属的两组元 A 和 B 组成合金时，如果溶质含量超过其溶解度时，便可能形成新相，其成分处于 A 在 B 中和 B 在 A 中的最大溶解度之间，故称为中间相。中间相可以是化合物，也可以是以化合物为基的固溶体。它的晶体结构不同于其任一组元，结合键中通常包括金属键。因此中间相具有一定的金属特性，又称为金属间化合物。

金属间化合物种类很多，主要有两种：

① 正常价化合物。正常价化合物是指符合化合物原子价规律的金属间化合物。它们具有严格的化合比，成分固定不变。它的结构与相应分子式的离子化合物晶体结构相同。正常价化合物常见于陶瓷材料，多为离子化合物。

② 电子化合物。电子化合物是指按照一定价电子浓度的比值组成一定晶格类型的化合物。例如，价电子浓度为 3/2 时，电子化合物具有体心立方晶格。当价电子浓度为 7/4 时，其具有密排六方晶格。电子化合物的熔点和硬度都很高，而塑性较差，是有色金属中的重要强化相。

金属间化合物一般具有较高的熔点、高的硬度和脆性，通常作为合金的强化相。

9. (1) 过渡族金属(X) 与原子甚小的非金属元素(M) 氢、氮、碳、硼形成化合物。当 $r_X/r_M < 0.59$ 时，化合物具有比较简单的晶体结构，称间隙相。

间隙相具有与原组元完全不同的晶体结构；具有金属的性质，很高的熔点和强度。

一些原子半径小于0.1 nm的非金属元素如C、N等作为溶质原子溶入时，通常处于溶剂晶格的某些间隙位置而形成间隙式固溶体。而间隙固溶体则仍保持着溶剂组元的晶格类型。间隙固溶体的塑性、韧性比一般的化合物高得多。

(2) 间隙相与间隙化合物都属于金属化合物，区别在于：

①间隙相。当非金属原子半径与金属原子半径的比值小于0.59时,将形成具有简单晶体结构的金属间化合物,称为间隙相。在间隙相晶格中金属原子位于晶格结点位置,而非金属原子则位于晶格的间隙处。间隙相具有极高的熔点和硬度,同时其脆性也很大,是高合金钢和硬质合金中的重要强化相。此外,通过化学热处理或气相沉积等方法,在钢的表面形成一薄层致密的间隙相,可显著提高钢的耐磨性或耐腐蚀性。

②间隙化合物。当非金属原子半径与金属原子半径的比值大于0.59时,将形成具有复杂晶体结构的金属间化合物,其中非金属原子也位于晶格的间隙处,称为间隙化合物。例如,Fe_3C是铁碳合金中的重要组成相,称为渗碳体,具有复杂的正交晶格。其晶胞中含有12个铁原子和4个碳原子。在间隙化合物中,部分金属原子往往会被另一种或几种金属原子所置换,形成以间隙化合物为基的固溶体。例如Fe_3C中的Fe原子可以部分地被其他金属原子(Mn、Cr、Mo、W)所置换,形成$(Fe、Mn)_3C$等,称为合金渗碳体。间隙化合物也具有很高的熔点和硬度,脆性较大,也是钢中重要的强化相之一。但与间隙相相比,间隙化合物的熔点和硬度以及化学稳定性都要低一些。

10. 常见的点缺陷有空位、间隙原子和置换原子三种,形成原因如下:

(1) 空位的形成原因。在任何温度下,金属晶体中的原子都是以其平衡位置为中心不间断地进行热振动。在某一温度下的某一瞬间,总有一些原子具有足够高的能量,以克服周围原子对它的约束,脱离开原来的平衡位置迁移到别处,于是在原位置上形成空位。

(2) 间隙原子的形成原因。在形成空位的同时,脱离开原来平衡位置的原子迁移到晶格间隙处,就形成间隙原子。

(3) 置换原子形成原因。当异类原子进入金属晶体时,可以占据在原来基体原子的平衡位置,从而形成置换原子。

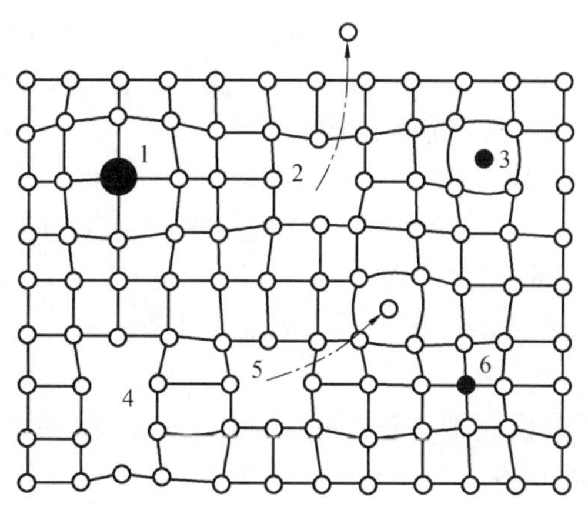

晶体中的各种点缺陷

1— 大的置换原子;2— 肖特基空位;3— 异类间隙原子;

4— 复合空位;5— 弗兰克尔空位;6— 小的置换原子

各种点缺陷都会造成晶格畸变,使金属性能发生变化,如使屈服强度升高及电阻增大,使体积膨胀等。此外,点缺陷将加速金属中的扩散过程,因而凡与扩散有关的相变、化学热处理、高温下的塑性变形和断裂都与空位和间隙原子的存在和运动有关。

11. 晶体的面缺陷包括晶体的外表面(表面或自由界面)和内界面两类。

(1) 晶体的外表面。

由于表面上的原子与晶体内部的原子相比其配位数较少,使得表面原子偏离正常位置,在表面层产生了晶格畸变,导致其能量升高。将这种单位表面面积上升高的能量称为比表面能,简称表面能。表面能也可以用单位长度上的表面张力(N/m) 表示。

(2) 晶体的内界面。

晶体的内界面又有晶界、亚晶界、孪晶界、相界和堆垛层错等。

① 晶界。若材料的晶体结构和空间取向都相同则称该材料为单晶体。金属和合金通常都是多晶体。多晶体由许多晶粒组成,每个晶粒可以看作一个小单晶体。晶体结构相同但位向不同的晶粒之间的界面称为晶粒间界,或简称晶界。

当相邻晶粒的位向差小于 10° 时,称为小角度晶界;位向差大于 10° 时,称为大角度晶界。亚晶界属于小角度晶界。

晶粒的位向差不同,则其晶界的结构和性质也不同,现已查明,小角度晶界基本上由位错构成,大角度晶界的结构却十分复杂。金属和合金中的晶界大都属于大角度晶界。

② 亚晶界。每个晶粒内的原子排列总体上是规整的,但还存在许多位向差极小的亚结构,称为亚晶粒。亚晶粒之间的界面称为亚晶界。

③ 孪晶界。孪晶是指相邻两个晶粒中的原子沿一个公共晶面(孪晶面) 构成镜面对称的位向关系。孪晶之间的界面称为孪晶界。

④ 相界。在多相组织中,具有不同晶体结构的两相之间的分界面称为相界。相界的结构有三类,即共格界面、半共格界面和非共格界面。

a. 共格界面。所谓共格界面是指界面上的原子同时位于两相晶格的结点上,为两种晶格所共有。界面上原子的排列规律既符合这个相内原子排列的规律,又符合另一个相内原子排列的规律。在相界上,两相原子匹配得很好,几乎没有畸变,显然,这种相界的能量最低,但这种相界很少。一般两相的晶体结构或多或少地会有所差异,因此,在共格界面上,由于两相的原子间距存在差异,从而必然导致弹性畸变,即相界某一侧的晶体(原子间距大的) 受到压应力,而另一侧(原子间距小的) 受到拉应力。界面两边原子排列相差越大,则弹性畸变越大,从而使相界的能量提高。

b. 非共格界面。当相界的畸变能高至不能维持共格关系时,则共格关系破坏,变成非共格相界。

c. 半共格界面。介于共格与非共格之间的是半共格相界,界面上的两相原子部分地保持着对应关系,其特征是在相界面上每隔一定距离就存在一个刃型位错。

非共格界面的界面能最高,半共格的次之,共格界面的界面能最低。

⑤ 堆垛层错。晶体可以看作由密排晶面上的原子重复堆垛而成。如果从某一层开始其堆垛顺序发生了颠倒,成为 ABCACBACBA…,其中 CBACBA 属于正常的面心立方堆垛,只是在 …CAC… 处产生了堆垛层错。堆垛层错的存在破坏了晶体的周期性、完整性,引起能量升高。通常把产生单位面积层错所需的能量称为层错能。金属的层错能越小,则层错出现的几率越大,如在奥氏体不锈钢和 α - 黄铜中,可以看到大量的层错,而在铝中则根本看不到层错。

(3) 影响表面能的因素有:外部介质的性质,裸露晶面的原子、密度、晶体表面的曲率,表面能与晶体的性质。

12. (1) 晶体结构相同但位向不同的晶粒之间的界面称为晶粒间界,或简称晶界。若材料的晶体结构和空间取向都相同则称该材料为单晶体。金属和合金通常都是多晶体。多晶体由许多晶粒组成,每个晶粒可以看作一个小单晶体。每个晶粒内的原子排列总体上是规整的,但还存在许多位向差极小的亚结构,称为亚晶粒。亚晶粒之间的界面称为亚晶界。当相邻晶粒的位向差小于10°时,称为小角度晶界;位向差大于10°时,称为大角度晶界。亚晶界属于小角度晶界。晶粒的位向差不同,则其晶界的结构和性质也不同,现已查明,小角度晶界基本上由位错构成,大角度晶界的结构却十分复杂。金属和合金中的晶界大都属于大角度晶界。

(2) 由于晶界的结构与晶粒内部有所不同,就使晶界具有一系列不同于晶粒内部的特性。具体如下:

① 由于晶界上的原子或多或少地偏离了其平衡位置,因而就会或多或少地具有晶界能。晶界能越高,则晶界越不稳定。因此,高的晶界能就具有向低的晶界能转化的趋势,从而导致晶界运动。晶粒长大和晶界的平直化都可减少晶界的总面积,从而降低晶界的总能量。

② 当金属中存在降低界面能的异类原子时,它们将向晶界偏聚,这种现象称为内吸附;如果存在提高界面能的原子,它们将会晶粒内部偏聚,称为反内吸附。

③ 由于晶界上存在晶格畸变,因而在室温下对金属材料的塑性变形起阻碍作用,在宏观上表现为使金属材料具有更高的强度和硬度。晶粒越细,金属材料的强度和硬度越高。

④ 由于界面能的存在,使晶界的熔点低于晶粒内部,易于腐蚀和氧化。

⑤ 晶界上缺陷多,原子扩散速度快,相变时易在晶界处形核。

第 2 章　纯金属的结晶

一、名词解释

结晶:是指从原子不规则排列的液态转变为原子规则排列的固态的过程。

过冷度:是指金属的实际结晶温度 T_n 与理论结晶温度 T_m 之差,以 ΔT 表示为:

$$\Delta T = T_m - T_n$$

临界过冷度:是指达到金属结晶形核所需的临界晶核半径下的过冷度。

结晶潜热:是指 1 mol 的金属结晶时从液相转变为固相所释放出的热量。

结构起伏:金属中存在的不断变化着的近程有序原子集团,又称相起伏。

能量起伏:是指金属在各微观区域内的自由能并不相同,各微区的能量处于此起彼伏、变化不定的状态,微区暂时偏离平衡能量的现象。

晶胚:是指在过冷液体中出现的尺寸较大的相起伏。

晶核:是指等于或大于临界尺寸的晶胚。

枝晶:多次结晶过程中沿不同晶轴生长而形成的树枝状骨架,称为枝晶。

晶粒度:是指晶粒的大小,通常用晶粒的平均面积或平均直径表示。

均匀形核:是指液相中各个区域出现新相晶核的几率都是相同的形核方式。

非均匀形核:是指新相优先出现于液相中的某些区域的形核方式。

形核功:是指金属形成临界晶核时,体积自由能的下降不能完全补偿增加的表面能,需要另外对形核所做的功。

形核率:是指单位时间单位体积液体中形成的晶核数目,用 N 表示,单位为 $cm^{-3} \cdot s^{-1}$。

光滑界面:是指从原子尺度观察时,处于光滑平整的界面。

粗糙界面:是指从原子尺度观察时,液相与固相的原子处于犬牙交错分布的界面。

正温度梯度:是指液相中的温度随至界面距离的增加而提高的温度分布状况。

负温度梯度:是指液相中的温度随至界面距离的增加而降低的温度分布状况。

变质处理:是指在浇注前向液态金属中加入形核剂,促进形成大量的非均匀晶核来细化晶粒的方法。

过冷现象:金属在结晶之前,温度连续下降,当液态金属冷却到理论结晶温度 T_m 时,并未开始结晶,直到冷却到 T_m 之下某一温度 T_n 时才开始结晶,这种现象称为过冷现象。

远程有序:在晶体中大范围内的原子呈有序排列,称为远程有序。

近程有序:在液体中的微小范围内,存在紧密接触规则排列的原子集团,称为近程有序。

临界形核半径:是指与最大体积自由能的变化的极大值相对应的晶胚半径。

活性质点:凡满足点阵匹配原理的界面,就可能对形核起到催化作用,它本身就是良好的形核剂,称为活性质点。

变质剂:是指在进行变质处理过程中所加入的形核剂。

长大速度:是指单位时间内晶体长大的线长度,又称长大速率,用 G 表示,单位为 $cm \cdot s^{-1}$。

二、填空题

1. 结晶;相变
2. 过冷度
3. 释放结晶潜热
4. 必要
5. 金属实际结晶温度与理论结晶温度之差;细小
6. 固、液两相单位体积自由能差;液体出现晶胚时所产生的表面能
7. 形核;长大
8. 系统总自由能小于0
9. 增大过冷度;变质处理;搅拌;存在相起伏
10. 增加形核率
11. 细小;粗大;细小;细小
12. 形核率;长大速度

三、选择题

1. A　2. A　3. D　4. C　5. C　6. B、D　7. B

四、判断题

1. √　2. ×　3. ×　4. √　5. √　6. √　7. √　8. ×　9. √　10. √　11. √
12. √　13. √　14. ×　15. ×　16. ×　17. ×　18. ×　19. ×　20. ×
21. ×　22. ×

五、简答题

1. (1) 金属的实际结晶温度 T_n 与理论结晶温度 T_m 之间的差值,称为过冷度,用 ΔT 表示,$\Delta T = T_m - T_n$。

(2) 结晶的热力学条件要求固相自由能 ΔG_S 与液相自由能 ΔG_L 之差,即$\Delta G_V = G_S - G_L < 0$,构成金属结晶的相变驱动力。由热力学可知:

$$\Delta G_V = L_m \frac{\Delta T}{T_m}$$

由此可见,两相自由能之差 ΔG_V 与过冷度 ΔT 成正比。要获得结晶过程所必须的驱动力,一定要使实际结晶温度低于理论结晶温度,这样才能满足结晶的热力学条件。

(3) 过冷度的大小主要取决于冷却速度。冷却速度越大,过冷度越大,液、固两相自由能的差值越大,即相变驱动力越大。从而使结晶速度加快,晶粒变得细小。

2. (1) 结晶的普遍规律是形核与长大的过程。

(2) 金属结晶的微观过程示意图如图所示。

液态金属结晶时,当液态金属过冷至理论结晶温度下的实际结晶温度时,晶核开始并未出现(见图(a));经过一段时间才在液体中形成一些极微小的晶核(见图(b));随着时间推移,以已形成的晶核为核心不断地向液体中长大,与此同时,液态金属中又产生第二批晶核(见图(c));依次类推,原有的晶核不断长大,同时又不断产生新的第三批晶核、第四批晶

核……,且晶核不断地向液体中长大,使液态金属越来越少(见图(d));直到液体中各个晶体相互接触,液态金属耗尽,结晶过程便告结束(见图(e))。结晶就是不断地形成晶核和晶核不断长大的过程。

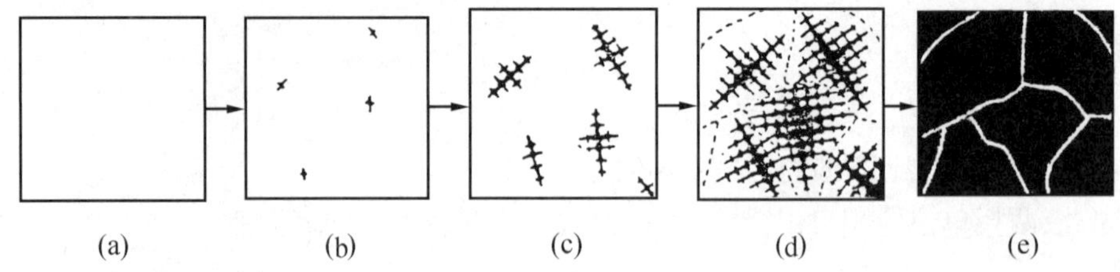

纯金属结晶过程示意图

3. (1) 纯金属的冷却曲线如下:

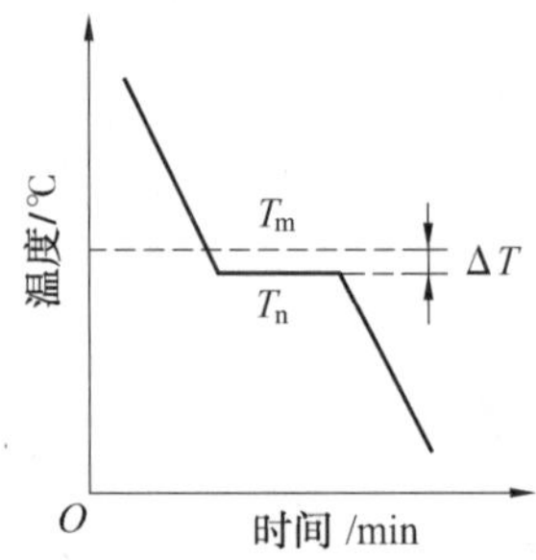

(2) 纯金属的冷却曲线中出现"平台",是因为液态金属在结晶过程中,会释放出热量,即释放出结晶潜热。当液态金属达到结晶温度 T_n 时,由于结晶潜热的释放,补偿了散失到周围环境的热量,所以在冷却曲线上出现"平台"。

4. (1) 金属结晶时形核方式有均匀形核和非均匀形核。均匀形核是指液相中各区域出现新相晶核的几率都是相同的形核方式,完全依靠液态金属中的晶胚形核的过程,又称均质形核或自发形核。非均匀形核是指新相优先出现于液相中的某些区域的形核方式,例如,晶胚依附于液态金属中的固态杂质表面形核的过程,又称异质形核或非自发形核。

(2) 在实际的液态金属中,总是或多或少地含有某些杂质,所以实际金属的结晶主要以非均匀形核方式进行。

5. 纯金属均匀形核的条件主要有:

(1) 热力学条件 / 能量条件。金属结晶时必须要有一定的过冷度。晶体长大要求体积自由能的降低大于晶体表面能的增加。对于一定的金属来说,结晶时所需过冷度有一最小值,即金属的过冷度若小于其最小值,则金属结晶过程不能进行,所以金属结晶时必须要有一定的过冷度。

(2) 结构条件。大于临界晶核半径和临界形核功。在过冷的液体中并不是所有的晶胚都可以形核,只有那些尺寸达到临界晶核半径的晶胚才能形核。纯金属临界晶核半径为 $r_k = \dfrac{2\sigma}{\Delta G_V}$。由于临界形核功 $\Delta G_k = \dfrac{1}{3}S_k\sigma$,表明形成临界晶核时,体积自由能的下降只补偿了表面能的三分之二,需要对形核做功。

6. (1) 在液体中的微小范围内,存在紧密接触规则排列的原子集团,这种近程有序结构在金属液体中处于"时聚时散,此起彼伏"的不断变动。这种不断变化着的近程有序原子集团,称为结构起伏,又称相起伏。

（2）液态金属的温度越低，最大相起伏尺寸越大，即过冷度越大，实际可能出现的最大晶胚尺寸也越大。

（3）过冷度的大小主要取决于冷却速度，提高冷却速度，过冷度增加。例如浇注时，增加过冷度的方法有：①降低浇注温度；②选用吸热和导热性较强的铸型材料（用金属型代替砂型）、局部加冷铁降低铸型温度、采用水冷铸型，以提高液态金属的冷却速度。

7. 纯金属凝固过程中固液界面前沿液体中的温度梯度是影响晶体长大的一个重要因素，它可分为正温度梯度和负温度梯度两种。

正温度梯度是指液相中的温度随至界面距离的增加而提高的温度分布情况，其结晶前沿液体中的过冷度随至界面距离的增加而减小。

负温度梯度是指液相中的温度随至界面距离的增加而降低的温度分布情况，其结晶前沿液体中的过冷度随至界面距离的增加而增大。

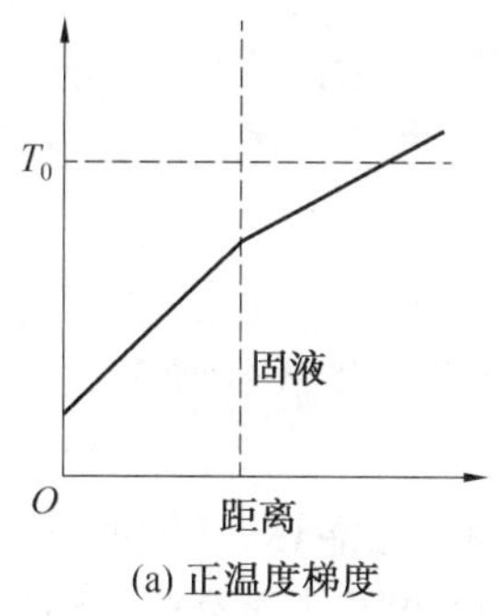

(a) 正温度梯度

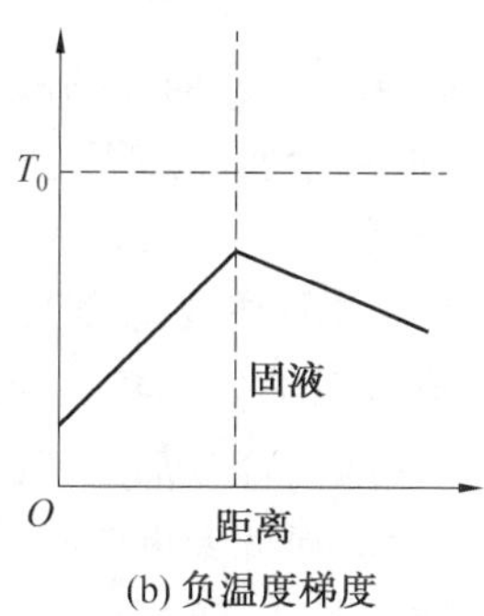

(b) 负温度梯度

8. 纯金属凝固过程中固液界面前沿液体中的温度梯度分为正温度梯度和负温度梯度两种，而且固液界面又有光滑界面和粗糙界面。不同温度梯度下的不同界面，长大方式不同，具体如下：

（1）在正的温度梯度下的晶体形态为：

① 光滑界面结晶的晶体，成长为以密排晶面为表面的晶体；

② 粗糙界面结晶的晶体，以平面长大的方式长大。

（2）在负的温度梯度下的晶体形态为：

① 光滑界面结晶的晶体，以枝晶长大方式成长为树枝状晶体或成长为以密排晶面为表面的晶体；

② 粗糙界面结晶的晶体，以枝晶长大方式成长为树枝状晶体。

9.（1）非均匀形核是指新相优先出现于液相中的某些区域的形核方式，是晶胚依附于液态金属中的固态杂质表面形核的过程，又称非自发形核。

（2）非均匀形核的必要条件有：

① 液相中含固相杂质，或与固相接触；

② 液相过冷度大于临界过冷度 ΔT_k；只有大于临界半径 $r'_k = \dfrac{2\sigma_{L\alpha}}{\Delta G_V} = \dfrac{2\sigma_{L\alpha} T_m}{L_m \Delta T}$ 的晶胚才能成为晶核。

③ 液相温度足够高，以使液态金属原子具有足够的扩散能力，使液相不断地向晶体扩散供应原子。

10.（1）接触角 θ 的大小取决于液体、晶核及固态杂质三者之间表面能的相对大小，即

$\cos\theta = \dfrac{\sigma_{L\beta} - \sigma_{\alpha\beta}}{\sigma_{L\alpha}}$。当液态金属确定之后，$\sigma_{L\alpha}$ 便固定不变，那么接触角 θ 的大小便只取决于 $\sigma_{L\beta} - \sigma_{\alpha\beta}$ 的差值。为了获得较大的 θ 角，应使 $\cos\theta$ 趋近于 1，即 $\sigma_{\alpha\beta}$ 越小，接触角越小。

(2) 结构相似、尺寸相当的异相质点，即符合点阵匹配原理的异相质点可以促进非均匀形核。

11. (1) 形核率是指单位时间内单位体积液体中形成晶核的数量，用 N 表示。

(2) 长大速度是指单位时间内晶核生长的线长度，用 G 表示。

(3) 形核率的影响因素主要有：过冷度、固体杂质的结构、固体杂质的形貌、过热度、其他物理因素如搅动和振动。

(4) 长大速度的影响因素主要有：过冷度、晶体生长机制。

12. 实际生产条件下，界面处只需要几分之一度的过冷度就可使纯金属结晶长大。晶核长大时所放出的结晶潜热使界面温度很快升高到接近金属熔点的温度，随后放出的结晶潜热就主要由已结晶的固相流向周围的液体，于是易于在固 - 液界面前沿的液体中建立起负温度梯度。另外，一般纯金属的杰克逊因子 $\alpha \leqslant 2$，其固 - 液界面为粗糙型界面，因此，在负温度梯度下，常以树枝状方式进行长大。

13. 变质处理是在浇注前往液态金属中加入某些难熔的固态粉末，即变质剂。变质剂的作用是促进非均匀形核来细化晶粒。例如在铝合金中加入钛和硼，在钢中加入钛、锆和钒，在铸铁中加入硅铁或硅钙合金都是如此。

14. 纯金属结晶时的宏观现象主要有过冷现象和结晶潜热，具体如下：

(1) 过冷现象。纯金属结晶时金属实际结晶温度低于其理论结晶温度。

(2) 结晶潜热。纯金属结晶时，金属的冷却曲线中出现“平台”。这是因为：液态金属在结晶过程中，会释放出热量，即释放出结晶潜热。当液态金属达到结晶温度时，由于结晶潜热的释放，补偿了散失到周围环境的热量，所以在冷却曲线上出现“平台”。

六、综合论述及计算题

1. (1) 晶粒的大小称为晶粒度，通常用晶粒的平均面积或平均直径来表示。

(2) 晶粒的大小取决于形核率 N 和长大速率 G 的相对大小。N/G 比值越大，晶粒越细小。

(3) 常温下，晶粒越细小，强度和硬度则越高，塑性和韧性也越好。

(4) 浇注时，细化晶粒、提高金属材料常温机械性能的措施有：

① 控制过冷度。在通常金属结晶时的过冷度范围内，过冷度越大，则 N/G 比值越大，因而晶粒越细小。

② 变质处理。在浇注前往液态金属中加入某些变质剂，促进非均匀形核，通过提高形核率来细化晶粒。

③ 振动、搅动。对在结晶的金属进行振动或搅动，一方面可依靠外部输入的能量来促进形核，另一方面也可使成长中的枝晶破碎，使晶核的数目显著增加。

2. (1) 热力学条件。

金属结晶相变的热力学条件是金属结晶必须过冷。金属结晶的热力学条件是系统总自由能 $\Delta G<0$。金属结晶相变的驱动力是液相金属与固相金属的自由能之差 ΔG_V。由于 $\Delta G_V = L_m \dfrac{\Delta T}{T_m}$,可见,要获得结晶过程所需要的驱动力,一定要使实际结晶温度低于理论结晶温度,即金属结晶必须过冷。

(2) 结构条件。

结晶相变的动力学条件是晶胚尺寸大于临界晶核半径,大于临界形核功。在过冷的液体中并不是所有的晶胚都可以形核,只有那些尺寸达到临界晶核半径的晶胚才能形核。纯金属临界晶核半径 $r_k = \dfrac{2\sigma}{\Delta G_V}$。由于临界形核功 $\Delta G_k = \dfrac{1}{3}S_k\sigma$,表明形成临界晶核时,体积自由能的下降只补偿了表面能的三分之二,需要对形核做功。

(3) 能量条件。

晶体长大的能量条件是液相有足够高的温度,体积自由能的降低大于晶体表面能的增加。要求液相有足够高的温度,以使液态金属原子具有足够的扩散能力,使液相不断地向晶体扩散供应原子;在一定温度下,液相微区内存在能量起伏,提供形核功。

(4) 动力学条件。

金属结晶相变的结构条件是在过冷液体中存在结构起伏。在液体中的微小范围内,存在紧密接触规则排列的短程有序原子集团。它们处于瞬间出现,瞬间消失,此起彼伏,变化不定的结构起伏状态中。只有在过冷液体中的结构起伏才能成为晶核。

3. (1) 金属均匀形核必须具备两个基础,即过冷液中的相起伏和能量起伏。

(2) 设过冷液体中出现一个半径为 r 的球状晶胚,其最大体积自由能所对应的半径为 r_k,则 $r<r_k$ 时,随着 r 的增大,系统自由能增加,这个过程不能自动进行,不能形成稳定的晶核,而是瞬间形成,又瞬间消失;当 $r>r_k$ 时,随晶胚尺寸增大,系统自由能降低,这一过程可以自动进行,晶胚可自发长成稳定晶核;当 $r_0=r_k$ 时,晶胚既可消失也可长大成晶核,所以 $r_0>r\geqslant r_k$ 时,晶胚便开始形成晶核。

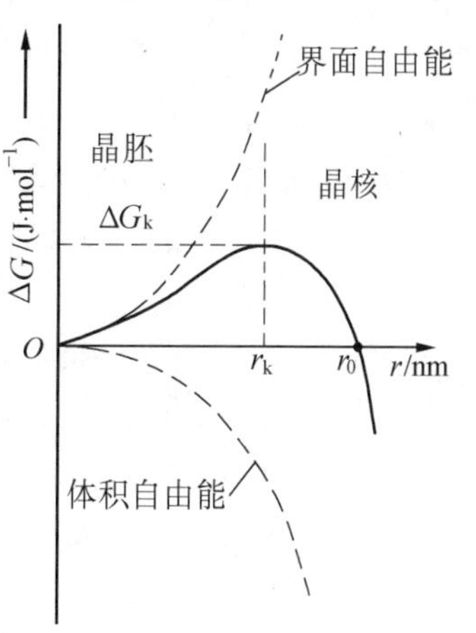

晶核半径与 ΔG 的关系

当 $r\geqslant r_k$ 时,体积自由能小于晶核的表面能,所以要使晶核变成稳定的晶核,必须由晶核周围的液体对晶核作功来提供,这样才能形成稳定的晶核;当 $r>r_0$ 时,体积自由能大于晶核表面能,晶胚能自动形核。

(3) 临界晶核半径和理解形核功推倒如下:

① 假设过冷液中出现一个半径为 r 的球状晶胚,它所引起的自由能变化为:

$$\Delta G = -\frac{4}{3}\pi r^3 \Delta G_V + 4\pi r^2 \sigma$$

对 ΔG 进行微分,并令其等于零,即:

$$0 = -4\pi r^2 \Delta G_V + 8\pi r\sigma$$

所以临界晶核半径为

$$r_k = \frac{2\sigma}{\Delta G_V}$$

② 由于
$$r_k = \frac{2\sigma}{\Delta G_V}, \Delta G = L_m \frac{\Delta T}{T_m}$$
所以
$$r_k = \frac{2\sigma}{L_m \dfrac{\Delta T}{T_m}} = \frac{2\sigma T_m}{L_m \Delta T}$$

③ 由于 $\Delta G = -\frac{4}{3}\pi r^3 \Delta G_V + 4\pi r^2 \sigma$，当 $r = r_k = \frac{2\sigma}{\Delta G_V}$ 时，则 ΔG 有极大值为 ΔG_k，求得：

$$\begin{aligned}\Delta G_k &= -\frac{4}{3}\pi r_k^3 \Delta G_V + 4\pi r_k^2 \sigma \\ &= -\frac{4}{3}\pi \left(\frac{2\sigma}{\Delta G_V}\right)^3 \Delta G_V + 4\pi \left(\frac{2\sigma}{\Delta G_V}\right)^2 \sigma \\ &= \frac{1}{3}\left[4\pi \left(\frac{2\sigma}{\Delta G_V}\right)^2 \sigma\right] \\ &= \frac{1}{3}(4\pi r_k^2 \sigma) \\ &= \frac{1}{3} S_k \sigma\end{aligned}$$

式中，S_k 为临界晶核的表面积，$S_k = 4\pi r_k^2$。

4. (1) 相同点：① 都需要一定的过冷度；② 都要有能量起伏和相起伏。

(2) 不同点：均匀形核是指完全依靠液态金属中的晶胚形核的过程。在液态金属中总存在一些微小的固相杂质质点，并且液态金属在凝固时还要和型壁相接触，于是晶核就可以优先依附于这些现成的固体表面上形成，这种形核方式就是非均匀形核。非均匀形核的接触角 $\theta < 180°$。

(3) 在实际的液态金属中，总是或多或少地含有某些杂质，所以实际金属的结晶主要以非均匀形核方式进行。

(4) 非均匀形核的必要条件主要有四方面：

① 液态金属的过冷度必须大于临界过冷度，提供形核时所需要的驱动力；

② 晶胚尺寸必须大于临界晶核半径 r_k，以提供形核的热力学条件；

③ 具有能量起伏和结构起伏；

④ 具有一定的温度，以提供晶核形成过程中的原子扩散迁移条件。

5. (1) 纯金属结晶过程中，晶核长大的条件是：

① 要求液相有足够高的温度，以使液态金属原子具有足够的扩散能力，使液相不断地向晶体扩散供应原子；

② 要求晶体长大时的体积自由能的降低大于晶体表面能的增加，符合结晶过程的热力学条件，使晶体表面能够不断而牢靠地接纳供应的原子。

(2) 纯金属结晶过程中，晶核长大机制有 3 种：

① 二维晶核长大机制。当固液界面为光滑界面时，液相原子单个的扩散迁移到界面上很难形成稳定态，晶体的生长只能依靠二维晶核方式使一定大小的原子集团几乎同时降落到光滑界面上，形成具有一个原子厚度并且有一定宽度的平面原子集团。晶体以这种方式长大时，其长大速度十分缓慢。

② 螺型位错长大机制。通常情况下，具有光滑界面的晶体，其长大速度比二维晶核长大方式快得多。在晶体长大时会形成种种缺陷，造成界面台阶，使原子容易向上堆砌。每

铺一排原子,台阶即向前移动一个原子间距。由于台阶的起始点不动,因此台阶各处相对于起始点移动的角速度不同。于是随着原子的铺展,台阶先是发生弯曲,而后即以起始点为中心回旋起来,形成螺钉状的晶体。

③ 垂直长大机制。在粗糙界面上,几乎有一半原子在晶体规则排列的位置虚位以待,从液相中扩散来的原子很容易填入这些位置,与晶体连接起来。由于这些位置接纳原子的能力是等效的,在粗糙界面上的所有位置都是生长位置,所以液相原子可以连续、垂直地向界面添加,从而使界面迅速地向液相推移。这种长大速度很快。大部分金属晶体均以这种方式长大。

(3) 过冷度的大小不同,晶体长大方式也各种各样:

① 具有粗糙界面的金属,其过冷度较小时,长大速度大,长大方式为连续(垂直)长大;

② 具有光滑界面的金属化合物、半金属或非金属等,过冷度大,长大速度较缓慢,其长大方式既可以以二维晶核长大方式生长,又可以以螺型位错长大方式生长。

③ 晶体成长的界面形态与界面前沿的温度梯度有关。在正的温度梯度下长大时,光滑界面的一些小晶面互成一定角度,呈锯齿状;粗糙界面的形态为平行于 T_m 等温面的平直界面,呈平面长大方式。在负的温度梯度下长大时,一般金属和半金属的界面都呈树枝状,只有那些杰克逊因子 α 值较高的物质仍然保持着光滑界面形态。

随着过冷度增加,长大速度先增大后减小。

6. 由于晶核为球冠形,根据初等几何,可以求出:

晶核与液体的接触面积 $S_1 = 2\pi r^2(1 - \cos\theta)$

晶核与基地的接触面积 $S_2 = \pi r^2 \sin^2\theta$

晶核的体积 $V = \dfrac{1}{3}\pi r^3(2 - 3\cos\theta + \cos^3\theta)$

在基底 β 上形成晶核时总的自由能变化:

$$\Delta G' = V\Delta G_V + \Delta G_S$$

由于总的表面能 ΔG_S 由三部分组成,一是晶核球冠面上的表面能 $\sigma_{\alpha L}S_1$;二是晶核底面上的表面能 $\sigma_{\alpha\beta}S_2$;三是已经消失的原来基底面上的表面能 $\sigma_{L\beta}S_2$。即

$$\Delta G_S = \sigma_{\alpha L}S_1 + \sigma_{\alpha\beta}S_2 - \sigma_{L\beta}S_2 = \sigma_{\alpha L}S_1 + (\sigma_{\alpha\beta} - \sigma_{L\beta})S_2$$

那么

$$\Delta G' = \frac{1}{3}\pi r^3(2 - 3\cos\theta + \cos^3\theta)\Delta G_V + 2\pi r^2(1 - \cos\theta)\sigma_{\alpha L} + \pi r^2\sin^2\theta(\sigma_{\alpha L} - \sigma_{L\beta})$$

又由图中得知 $\sigma_{L\beta} = \sigma_{\alpha\beta} + \sigma_{\alpha L}\cos\theta$,将 $\sin^2\theta = 1 - \cos^2\theta$ 带入上式,并整理后得:

$$\Delta G' = \left(\frac{4}{3}\pi r^3\Delta G_V + 4\pi r^2\sigma_{\alpha L}\right)\frac{2 - 3\cos\theta + \cos^3\theta}{4}$$

对上式进行微分并令其等于零,就可以求出临界晶核半径:

$$r'_k = \frac{2\sigma_{\alpha L}}{\Delta G_V} = \frac{2\sigma_{\alpha L}T_m}{L_m\Delta T}$$

故

$$\Delta G'_k = \frac{4}{3}\pi r_k^2\left(\frac{2 - 3\cos\theta + \cos^3\theta}{4}\right)$$

7. (1) 由于

$$\Delta G = -V\Delta G_V + \sigma S = -a^3\Delta G_V + 6a^2\sigma$$

对之求导得

$$-3a^2\Delta G_V + 12a\sigma = 0$$

所以临界晶核半径边长为

$$a_k = \frac{4\sigma}{\Delta G_V}$$

（2）临界形核功

$$\begin{aligned}\Delta G_k &= -V_k\Delta G_V + S_k\sigma \\ &= -a_k^3\Delta G_V + 6a_k^2\sigma \\ &= -\left(\frac{4\sigma}{\Delta G_V}\right)^3\Delta G_V + 6\left(\frac{4\sigma}{\Delta G_V}\right)^2\sigma \\ &= -\frac{64\sigma^3}{\Delta G_V^3}\Delta G_V + 6\times\frac{16\sigma^2}{\Delta G_V^2}\sigma \\ &= \frac{32\sigma^3}{\Delta G_V^2}\end{aligned}$$

第3章　二元合金相图和合金的凝固

一、名词解释

相图:用图解的方法表示不同成分、不同温度下合金中相的平衡关系,称为相图,是表示合金系中的合金状态与成分、温度之间关系的图解。可给出各种成分的合金在不同温度下存在哪些相、各个相的成分及其相对含量。

相律:表示在平衡条件下,系统的自由度数f、组元数c和相数p之间的关系,系统平衡条件相律的数学表达式为:$f = c - p + 2$。

匀晶转变:是指合金结晶时,从液相结晶出单相的固溶体的结晶过程。

共晶转变:是指在一定温度下,由一定成分的液相同时结晶出两种成分一定的固相的转变过程。

包晶转变:是指在一定温度下,由一定成分的固相与一定成分的液相作用,形成另一个一定成分的固相的转变过程。

共析转变:是指在一定温度下,由一定成分的固相分解为另外两种一定成分的固相的转变过程。

包析转变:是指在一定温度下,由两种一定成分的固相作用,形成一个一定成分的固相的转变过程。

异晶转变:是指在一定温度下,由一种晶体结构的固相转变为另一种晶体结构的固相的转变过程。

平衡结晶:是指合金在极缓慢冷却条件下进行结晶的过程。

不平衡结晶:是指偏离平衡结晶条件的结晶。

异分结晶:是指固溶体合金结晶时所结晶出的固相成分与母相成分不同的结晶。

平衡分配系数:是指在一定温度下,固液两平衡相中溶质浓度的比值。

晶内偏析:是指在一个晶粒内部化学成分不均匀的现象。

显微偏析:是指一个晶粒范围内的微观偏析。

区域偏析:是指在较大范围内的化学成分不均匀现象。

区域提纯:将金属棒从一端向另一端顺序地进行局部熔化,凝固过程也随之顺序进行的使金属杂质排入熔化部分的熔炼方法,称为区域提纯。

成分过冷:是指液相中的成分变化引起的实际结晶温度低于平衡结晶温度的现象。

胞状组织:是指具有凸凹不平的胞状界面的晶粒组织。

共晶组织:是指发生共晶转变时得到的平衡组织。

亚共晶组织:是指成分位于共晶转变点以左的合金结晶时得到的平衡组织。

过共晶组织:是指成分位于共晶转变点以右的合金结晶时得到的平衡组织。

伪共晶:是指在非平衡结晶时,非共晶成分的合金所得到的共晶组织。

离异共晶:在先共晶相数量较多而共晶相甚少的情况下,有时共晶组织中与先共晶相相同的那一相会依附于先共晶相生长,另一相则单独存在于晶界中,从而使共晶组织特征消失，这种共晶组织中两相分离的共晶称为离异共晶。

相组成物：相是金属或合金中结构相同、成分和性能均一并以界面相互分开的组成部分。金属可以由单相组成也可以由多相组成，金属的相数将满足相率。不同温度下得到的相的具体组成物，称为相组成物。

组织组成物：组织是指借助于显微镜所观察到的材料微观组成与形貌，通常称为显微组织。不同的温度下得到的组织的具体组成物，称为组织组成物。

二、填空题

1. 温度；成分
2. 匀晶相图；共晶相图；包晶相图
3. 自由度；2；3
4. 液相线；固相线；液相区；固相区；液固两相区
5. 形核；长大
6. 由一定成分的液相转变为一定成分的固相；$L \rightleftharpoons \alpha$
7. 由一定成分的液相转变为两个一定成分的固相；$L \rightleftharpoons \alpha + \beta$
8. 由一定成分的固相转变为两个一定成分的固相；$\gamma \rightleftharpoons \alpha + \beta$
9. 平衡结晶；相同；同分结晶；不同；异分结晶
10. 枝晶偏析；区域偏析
11. 大；大；小
12. 高熔点；机械性能；扩散退火
13. 区域提纯技术；越短；越均匀
14. 成分过冷；温度梯度；界面
15. 共析转变；包析转变；异晶转变（或有序 - 无序转变或磁性转变）

三、选择题

1. A、B、C、D　2. A　3. A、B、C、D　4. A、B、C、D　5. A　6. B　7. C　8. C
9. B　10. B　11. B　12. A　13. A、C、D　14. A、B、C、D　15. A、B、C　16. A

四、判断题

1. √　2. √　3. ×　4. √　5. ×　6. ×　7. ×　8. ×　9. √　10. ×　11. ×
12. √　13. ×　14. √　15. ×　16. √　17. ×　18. ×　19. √　20. ×　21. ×
22. ×

五、简答题

1. 固溶体合金的平衡结晶过程是形核和长大的过程。固溶体形核时需要在一定过冷度下存在结构起伏、能量起伏和成分起伏。固溶体合金在结晶时，溶质组元重新分布，在固液界面处形成溶质的浓度梯度，从而产生相内浓度梯度，引起相内的扩散过程，破坏了相界面的平衡，促使晶体必须长大，使相界面处重新达到平衡。由此不断重复进行，直至结晶过程结束。

2. (1) 相同点：

固溶体合金与纯金属平衡结晶过程都是形核和长大的过程。形核时需要结构起伏和能量起伏,需要过冷。

(2) 不同点:

① 固溶体合金结晶时结晶出的固相与液相成分不同,即异分结晶,也称为选择性结晶。纯金属平衡结晶时结晶出的固相与液相成分相同。

② 固溶体合金的结晶需要在一定温度范围内进行,即变温结晶。纯金属平衡结晶时在恒定温度进行,产生结晶潜热。

3. (1) 固溶体合金结晶形核条件为结构起伏、能量起伏和成分起伏。固溶体在形核时,既需要结构起伏,以满足其晶核大小超过一定临界值的要求;又需要能量起伏,以满足形成新相对形核功的要求。此外,由于固溶体结晶时所结晶出的固相成分与原液相的成分不同,因此它还需要成分起伏。

(2) 固溶体合金结晶的形核方式有两种:在一定过冷度下均匀形核和依靠外来质点的非均匀形核。

4. (1) 相图是用图解的方法表示在平衡状态下合金系中合金的状态、成分、温度之间的关系。

(2) 二元合金相图的分析步骤如下:

① 首先看相图中是否存在稳定化合物,如存在,则以化合物为独立组元,把相图分成几个部分进行分析。

② 找出三相共存水平线及与其相接触的单相区,从单相区与水平线相互配置位置,确定三相平衡转变的性质。

③ 依次分析相图的点、线和区。其中,点主要是熔点和转变点;线主要是液相线、固相线和转变线;区依次是单相区、两相区和三相区。

(3) 相图的用途主要有:

① 分析平衡状态下合金系中合金成分与温度之间的关系。

② 分析加热、冷却时的相变及组织形成规律。

③ 制定热加工工艺,是铸造、压力加工、焊接、热处理工艺的重要依据。

④ 可以大致判断合金的性能。

5. (1) 相律是表示在平衡条件下,系统的自由度数、组元数和相数之间的关系,是系统平衡条件的数学表达式。

(2) 相律的数学表达式为:

$$f = c - p + 2$$

其中,c 是系统的组元数;p 为平衡条件下系统中的相数;2 是两个状态因素(温度 + 压力);f 为系统的自由度数(在不改变系统状态的条件下,可以独立改变的影响因素的数目)。

当系统的压力为常数时(常压下),则相律的数学表达式为:

$$f = c - p + 1$$

(3) 利用相律可以确定系统中最多可能存在的相数;可以解释金属与二元合金结晶时的一些差别。

(4) 对于二元系来说,组元数 $c = 2$。在发生三相共存时,$p = 3$;常压下,系统自由度 $f = 2 - 3 + 1 = 0$。说明二元系中同时共存的平衡相数最多为3个,这时的系统没有可以独立改变的因素。所以三相共存时必在恒温下,并且三个相的成分应为定值。

6. (1) 杠杆定律推导如下：

设合金的总质量等于1，液相质量为 w_L，固相质量为 w_α，则

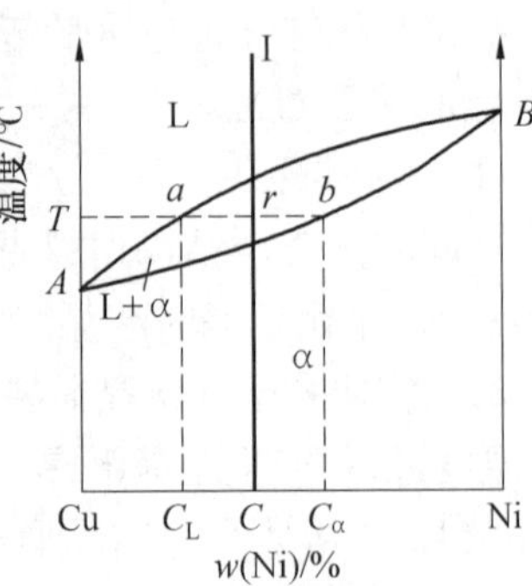

$$w_L + w_\alpha = 1$$

由于合金I中的含镍量应等于液相中镍的含量和固相中镍的含量之和，即

$$w_L C_L + w_\alpha C_\alpha = 1C$$

故
$$\frac{w_L}{w_\alpha} = \frac{rb}{ra}$$

即
$$w_L \cdot ra = w_\alpha \cdot rb$$

如将合金I成分 C 的 r 看作支点，w_L、w_α 看作作用于 a 和 b 的力，则上式称为杠杆定律，这是一种比喻。

(2) 杠杆定律只适用于合金在两相平衡时的相区。

7. (1) 在一定温度下，由一定成分的液相中同时结晶出两种一定成分的固相的转变称为共晶转变，又称共晶反应。

(2) 共晶转变反应式为：$L_C \overset{t_C}{\rightleftharpoons} \alpha_E + \beta_N$

(3) 共晶反应的示意图为：

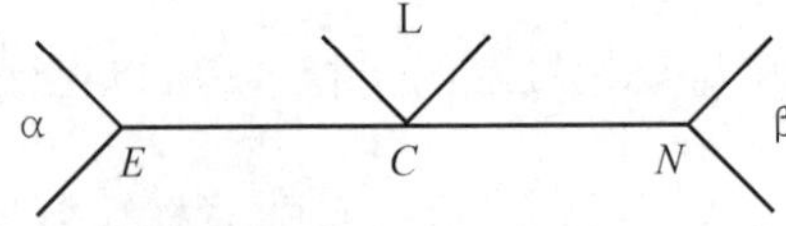

8. (1) 在一定温度下，由一定成分的固相同时析出两个成分一定的固相的转变，称为共析转变，又称共析反应。

(2) 共析转变反应式为：$\gamma_S \overset{t_S}{\rightleftharpoons} \alpha_P + \beta_N$

(3) 共析反应的示意图为：

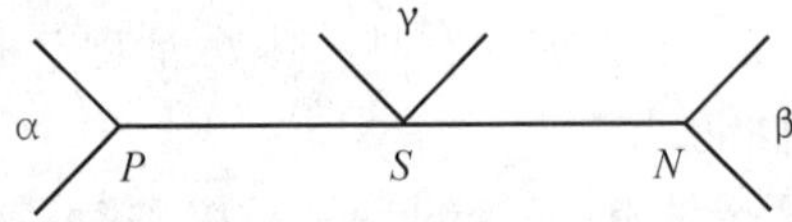

9. 包晶反应是指一定成分的液相和一定成分的固相发生作用而生成一定成分的新固相的转变，称为包晶转变，又称为包晶反应。

(2) 包晶转变的反应式为：$L_R + \delta_H \overset{t_J}{\rightleftharpoons} \gamma_J$

(3) 包晶反应的示意图为：

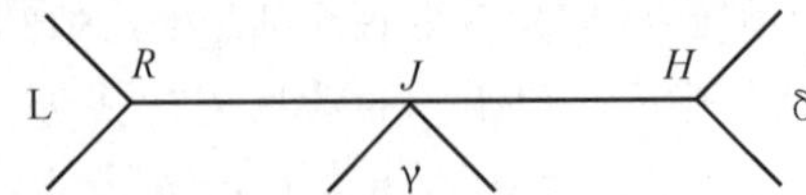

10. (1) 相同点：都是在一定温度下，由一种固定成分的相中析出两种一定成分的固相的三相恒温转变。

(2) 不同点：共晶转变是在一定温度下，由一定成分的液相中析出；而共析转变是在一定温度下，由一定成分的固相析出。

11.（1）根据相图可以大致判断合金的力学性能和物理性能，主要如下：

对于匀晶合金而言，固溶体合金的强度和硬度均随着溶质组元含量的增加而提高。固溶体合金的塑性则随着溶质组元含量的增加而降低。固溶体合金的电导率与成分的变化关系呈曲线变化，开始时随着溶质组元含量的增加，电导率和热导率逐渐降低，50% 含量时最低，然后开始逐渐提高。

共晶相图和包晶相图的端部均为固溶体，其成分和性能的关系与匀晶合金相同。相图中间部分为两相混合物，在平衡状态下，当两相的大小和分布都比较均匀时，合金的性能大致是两相性能的算术平均值。

（2）根据相图判断合金的铸造性能。

合金的铸造性能主要表现为流动性、缩孔及热裂倾向等。对于固溶体合金而言，这些性能主要取决于合金相图上液相线与固相线之间的水平距离和垂直距离，即合金的成分间隔和温度间隔。相图上的成分间隔和温度间隔越大，合金的流动性越差。

12.（1）枝晶偏析是指在一个晶粒内部树枝状的固溶体晶体中的枝干和枝间的化学成分存在不均匀的现象，又称晶内偏析。

（2）枝晶偏析的形成是由于固溶体在结晶过程中，先结晶的部分含高熔点组元较多，后结晶的部分含低熔点组元较多。

（3）影响枝晶偏析的因素有：① 分配系数 k_0：$k_0 < 1$ 时，k_0 值越小，偏析越大；$k_0 > 1$ 时，k_0 值越大，偏析越大；② 溶质原子的扩散能力：结晶的温度较低，溶质原子的扩散能力又小，则偏析程度较大；③ 冷却速度：冷却速度越大，偏析程度越严重。

（4）严重的偏析会使合金的力学性能下降，特别是塑性和韧性显著降低，甚至使合金不容易进行压力加工，还会使合金的耐蚀性降低。

（5）消除枝晶偏析的方法是对带有枝晶偏析的钢进行扩散退火热处理。

13.（1）异分结晶是指结晶出的晶体的化学成分与母相的化学成分不同的结晶，也称为选择性结晶。

（2）在一定温度下，固液两平衡相溶质浓度的比值，称为平衡分配系数，用 k_0 表示，即

$$k_0 = C_\alpha / C_L$$

式中，C_α 和 C_L 为固相和液相的平衡浓度。

假定液相线和固相线为直线，则 k_0 为常数。当液相线和固相线随着溶质浓度的增加而降低时，$k_0 < 1$；反之则 $k_0 > 1$。

14.（1）区域偏析是固溶体合金在不平衡结晶时出现的在大范围内化学成分不均匀的现象。

（2）由于固溶体合金结晶时所结出的固相成分与液相成分不同，在定向凝固和加强对流或搅拌的情况下，可以使试棒起始凝固端部的纯度得以提高。将试棒分小段进行熔化和凝固，使金属棒从一端向另一端顺序地进行局部熔化，凝固过程也随之进行。由于固溶体是选择结晶，先结晶的晶体将溶质排入溶化部分的液体中。如此当溶化区走过一遍后，圆棒中的杂质就富集于另一端。重复多次，即可提纯金属。

（3）影响提纯效果的因素有：① 熔化区的长度：熔化区的长度越短提纯效果越好。② 分配系数 k_0：$k_0 < 1$ 时，k_0 越小，偏析越严重提纯效果越好；$k_0 > 1$ 时，k_0 越大，偏析越严重提纯效果越好。③ 搅拌激烈程度：搅拌越激烈，液体的成分越均匀，结晶出的固相成分越低提纯效果越好。

15.（1）因为包晶转变具有两个显著特点：一是包晶转变的形成相依附在初晶相上生成；二是包晶转变的不完全性。所以可利用包晶转变细化晶粒。

（2）例如在铝及铝合金中加入少量钛，可以获得显著的细化晶粒效果。由 Al - Ti 相图可知，当 $w(\mathrm{Ti}) > 0.15\%$ 以后，合金首先从液体中析出初晶 $TiAl_3$，然后在 665 ℃ 发生包晶转变 $L + TiAl_3 \rightleftharpoons \alpha$，$\alpha$ 相依附于 $TiAl_3$ 上形核长大，对 $TiAl_3$ 起促进非均匀形核作用。由于从液体中析出的 $TiAl_3$ 细小而弥散，其非均匀形核作用效果很好，因此细化晶粒作用显著。

16.（1）包晶偏析是指由于包晶转变不能充分进行而产生的化学成分不均匀的现象。

（2）在生产中采用长时间扩散退火来减少或消除包晶偏析。

17.（1）在不平衡结晶条件下，由成分在共晶点附近的亚共晶或过共晶合金所得到的共晶组织，称为伪共晶组织。

（2）在不平衡结晶条件下，由于冷却速度较大，将会产生过冷，这时的合金液体对于两个单相固溶体（α 和 β）都是过饱和的，所以既可以结晶出 α，又可以结晶出 β，它们同时结晶出来就形成了共晶组织。

（3）伪共晶组织的形态与共晶组织相近，为两种层片相间的两相组成。

（4）非共晶成分的合金在不平衡结晶条件下得到的伪共晶组织比平衡结晶条件下得到的组织力学性能得到提高。

18.（1）离异共晶是指在共晶转变中先共晶相数量较多而共晶相组织非常少的情况下产生的两相分离的共晶。

（2）在平衡条件下，成分偏离共晶点很远的亚共晶或过共晶合金的共晶转变是在已存在大量先共晶相的条件下进行的，此时如果冷却速度十分缓慢，过冷度很小，那么共晶中的α相在已有的先共晶α相上长大，要比重新形核再长大容易得多。这样，α相与先共晶α相合为一体，而另一相则存在于α相晶界处，形成离异共晶；在非平衡结晶条件下，其固相的平均成分线将偏离平衡固相线。成分超过固相线端点的合金冷却至共晶温度时仍有少量液相存在。此时液相成分接近共晶成分，会发生共晶转变，形成共晶组织。此时，先共晶相数量较多，共晶组织中与先共晶相相同的那一相会依附于先共晶相生长，形成离异共晶。如铁碳合金中含有 S 量较高时，会在晶界处形成 FeS。

（3）离异共晶会使合金的性能下降。

（4）生产中通过均匀化退火来消除离异共晶。

19.（1）铸锭的组织主要由三部分组成：表层细晶区、柱状晶区、中心等轴晶区。

（2）铸锭的组织形成原因如下：

① 表层细晶区形成。在浇注时，由于铸型模壁温度较低，有强烈地吸热和散热作用，使靠近模壁的一层液体产生很大的过冷度，加上模壁的表面可以作为非均匀形核的核心，因此，在此表层液体中立即产生大量的晶核，并同时向各个方向生长，而形成表面很细的等轴晶粒区。

② 柱状晶区形成。在表层细晶区形成后，型壁被熔液加热至很高温度，使剩余液体的冷却变慢，并且由于细晶区结晶时释放潜热，故细晶区前沿液体的过冷度减小，使继续形核变得困难，只有已形成的晶体向液体中生长。但是，此时热量的散失垂直于型壁，故只有沿垂直于型壁的方向晶体才能得到优先生长，即已有的晶体沿着与散热相反的方向择优生长而形成柱状晶区。

③ 中心等轴晶区形成。柱状晶区形成时也释放大量潜热，使已结晶的固相层温度继续

升高,散热速度进一步减慢,导致柱状晶体也停止长大。当心部液体全部冷至实际结晶温度 T_m 以下时,在杂质作用下以非均匀形核方式形成许多尺寸较大的等轴晶粒。

20. 实际生产中,铸锭组织的控制方法主要有三种:

① 控制冷却速度,降低浇注温度。有利于柱状晶区发展的因素有:快的冷却速度、高的浇注温度、定向的散热等。而有利于等轴晶区发展的因素有:慢的冷却速度、低的浇注温度、均匀散热。

② 进行变质处理。加入形核剂,增加形核率。

③ 进行搅拌、振动。进行机械或电磁的搅拌、超声波振动等。

21. 铸锭中常见的缺陷有缩孔、气孔及偏析,对金属的性能有很大影响。在生产中应防止或减轻,具体如下:

(1) 缩孔。

大多数液态金属的密度比固态的小,因此结晶时会发生体积收缩。金属收缩后,如果没有液态金属继续补充,就会出现收缩孔洞,称为缩孔。

缩孔是一种重要的铸造缺陷,对材料性能有很大影响。

通常缩孔是不可避免的,人们只能通过改变结晶时的冷却条件(如铸模底安放冷铁)和铸模的形状(如加冒口等)来控制其出现的部位和分布状况。

(2) 气孔。

在高温下液态金属中常溶有大量气体,但在固态金属的组织中只能溶解极微量的气体。因而,在凝固过程中,气体聚集成气孔夹杂在固态材料中。

如果使液态金属保持在较低温度,或者向液态金属中加入可与气体反应而形成固态的元素,以及使气体分压减小,都可以使铸件中的气孔减少。减低气体分压的方法是把熔融金属置入真空室内,或向金属中吹入惰性气体。

内部的气孔在压力加工时一般可以焊合,而靠近表层的气孔则可能由于表皮破裂而发生氧化,因而在压力加工前必须予以切除,否则易形成裂纹。

(3) 偏析。

铸锭中各部分化学成分不均匀的现象称为偏析。

决定焊缝熔化区组织和性能的因素与金属铸造中的因素基本相同。例如焊缝熔化区的不平衡结晶导致产生枝晶偏析。枝晶偏析会使焊缝的力学性能下降,特别是塑性和韧性显著降低,也使焊缝的抗腐蚀性能下降。

工业生产上广泛应用扩散退火(也称为均匀化退火)的方法来消除枝晶偏析。在焊缝熔化区中加入孕育剂也可细化焊缝组织。

22. 根据给出数据画出相图如下:

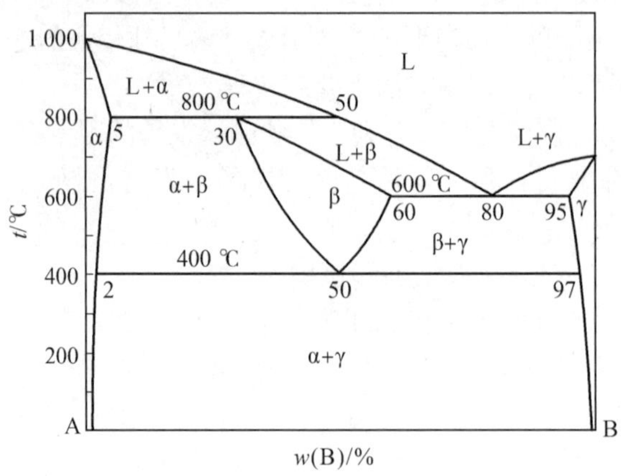

六、综合论述及计算题

1. (1) 固溶体合金在结晶时,溶质组元重新分布,在固液界面处形成溶质的浓度梯度,从而产生过冷。这种由于液相中的成分变化引起的过冷度,称为成分过冷。

(2) 成分过冷形成过程如下:图(a) 的分配系数 $k_0 < 1$,液相线和固相线均为直线。图(b) 液态合金的温度分布为正温度梯度。图(c) 当 C_0 成分的液态合金降至 t_0 时,结晶出的固相成分为 k_0C_0;随着温度的降低,界面处的液相和固相成分分别沿着液相线和固相线变化。当液态合金温度降至 t_2 时,固相的成分为 C_0,液相的成分为 k_0/C_0;界面处的浓度梯度达到稳定态,而远离界面的液体成分仍为 C_0。图(d) 是边界层中的平衡结晶温度与距离 x 的变化关系。将图(b)、(d) 叠加在一起,就构成图(e)。因此,在固液界面前方一定范围内的液相中出现了一个成分过冷区域,形成了成分过冷。

(3) 影响成分过冷的因素主要是温度梯度、液相线斜率、分配系数和液相中溶质原子的扩散系数。

(4) 过冷度越大,固溶体合金的形核率越大,越容易获得细小的晶粒组织。G 为固液界面前沿液相中的实际温度梯度。液相中的温度梯度越小,越有利于形成成分过冷。如果温度梯度为 G_1,则晶体呈平面状生长;如果温度梯度为 G_2,则晶体呈胞状生长;如果温度梯度为 G_3,则晶体呈树枝状生长。

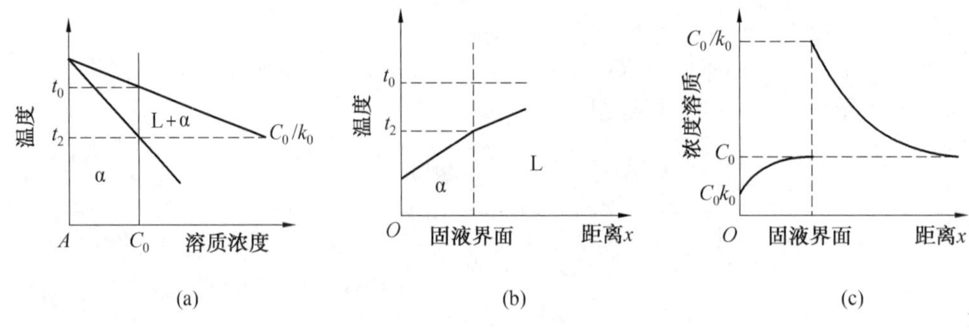

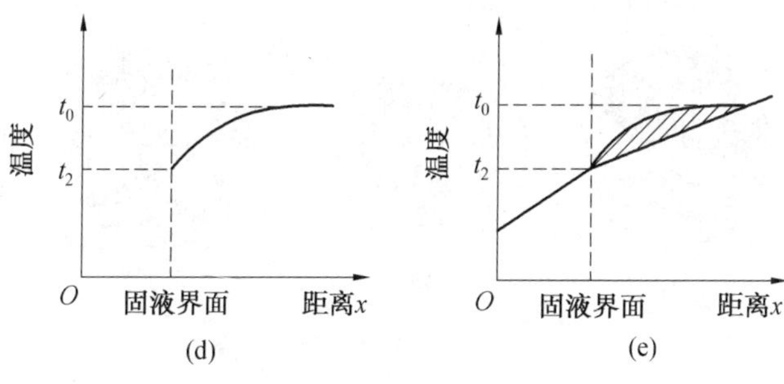

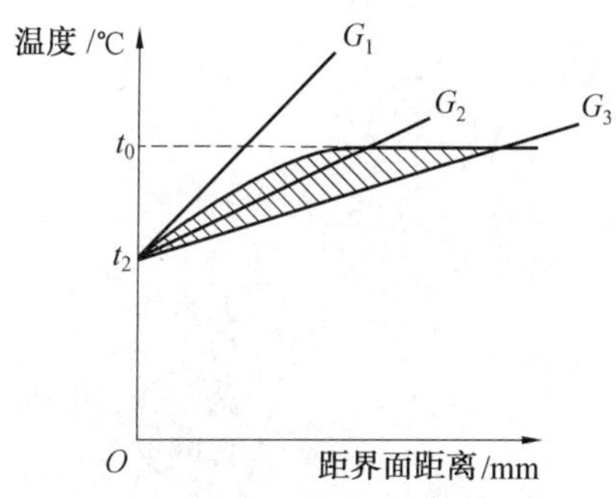

温度梯度对成分过冷的影响

2.

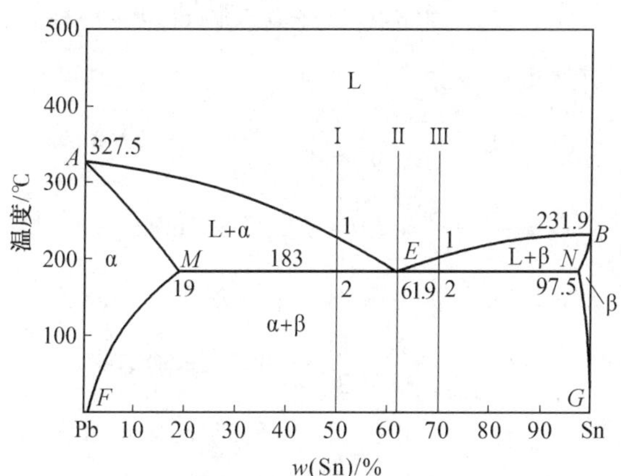

(1) $w(\mathrm{Sn})=50\%$ 的亚共晶合金(合金 Ⅰ)。

图(a)、(b) 是该合金在冷却过程中的组织变化和冷却曲线示意图。当合金缓慢冷却至1点时,开始结晶出 α 固溶体。在1 ~ 2温度范围内,随着温度继续降低,α 相的浓度沿固相线变化,L相浓度沿液相线变化,α 固溶体的数量不断增多。当合金冷却到2点时,剩余液相的浓度已达到 E 点的成分,在恒温下发生共晶反应,形成共晶体(α + β)。合金自2点温度冷至室温过程中自 α 固溶体中会析出 β_{II},故合金的室温显微组织为 α + (α + β) + β_{II}。

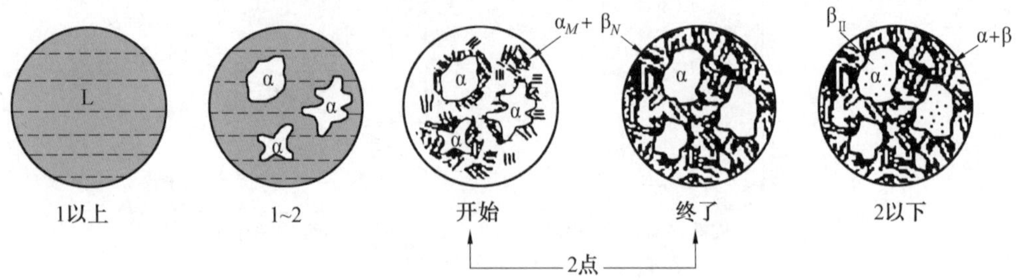

(a) $w(\mathrm{Sn})=50\%$ 的亚共晶合金在冷却过程中的组织变化示意图

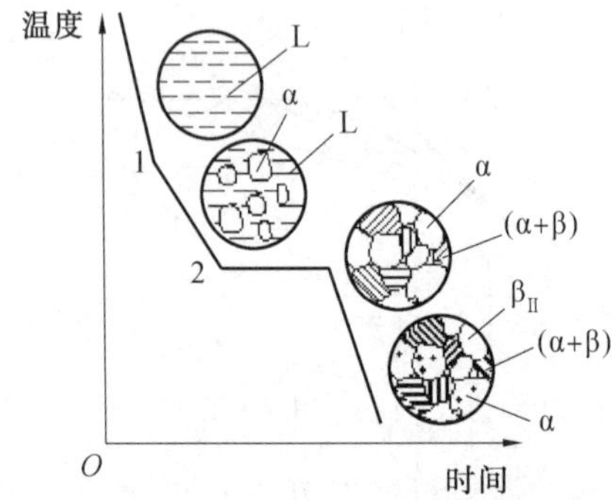

(b) $w(\mathrm{Sn})=50\%$ 的亚共晶合金在冷却过程中的冷却曲线

室温组织组成物相对含量：

$$w(\alpha+\beta)=\frac{50-19}{61.9-19}\times 100\%=72.3\%$$

$$w(\beta_{\mathrm{II}})=\frac{19-2}{99-2}\times(1-72.3)\times 100\%=4.9\%$$

$$w(\alpha)=1-w(\alpha+\beta)-w(\beta_{\mathrm{II}})=22.8\%$$

室温相组成物相对含量：$w(\alpha)=\dfrac{99-50}{99-2}\times 100\%=50.5\%$

$$w(\beta)=1-w(\alpha)=1-50.5\%=49.5\%$$

(2) $w(\mathrm{Sn})=61.9\%$ 的共晶合金（合金 Ⅱ）。

图(c)、(d) 是该合金在冷却过程中的冷却曲线和组织变化示意图。当合金缓慢冷却到 t_E 时，发生共晶转变，$L_E \xrightleftharpoons{t_E} \alpha_M+\beta_N$，这一转变在恒温下进行，直到液相完全消失为止，转变产物为两相机械混合物$(\alpha+\beta)$。继续冷却，组织不再发生变化，因此，室温组织为 100% 的$(\alpha+\beta)$共晶体。

室温组织组成物相对含量：$w(\alpha+\beta)=100\%$

室温相组成物相对含量：$w(\alpha)=\dfrac{99-61.9}{99-2}\times 100\%=38.2\%$

$$w(\beta)=1-w(\alpha)=61.8\%$$

(3) $w(\mathrm{Sn})=70\%$ 的过共晶合金（合金 Ⅲ）。

图(e)、(f) 是该合金在冷却过程中的冷却曲线和组织变化示意图。当合金缓慢冷却至 1 点时，开始结晶出 β 固溶体；在 1 ~ 2 温度区间，随温度下降 β 不断增多，β 相和液相 L 成分

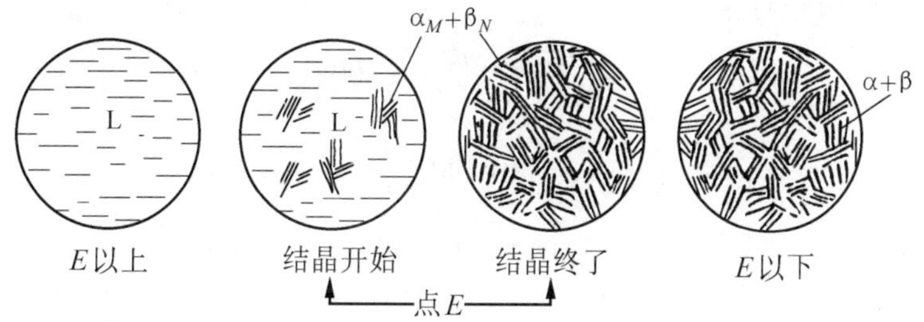

(c)w(Sn) = 61.9% 共晶合金在冷却过程中的组织变化示意图

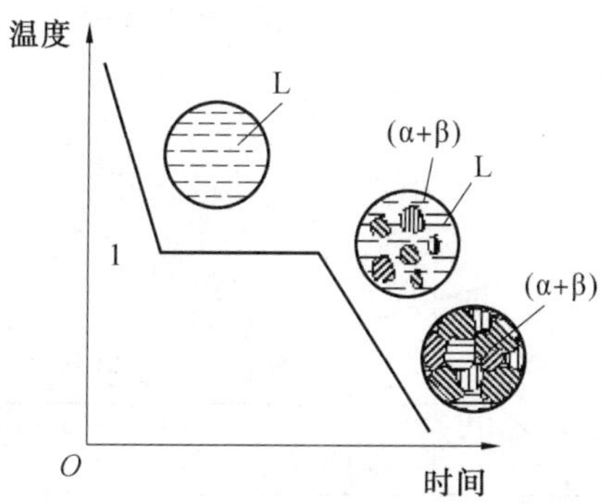

(d)w(Sn) = 61.9% 共晶合金在冷却过程中的冷却曲线

分别沿BN和BE变化，此阶段为匀晶转变；当温度降低到2点时，在t_E下发生共晶转变，$L_E \xrightleftharpoons{t_E} \beta_N + \alpha_M$，直到液相全部消失为止；在2点以下继续冷却时，将从β相中析出α_{II}，故合金的室温显微组织为$\beta + (\alpha + \beta) + \alpha_{II}$。

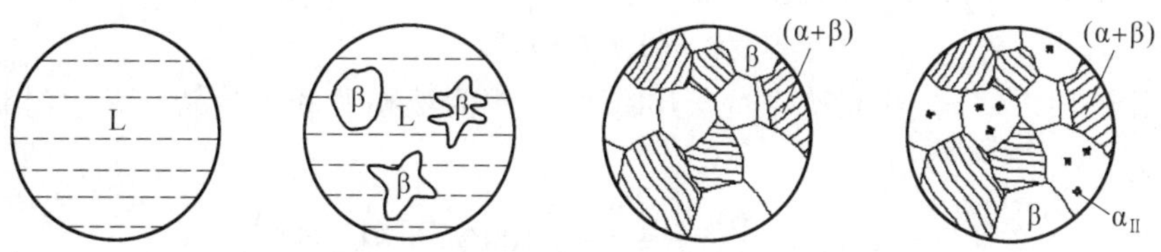

(e)w(Sn) = 70% 过共晶合金在冷却过程中的组织变化示意图

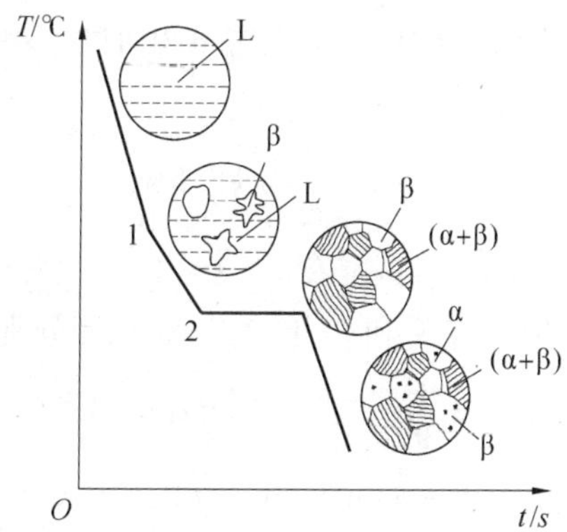

(f)w(Sn) = 70% 过共晶合金在冷却过程中的冷却曲线

室温组织组成物相对含量：

$$w(\alpha+\beta)=\frac{97.5-70}{97.5-61.9}\times 100\%=77.2\%$$

$$w(\alpha_{\mathrm{II}})=\frac{99-97.5}{99-2}\times(100\%-77.2\%)=0.3\%$$

$$w(\beta)=1-w(\alpha+\beta)-w(\alpha_{\mathrm{II}})=22.5\%$$

室温相组成物相对含量：

$$w(\alpha)=\frac{99-70}{99-2}\times 100\%=29.9\%$$

$$w(\beta)=1-w(\alpha)=70.1\%$$

3.

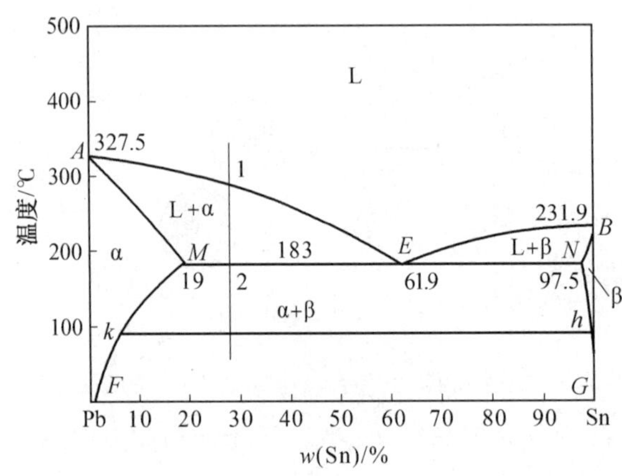

Pb－Sn 合金相图

(a)$t>265$ ℃ 时，组织中全部为液相 L，即

$$w(\mathrm{L})=100\%$$

(b) 刚至 183 ℃ 时，共晶转变尚未开始时，组织为液相 L 和先共晶 α 相，其相对含量分别为：

$$w(\alpha)=\frac{61.9-28}{61.9-19}\times 100\%=79.0\%$$

$$w(\mathrm{L})=1-w(\alpha)=21.0\%$$

(c) 在 183 ℃ 共晶转变完毕时，组织为先共晶 α 相加共晶组织(α＋β)，由 α 相和 β 相两相组成，其相对含量分别为：

$$w(\alpha)=\frac{1}{\sqrt{2}}=88.5\%$$

$$w(\beta)=1-w(\alpha)=1-88.5\%=11.5\%$$

(d) 在室温下，组织中的相只有 α 和 β 相，其相对含量分别为：

$$w(\alpha)=\frac{99-28}{99-2}\times 100\%=73.2\%$$

$$w(\beta)=1-w(\alpha)=1-73.2=26.8\%$$

4.

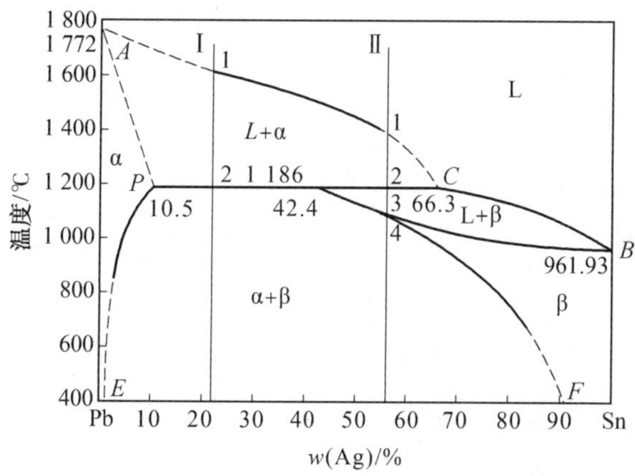

Pt - Ag 二元合金相图

(1) 含22% Ag 的 Pt - Ag 合金平衡结晶过程示意图如下图所示。

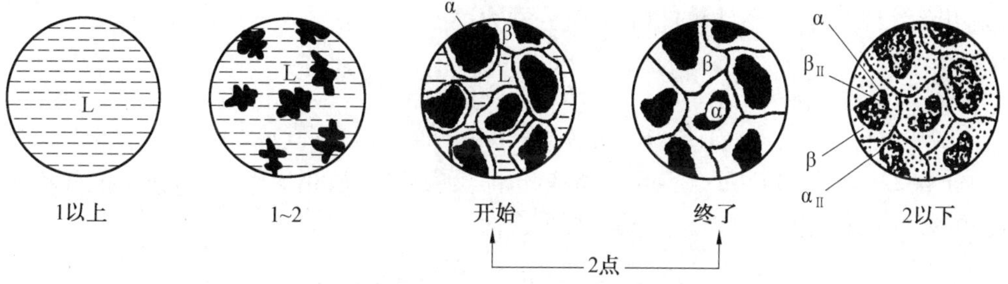

含22% Ag 的 Pt - Ag 合金平衡结晶过程示意图

含22% Ag 的 Pt - Ag 合金室温时,组织中有两个相,即 α 相和 β 相,两相的相对含量分别为:

$$w(\alpha)=\frac{92-22}{92-2}\times100\%=77.8\%$$

$$w(\beta)=1-w(\alpha)=1-77.8\%=22.2\%$$

(2) 含56% Ag 的 Pt - Ag 合金平衡结晶过程示意图如下图所示。

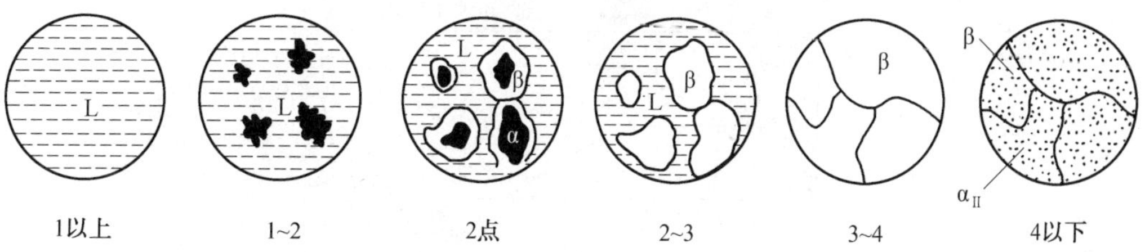

含56% Ag 的 Pt - Ag 合金平衡结晶过程示意图

含56% Ag 的 Pt - Ag 合金室温时,组织中有两个相,即 α 相和 β 相,两相的相对含量分别为:

$$w(\alpha)=\frac{92-56}{92-2}\times100\%=40\%$$

$$w(\beta) = 1 - w(\alpha) = 1 - 40\% = 60\%$$

5.

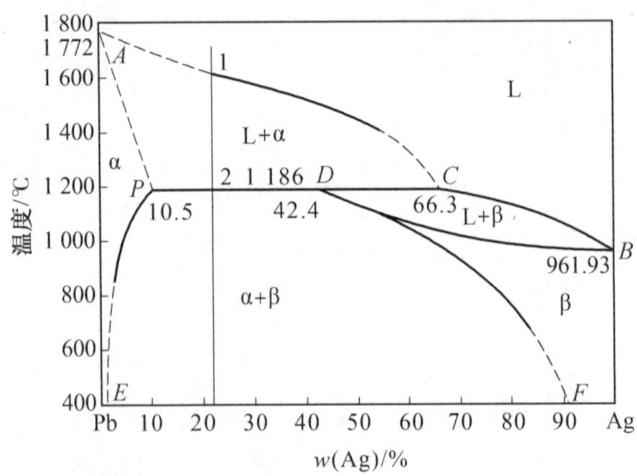

(a) $t > 1\ 700$ ℃ 时，合金中全部为液相 L，即

$$w(\text{L}) = 100\%$$

(b) 含22% Ag 的 Pt - Ag 合金至1 186 ℃ 前，包晶反应尚未开始，组织里一共有两个相，即先析出 α 相和液相 L，两相的相对含量分别为：

$$w(\alpha) = \frac{66.3 - 22}{66.3 - 10.5} = 79.4\%$$

$$w(\text{L}) = 1 - w(\alpha) = 1 - 79.4\% = 20.6\%$$

(c) 含22% Ag 的 Pt - Ag 合金1 186 ℃ 包晶反应完毕，液相反应完毕，组织中有两个相，即 α 相和 β 相，两相的相对含量分别为：

$$w(\alpha) = \frac{42.4 - 22}{42.4 - 10.5} = 63.9\%$$

$$w(\beta) = 1 - w(\alpha) = 1 - 63.9\% = 36.1\%$$

(d) 含22% Ag 的 Pt - Ag 合金室温时，组织中有两个相，即 α 相和 β 相，两相的相对含量分别为：

$$w(\alpha) = \frac{92 - 22}{92 - 2} \times 100\% = 77.8\%$$

$$w(\beta) = 1 - w(\alpha) = 1 - 77.8\% = 22.2\%$$

6. 由两个包晶反应和一个共晶反应组成的二元合金相图如下：

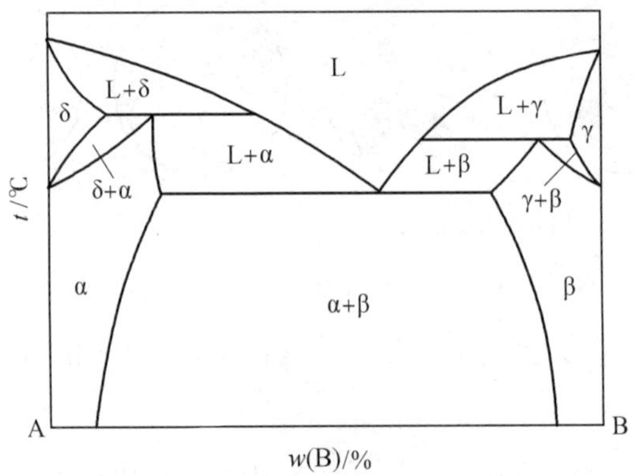

7. 由两个包晶反应、一个共析反应和一个包析反应组成的二元合金相图如下：

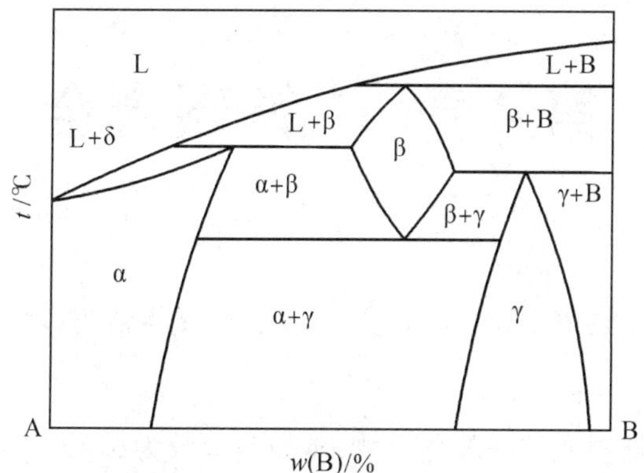

第4章　铁碳合金

一、名词解释

纯铁:纯铁是原子序数26、相对原子量为56的过渡族金属,熔点为1 538 ℃,具有同素异构转变($\alpha-Fe \overset{1\ 394\ ℃}{\rightleftharpoons} \gamma-Fe \overset{912\ ℃}{\Leftrightarrow} \delta-Fe$)。

渗碳体:是指铁和碳形成的间隙化合物,碳质量分数为6.69%,用Fe_3C或C_m表示,是铁碳相图中的重要基本相。

一次渗碳体:是指从液体中析出的粗大的共晶渗碳体,用$Fe_3C_{Ⅰ}$表示。

二次渗碳体:是指从奥氏体中析出的共析渗碳体,用$Fe_3C_{Ⅱ}$表示。

三次渗碳体:是指从铁素体中析出的渗碳体,用$Fe_3C_{Ⅲ}$表示。

铁素体:是指碳固溶于($\alpha-Fe$或$\delta-Fe$)中形成的间隙固溶体,用F或α表示。

奥氏体:是指碳固溶于$\gamma-Fe$中形成的间隙固溶体,用A或γ表示。

珠光体:是指铁素体和渗碳体形成的机械混合物,用P表示。

莱氏体:是指奥氏体和渗碳体形成的机械混合物,用L_d表示。

索氏体:是指较低温度下形成的铁素体和渗碳体的机械混合物,用S表示。只有在高倍光学显微镜下才能分辨出铁素体和渗碳体层片形态。

工业纯铁:是指碳的质量分数$<0.021\ 8\%$的铁碳合金。

共析钢:是指碳的质量分数为0.77%的铁碳合金。

亚共析钢:是指碳的质量分数为0.021 8%～0.77%的铁碳合金。

过共析钢:是指碳的质量分数为0.77%～2.11%的铁碳合金。

共晶白口铁:是指碳的质量分数为4.3%的铁碳合金。

亚共晶白口铁:是指碳的质量分数为2.11%～4.3%的铁碳合金。

过共晶白口铁:是指碳的质量分数为4.3%～6.69%的铁碳合金。

体积收缩:是指铸铁从浇注温度至室温的冷却过程中的体积减少的现象。

线收缩:是指铸铁从浇注温度至室温的冷却过程中的线尺寸减少的现象。

镇静钢:钢液在浇注前用锰铁、硅铁和铅进行充分脱氧,使氧的质量分数不超过0.01%,以使钢液在凝固时不析出一氧化碳,得到成分比较均匀、组织比较致密的钢锭。

沸腾钢:是指脱氧不完全的钢。钢液注入锭模后,钢中的氧与碳发生反应,析出大量的一氧化碳气体,引起钢液的沸腾。

二、填空题

1. 渗碳体;石墨
2. 铁素体;渗碳体
3. 置换;间隙
4. $\alpha-Fe$;$\gamma-Fe$;$\delta-Fe$

5. 912 ℃;收缩

6. C;γ - Fe;面心立方

7. C;α - Fe;体心立方

8. $\alpha + Fe_3C$;珠光体(P)

9. $L_C \rightleftharpoons \gamma_E + Fe_3C$;室温莱氏体($L'_d$)

10. 铁素体(F);渗碳体(Fe_3C);奥氏体(A/γ);渗碳体(Fe_3C)

11. 铁素体中碳的质量分数比较低

12. Fe;C;复杂斜方结构;3∶1

13. 一次渗碳体;二次渗碳体;三次渗碳体;鱼骨状;网络状;小片状

14. 6.69%C;2.11%C;0.021 8%C

15. 亚共析钢;共析钢;过共析钢

16. 0.6%

17. 0.46%

18. 1.2%

19. N;O;P;S;P;S;冷脆;热脆

20. 奥氏体

三、选择题

1. C　2. B　3. C　4. A、D　5. B、C　6. B　7. D　8. C　9. B　10. D　11. B　12. A　13. C　14. C　15. A、B、C

四、判断题

1. ×　2. ×　3. ×　4. ×　5. ×　6. ×　7. ×　8. ×　9. ×　10. ×　11. ×　12. √　13. ×　14. ×　15. ×　16. ×　17. √　18. ×　19. ×　20. ×　21. ×　22. ×　23. √　24. ×　25. ×　26. ×　27. ×　28. ×　29. ×　30. ×

五、简答题

1. 当外部条件(如温度和压强)改变时,金属内部由一种晶体结构向另一种晶体结构的转变称为同素异构转变。

纯铁有三个同素异构体。在 912 ℃ 以下为体心立方晶体结构,称为α - Fe;在 912 ~ 1 394 ℃ 具有面心立方晶体结构,称为γ - Fe;从1 394 ℃ 至熔点 1 538 ℃,又转变为体心立方晶体结构,称为δ - Fe。

纯铁的同素异构转变温度 - 时间曲线如右图所示。

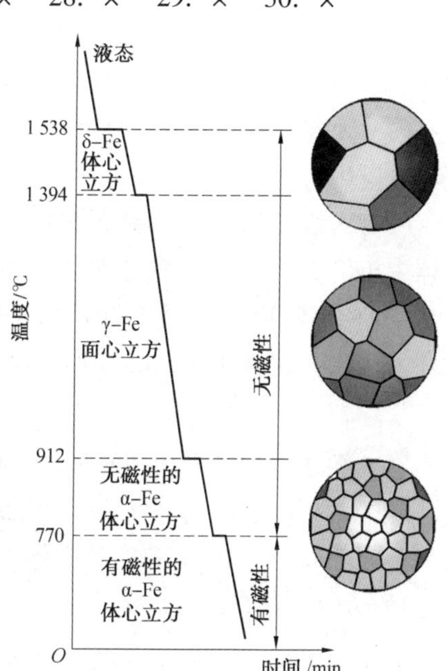

2. 铁素体是碳溶于α - Fe 中的间隙固溶体,用F或α表示;为体心立方晶格结构;性能与纯铁基本相同,软韧性好,居里点温度 770 ℃。

奥氏体是碳溶于 γ – Fe 中的间隙固溶体,用 A 或 γ 表示;为面心立方晶格结构;奥氏体塑性很好,它具有顺磁性。

渗碳体是铁与碳形成的间隙化合物,具有复杂的斜方结构,属于正交晶系,晶体结构十分复杂;具有很高的硬度,塑性差,延伸率接近 0,属于硬脆相,在 230 ℃ 以下具有磁性,理论计算熔点为 1 227 ℃。

3. 铁素体是碳溶于 α – Fe 中的间隙固溶体,为体心立方晶格;体心立方晶格的致密度为 0. 68,四面体间隙半径为 0. 126a,八面体间隙半径为 0. 067a。而奥氏体是碳溶于 γ – Fe 中的间隙固溶体,为面心立方晶格;面心立方晶格的致密度为 0. 74,但是,其四面体间隙半径为 0. 08a,八面体间隙半径为 0. 146a。并且 γ – Fe 的晶格常数 a(950 ℃)为 0. 365 63 nm,其八面体间隙半径为 0. 053 5 nm,和 C 原子半径 0. 077 nm 比较接近,故 C 在奥氏体中的溶解度较大。因此,奥氏体溶解碳的能力高于铁素体。

4.

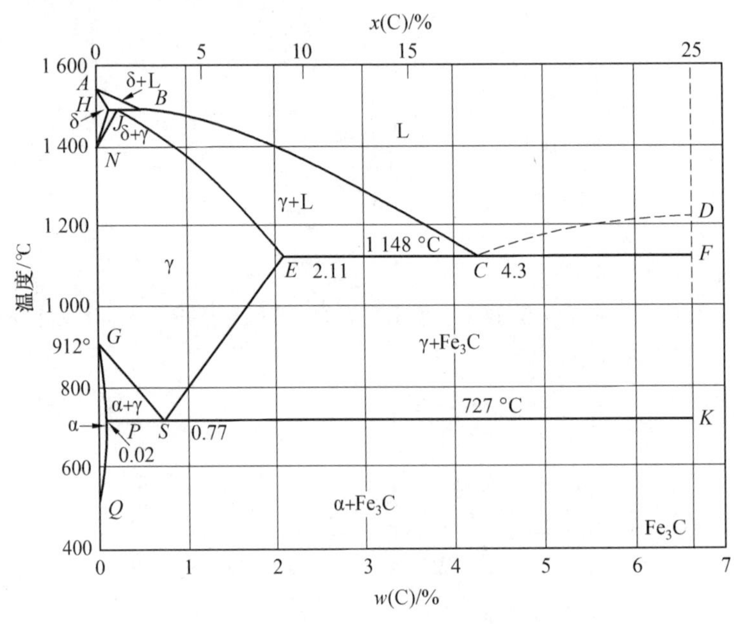

铁碳合金相图示意图

(1) GS 线又称为 A_3 线,是冷却过程中由奥氏体析出铁素体的起始温度或铁素体全部转变为奥氏体的终了温度。当冷却至 GS 线时,会从奥氏体中析出铁素体。

(2) ES 线也称 A_{cm} 线,是碳在奥氏体中的溶解度曲线。当温度低于此曲线时,就要从奥氏体中析出渗碳体,通常称之为二次渗碳体,记为 Fe_3C_{II}。

(3) PQ 线是碳在铁素体中的溶解度曲线。当温度低于此曲线时,会从铁素体中析出渗碳体,称之为三次渗碳体,记为 Fe_3C_{III}。

5. (1) HJB 水平线上。

在 1 495 ℃ 温度发生包晶转变,其反应式为: $L_B + \delta_H \xrightleftharpoons{1\,495\ ℃} \gamma_J$

在 1 495 ℃ 的恒温下,w(C) = 0. 53% 的液相与 w(C) = 0. 09% 的 δ – 铁素体发生包晶反应,形成 w(C) = 0. 17% 的奥氏体。

(2) ECF 水平线上。

在 1 148 ℃ 温度发生共晶转变,其反应式为: $L_C \xrightleftharpoons{1\,148\ ℃} \gamma_E + Fe_3C$

在 1 148 ℃ 的恒温下，由 $w(\mathrm{C}) = 4.3\%$ 的液相转变为 $w(\mathrm{C}) = 2.11\%$ 的奥氏体和 $w(\mathrm{C}) = 6.69\%$ 的渗碳体的机械混合物，称为莱氏体，记为 $\mathrm{L_d}$。

(3) *PSK* 水平线上。

在 727 ℃ 温度发生共析转变，其反应式为：$\gamma_S \xrightleftharpoons{727\ ℃} \alpha_P + \mathrm{Fe_3C}$

在 727 ℃ 的恒温下，由 $w(\mathrm{C}) = 0.77\%$ 的奥氏体转变为 $w(\mathrm{C}) = 0.021\ 8\%$ 的铁素体和 $w(\mathrm{C}) = 6.69\%$ 的渗碳体的机械混合物，称为珠光体，记为 P。

6.

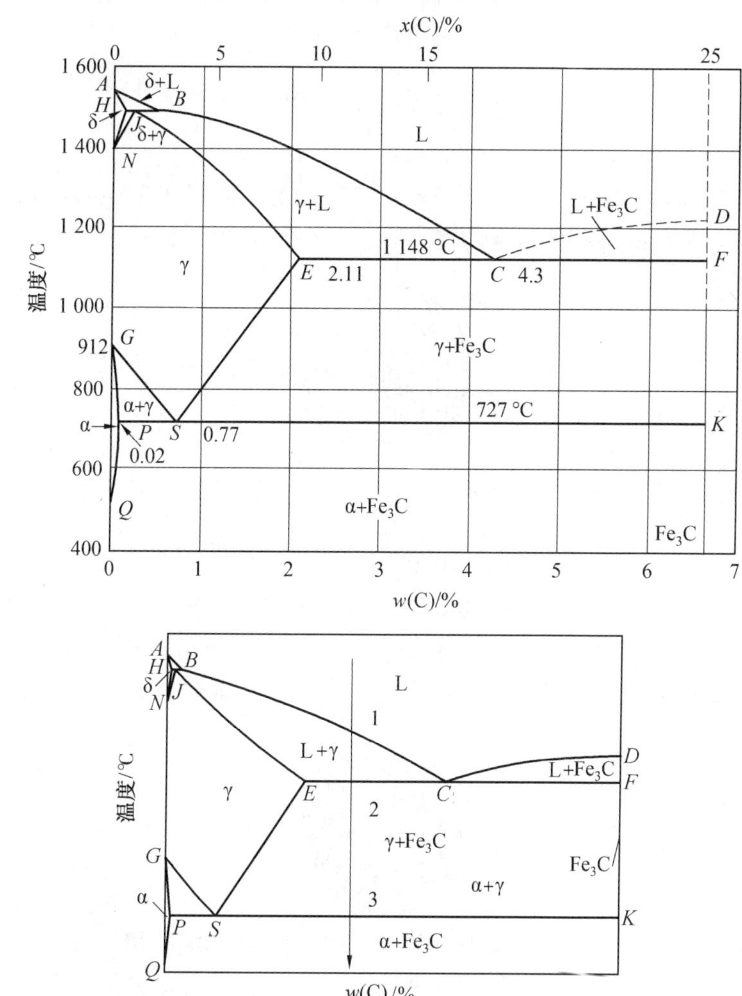

7.

$w(\mathrm{C}) = 3.0\%$ 铁碳合金为亚共晶白口铁，如上图中垂线位置所示。其平衡结晶过程为：在 1 点以上，合金全部为液相；在结晶过程中，在 1 ～ 2 点间按匀晶转变结晶出初晶奥氏体，奥氏体的成分沿 *JE* 线变化，而液相的成分沿 *BC* 线变化；当温度降至 2 点时，液相成分达到共晶点 *C*，于 1 148 ℃ 的恒温下发生共晶转变，形成莱氏体 $\mathrm{L_d}$；当温度冷却至 2 ～ 3 点温度区间时，从初晶奥氏体中析出二次渗碳体，奥氏体的成分沿 *ES* 线不断降低；当温度到达 3 点时，奥氏体的成分也到达了 *S* 点，于 727 ℃ 的恒温下发生共析转变，所有的奥氏体都转变为珠光体 P。莱氏体 $\mathrm{L_d}$ 变为低温莱氏体 $\mathrm{L'_d}$。室温下得到的组织为低温莱氏体 + 珠光体 + 二次渗碳体。

其室温组织组成物的相对含量为：

低温莱氏体的含量：$w(\mathrm{L'_d}) = w(\mathrm{L_d}) = \dfrac{3.0 - 2.11}{4.3 - 2.11} \times 100\% = 40.6\%$

从初晶奥氏体中析出的二次渗碳体的含量：

$$w(\mathrm{Fe_3C_{II}}) = \frac{2.11 - 0.77}{6.69 - 0.77}(1 - w(\mathrm{L'_d})) = \frac{2.11 - 0.77}{6.69 - 0.77} \times (1 - 40.6\%) = 13.4\%$$

珠光体的含量

$$w(\mathrm{P}) = 1 - w(\mathrm{L'_d}) - w(\mathrm{Fe_3C_{II}}) = 46.0\%$$

8. 因为亚共析钢显微组织中珠光体的相对含量计算式为：

$$w(\mathrm{P}) = \frac{w(\mathrm{C}) - 0.0218}{0.77 - 0.0218} \times 100\% = 56\%$$

故计算出该钢的含碳量为 $w(\mathrm{C}) = 0.44\%$

9. 珠光体是在727 ℃恒温下，由 $w(\mathrm{C}) = 0.77\%$ 的奥氏体转变为 $w(\mathrm{C}) = 0.0218\%$ 的铁素体和 $w(\mathrm{C}) = 6.69\%$ 的渗碳体组成的混合物。其组织示意图如下：

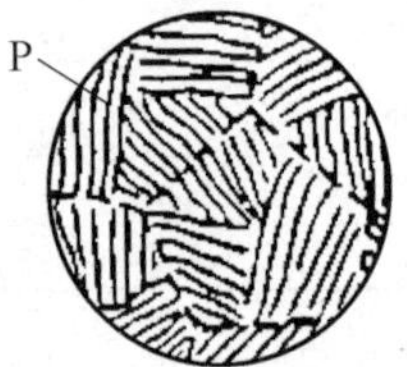

珠光体组织由铁素体(F)与渗碳体($\mathrm{Fe_3C}$)两相组成，其相的相对含量分别为：

$$w(\mathrm{F}) = \frac{6.69 - 0.77}{6.69 - 0.0218} \times 100\% = 88.8\%$$

$$w(\mathrm{Fe_3C}) = 100\% - 88.8\% = 11.2\%$$

10. 莱氏体是在1 148 ℃的恒温下，由 $w(\mathrm{C}) = 4.3\%$ 的液相转变为 $w(\mathrm{C}) = 2.11\%$ 的奥氏体和 $w(\mathrm{C}) = 6.69\%$ 的渗碳体组成的混合物。其组织示意图如下：

莱氏体组织由奥氏体(γ)与渗碳体($\mathrm{Fe_3C}$)两相组成，其相的相对含量分别为：

$$w(\gamma) = \frac{6.69 - 4.3}{6.69 - 2.11} \times 100\% = 52.2\%$$

$$w(\mathrm{Fe_3C}) = 100\% - 52.2\% = 47.8\%$$

11. (1) $w(\mathrm{C}) = 0.6\%$ 钢在室温下的相组成物为 α－铁(α－Fe)和渗碳体($\mathrm{Fe_3C}$)，相对含量分别为：

$$w(\alpha - \mathrm{Fe}) = \frac{6.69 - 0.6}{6.69 - 0.0218} \times 100\% = 91.3\%$$

$$w(\mathrm{Fe_3C}) = 100\% - 91.3\% = 8.7\%$$

(2) $w(\mathrm{C}) = 0.6\%$ 钢在室温下的组织组成物为珠光体(P)和铁素体(F)，相对含量分别为：

$$w(\mathrm{P}) = \frac{0.6 - 0.0218}{0.77 - 0.0218} \times 100\% = 77.3\%$$

$$w(F)=1-w(P)=1-77.3\%=22.7\%$$

12. (1) $w(C)=1.2\%$ 的碳钢为过共析钢，室温平衡组织应为二次渗碳体和珠光体，其相对含量为：

$$w(P)=\frac{6.69-1.2}{6.69-0.77}\times100\%=92.7\%$$

$$w(Fe_3C_{II})=1-w(P)=1-92.7\%=7.3\%$$

(2) $w(C)=3.2\%$ 白口铸铁在室温下的相组成物应为 $\alpha-$铁($\alpha-Fe$) 和渗碳体，其相对含量为：

$$w(\alpha-Fe)=\frac{6.69-3.2}{6.69-0.0218}\times100\%=52.3\%$$

$$w(Fe_3C)=1-w(\alpha-Fe)=1-52.3\%=47.7\%$$

13. (1) 钢的低温韧性剧烈地降低的现象称为冷脆。

它是在炼钢时由矿石和生铁等原料带到钢中的杂质元素磷P在固态铁中具有较大溶解度，固溶于铁中而引起严重偏析而产生的。

磷具有很强的固溶强化作用，它使钢的强度和硬度显著提高，但剧烈地降低钢的韧性。但P与铜共存时可以提高钢的抗大气腐蚀能力。

冷脆很难用热处理的方法予以消除，只能在炼钢时选择较低P的矿石和生铁等原料进行防止。

(2) 钢在热加工时发生的开裂现象称为热脆。

它是在炼钢时由矿石和燃料带到钢中的杂质元素硫(S) 在固态铁中不能溶解，以 FeS 夹杂的形式存在，形成离异共晶，从而引起严重偏析而产生的。

S 使钢在热加工时的韧性下降，易使焊缝产生气孔和缩松；但 S 可以提高切削加工性能。

防止热脆的方法是往钢中加入适量的 Mn。

14. Mn、Si 是炼钢过程中必须加入的脱氧剂，用以去除溶于钢液中的氧，还可以把钢液中的 FeO 还原成铁，并形成 MnO 和 SiO_2。Mn 除了脱氧作用外，还可以除 S；适量的 Mn 可提高钢的强度与硬度。Si 溶于铁素体中起固溶强化作用；适量的 Si 可显著提高钢的强度和硬度。

15. $w(C)=3.8\%$ 铁碳合金为亚共晶白口铁，冷却至1 148 ℃但尚未发生共晶反应时的组织组成物为初晶奥氏体和剩下的液体，其相对含量为：

初晶奥氏体的相对含量

$$w(\gamma)=\frac{4.3-3.8}{4.3-2.11}\times100\%=22.8\%$$

剩下的液体的相对含量

$$w(L)=100\%-22.8\%=77.2\%$$

因此，冷却至1 148 ℃但尚未发生共晶反应时20 kg的 $w(C)=3.8\%$ 的铁碳合金中含剩下的液体的质量为：

$$w(L)=20\times77.2\%=15.4\ \text{kg}$$

16. 由于铁碳合金平衡组织中由珠光体和二次渗碳体组成，所以判断该合金为过共析钢。

因此，过共析钢中二次渗碳体的相对含量可以表示为：

$$w(Fe_3C_{II}) = \frac{w(C) - 0.77}{6.69 - 0.77} \times 100\% = 15\%$$

故
$$w(C) = 15\%(6.69 - 0.77) + 0.77 = 1.7\%$$

17. 由于铁碳合金平衡组织中由莱氏体和一次渗碳体组成，所以判断该合金为过共晶白口铁。

过共晶白口铁中一次渗碳体的相对含量可以表示为：

$$w(Fe_3C_{I}) = \frac{w(C) - 4.3}{6.69 - 4.3} \times 100\% = 10\%$$

故
$$w(C) = 10\%(6.69 - 4.3) + 4.3 = 4.5\%$$

18. (1) 相同点：一次渗碳体、二次渗碳体和三次渗碳体的化学成分和晶体结构完全相同；都是由含碳量 6.69% 的复杂斜方晶体结构的渗碳体组成。

(2) 不同点：一次渗碳体、二次渗碳体和三次渗碳体的形成条件及组织形态上不同，所以它们对合金性能的影响也不同。具体如下：

① 一次渗碳体是在 $Fe - Fe_3C$ 相图中从液态中析出的渗碳体，记为 Fe_3C_I；组织形态为规则的长条状；长条状的一次渗碳体硬而脆，会使钢的强度和硬度增加，塑性和韧性下降。

② 二次渗碳体是当温度低于 ES 线时从奥氏体中析出的次生渗碳体，记为 Fe_3C_{II}；它以网络状分布于奥氏体晶界；脆性的二次渗碳体沿奥氏体晶界呈网状组织形态析出；二次渗碳体会使钢的脆性大大增加，而使钢的强度下降。

③ 三次渗碳体是铁碳合金 727 ℃ 冷却下来时，从铁素体中析出的渗碳体，记为 Fe_3C_{III}；三次渗碳体沿晶界呈小片状分布，量非常少，对钢的性能影响较小。

19. 在生产中，绑扎物件一般用铁丝，而起重机吊物用高碳钢丝。这是由于铁丝一般属于工业纯铁，含碳量很低，室温组织为大量的铁素体，而铁素体的塑性和韧性非常好，绑扎物件不需要很高的强度，因此生产中绑扎物件一般用铁丝；由于高碳钢钢丝的含碳量较高，室温组织为大量的珠光体组成，而珠光体具有较高的强度的同时，也具有较好的塑性和韧性；起重机吊物需要具有高的强度和好的塑性，因此生产中起重机吊物用高碳钢丝。

六、综合论述及计算题

1. (1) 在 $Fe - Fe_3C$ 相图中，从液态中析出的渗碳体，称为一次渗碳体，记为 Fe_3C_I；呈规则的长条状；长条状的一次渗碳体硬而脆，会使钢的强度和硬度增加，塑性和韧性下降。

当温度低于 ES 线时，会从奥氏体中析出次生渗碳体，称为二次渗碳体，记为 Fe_3C_{II}；它以网络状分布于奥氏体晶界；脆性的二次渗碳体沿奥氏体晶界呈网状析出，会使钢的脆性大大增加，而使钢的强度下降。

当铁素体从 727 ℃ 冷却下来时，会从铁素体中析出渗碳体，称为三次渗碳体，记为 Fe_3C_{III}；三次渗碳体沿晶界呈小片状分布，量非常小，对钢的性能影响较小。

在共晶转变时（$L_C \xrightleftharpoons{1\,148\ ℃} \gamma_E + Fe_3C$）析出的渗碳体，称为共晶渗碳体；共晶渗碳体中的渗碳体是连续分布的相。使钢的硬度较高，但塑性、韧性较差。

在共析转变时（$\gamma_s \xrightleftharpoons{727\ ℃} \alpha_p + Fe_3C$）析出的渗碳体，称为共析渗碳体；共析渗碳体与铁素体呈交替层片状，使钢的强度、硬度较高，塑性、韧性较好。

（2）在室温下，碳钢中析出三次渗碳体量最多的是 $w_C = 0.0218\%$ 的铁碳合金，其最大含量为：

$$w(Fe_3C_{Ⅲ}) = \frac{0.0218}{6.69} \times 100\% = 0.33\%$$

在过共析钢中，二次渗碳体的含量随钢中含碳量的增加而增加，析出二次渗碳体量最多的是 $w(C) = 2.11\%$ 的铁碳合金，碳钢中二次渗碳体的最大含量为：

$$w(Fe_3C_{Ⅱ}) = \frac{2.11 - 0.77}{6.69 - 0.77} \times 100\% = 22.63\%$$

2.

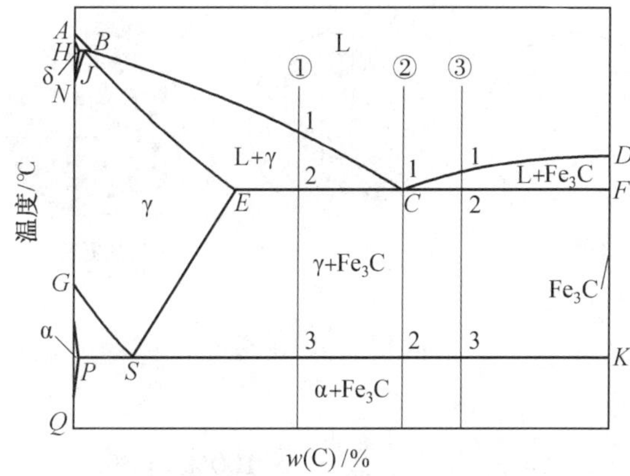

（1）$w(C) = 3.2\%$ 的铁碳合金为亚共晶白口铁，如图中①位置所示，其平衡结晶过程为：在1点以上，合金全部为液相；在结晶过程中，在1～2点之间按匀晶转变结晶出初晶奥氏体，奥氏体的成分沿 JE 线变化，而液相的成分沿 BC 线变化；当温度降至2点时，液相成分达到共晶点 C，于1 148 ℃的恒温下发生共晶转变，形成莱氏体；当温度冷却至2～3点温度区间时，从初晶奥氏体中析出二次渗碳体，奥氏体的成分沿 ES 线不断降低；当温度到达3点时，奥氏体的成分也到达了 S 点，于727 ℃的恒温下发生共析转变，所有的奥氏体都转变为珠光体。莱氏体 L_d 变为低温莱氏体 L'_d。室温下得到的组织为低温莱氏体＋珠光体＋二次渗碳体。其结晶过程示意图为：

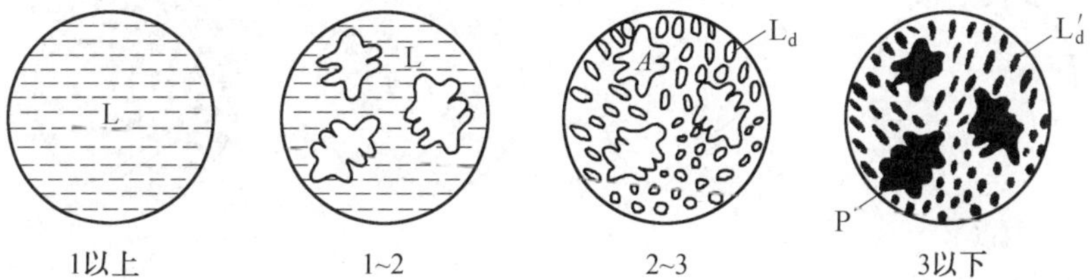

室温组织组成物相对含量为：

$$w(L'_d) = w(L_d) = \frac{3.2 - 2.11}{4.3 - 2.11} \times 100\% = 49.8\%$$

$$w(Fe_3C_{Ⅱ}) = \frac{2.11 - 0.77}{6.69 - 0.77} \times (1 - w(L_d)) \times 100\% = 11.4\%$$

$$w(P) = 100\% - w(L'_d) - w(Fe_3C_{Ⅱ}) = 38.8\%$$

室温相组成物相对含量为：

$$w(F) = \frac{6.69 - 3.2}{6.69 - 0.0218} \times 100\% = 52.2\%$$

$$w(Fe_3C) = 100\% - w(F) = 47.8\%$$

(2) $w(C) = 4.3\%$ 的铁碳合金为共晶白口铁，如图中②位置所示，其平衡结晶过程为：在1点以上，合金全部为液相；当温度降至1点时，液相成分达到共晶点 C，于1 148 ℃的恒温下发生共晶转变，形成莱氏体；当温度冷却至1 ~ 2点温度区间时，碳在奥氏体中溶解度不断下降，从共晶奥氏体中不断析出二次渗碳体，但由于它依附在共晶渗碳体上析出并长大，非常难以分辨；当温度降至2点时，共晶奥氏体的含碳量降至0.77%，于727 ℃的恒温下发生共析转变，所有的奥氏体都转变为珠光体。室温下得到的组织为珠光体分布在共晶渗碳体基体上的低温莱氏体。其结晶过程示意图为：

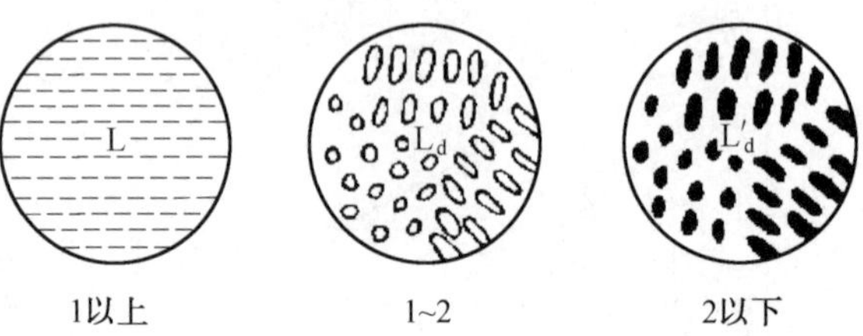

室温组织组成物相对含量为：

$$w(L'_d) = 100\%$$

室温相组成物相对含量为：

$$w(F) = \frac{6.69 - 4.3}{6.69 - 0.0218} \times 100\% = 35.8\%$$

$$w(Fe_3C) = 100\% - w(F) = 64.2\%$$

(3) $w(C) = 4.7\%$ 的铁碳合金为过共晶白口铁，如图中③位置所示，其平衡结晶过程为：在1点以上，合金全部为液相；在结晶过程中，在1 ~ 2点之间从液体中结晶出粗大的一次渗碳体，液相的成分沿 DC 线变化；当温度降至2点时，液相成分达到共晶点 C，于1 148 ℃的恒温下发生共晶转变，形成莱氏体；当温度冷却至2 ~ 3点温度区间时，共晶奥氏体先析出二次渗碳体，然后于727 ℃的恒温下发生共析转变，形成珠光体。莱氏体变为低温莱氏体 L'_d。室温下得到的组织为低温莱氏体 + 一次渗碳体。其结晶过程示意图为：

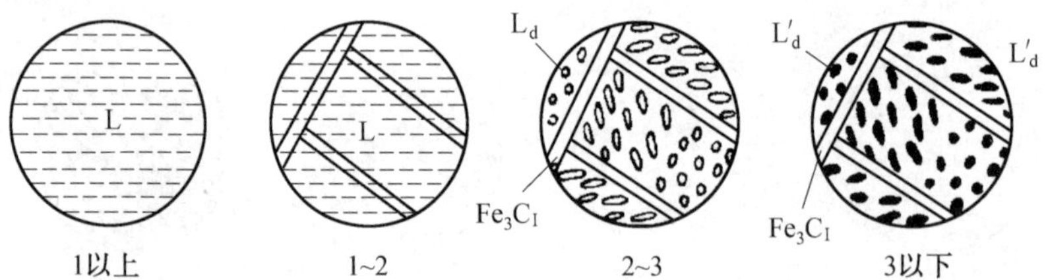

室温组织组成物相对含量为：

$$w(L'_d) = w(L_d) = \frac{6.69 - 4.7}{6.69 - 4.3} \times 100\% = 83.3\%$$

$$w(Fe_3C_I) = 100\% - w(L_d) = 16.7\%$$

室温相组成物相对含量为：

$$w(F) = \frac{6.69 - 4.7}{6.69 - 0.0218} \times 100\% = 29.8\%$$

$$w(Fe_3C) = 100\% - w(F) = 70.2\%$$

3.(1)Fe－Fe_3C 相图如下：

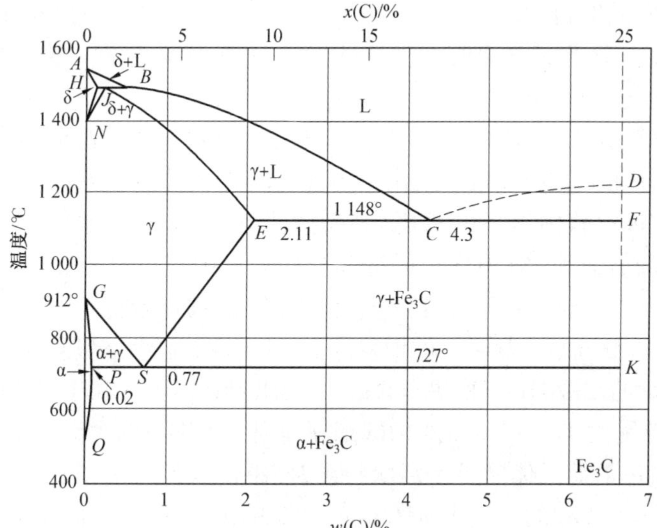

(2)在1 495 ℃的恒温下的 *HJB* 水平线上由 $w(C)=0.53\%$ 的液相与 $w(C)=0.09\%$ 的 δ－铁素体发生包晶反应，形成 $w(C)=0.17\%$ 的奥氏体，其反应式为：$L_B+\delta_H \xrightleftharpoons{1\,495\ ℃} \gamma_J$。

在1 148 ℃的恒温下的 *ECF* 水平线上发生共晶转变，由 $w(C)=4.3\%$ 的液相转变为 $w(C)=2.11\%$ 的奥氏体和 $w(C)=6.69\%$ 的渗碳体的机械混合物，称为莱氏体。其反应式为：$L_C \xrightleftharpoons{1\,148\ ℃} \gamma_E+Fe_3C$。

在727 ℃的恒温下的 *PSK* 水平线发生共析转变，由 $w(C)=0.77\%$ 的奥氏体转变为 $w(C)=0.021\,8\%$ 的铁素体和 $w(C)=6.69\%$ 的渗碳体的机械混合物，称为珠光体。其反应式为：$\gamma_S \xrightleftharpoons{727\ ℃} \alpha_P+Fe_3C$。

(3)$w(C)=0.45\%$ 的碳钢平衡组织为先共析铁素体和珠光体，其相对含量为：

$$w(P)=\frac{0.45-0.021\,8}{0.77-0.021\,8}\times 100\%=57.2\%$$

$$w(F)=100\%-57.2\%=42.8\%$$

$w(C)=1.2\%$ 的碳钢平衡组织为二次渗碳体和珠光体，其相对含量为：

$$w(P)=\frac{6.69-1.2}{6.69-0.77}\times 100\%=92.7\%$$

$$w(Fe_3C_{\mathrm{II}})=100\%-92.7\%=7.3\%$$

4. 强度(σ_S)、硬度(HB)、塑性(δ、ψ)和韧性(a_k)与钢中含碳量的变化关系曲线如下：

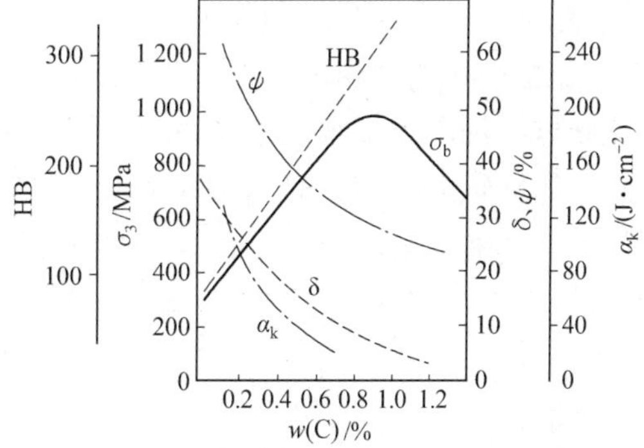

这是因为：在钢中，钢的硬度 HB 只取决于含碳量。钢的硬度随着含碳量的增加而升高。钢的强度 σ_b 开始时也随着含碳量的增加而升高；当含碳量接近 1% 时，其强度达到最大值；当含碳量超过 1% 继续增多时，出现网状的二次渗碳体，使钢的塑性 δ、ψ 和韧性 a_K 急剧下降，使钢的强度也开始降低。

5. (1) 亚共析钢由珠光体和铁素体组成。珠光体由铁素体和渗碳体所组成，渗碳体以细片状分布在铁素体的基体上，起了强化作用，因此，珠光体有较好的强度和硬度，较好的塑性和韧性。铁素体是软韧相，强度较低。碳的质量分数为 0.4% 的钢，室温平衡组织为铁素体和珠光体；碳的质量分数为 0.8% 的钢室温组织为 100% 的珠光体。含碳越高，珠光体量越多，强度硬度越高，含碳越高，铁素体量越少，塑性、韧性越低。所以，碳的质量分数为 0.8% 的钢比碳的质量分数为 0.4% 的钢强度高、硬度高，而塑性、韧性差。

(2) 在钢中，钢的硬度 HB 只取决于含碳量。钢的硬度随着 $w(C)$ 的增加而升高。因此 $w(C)=1.2\%$ 的碳钢比 $w(C)=0.8\%$ 的碳钢硬度高。当钢中的含碳量超过 1.0% 以后，由于脆性的二次渗碳体沿奥氏体晶界呈网状析出，使钢的脆性大大增加，而使钢的强度开始下降。因此 $w(C)=1.2\%$ 的碳钢比 $w(C)=0.8\%$ 的碳钢硬度高，但强度低。

(3) 金属的可锻性是指金属在压力加工时能改变形状而不产生裂纹的性能。由于钢的可锻性与含碳量有关，低碳钢的可锻性较好，随着含碳量增加，可锻性逐渐变差。因此，$w(C)=0.4\%$ 的低中碳钢被加热到 1 100 ℃ 高温会获得具有良好塑性、易于变形的单相的奥氏体组织，具有良好的可锻性，能进行锻造。

白口铸铁无论在低温或高温的组织都是以硬而脆的渗碳体为基体，渗碳体可锻性能很差。因此，$w(C)=4.0\%$ 的生铁即使在 1 100 ℃ 也不能锻造。

6.

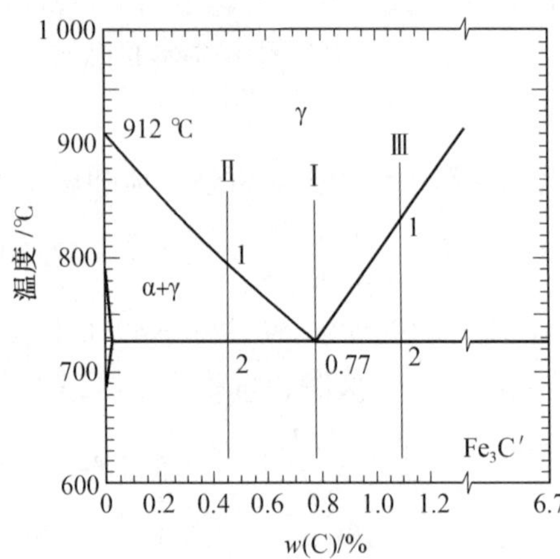

(1) 碳的质量分数为 0.77% 的共析钢在图中合金 I 的位置，在平衡条件下的固态相变及组织变化过程为：

共析钢在 S 点温度以上，钢的组织为单相奥氏体。当冷却到 S 点温度时，奥氏体将发生共析反应，生成片层状的珠光体。随着温度继续下降，将从铁素体中析出三次渗碳体。由于三次渗碳体数量少，通常可忽略不计。因此，共析钢在室温下的平衡组织为 100% 的珠光体。其结晶过程示意图为：

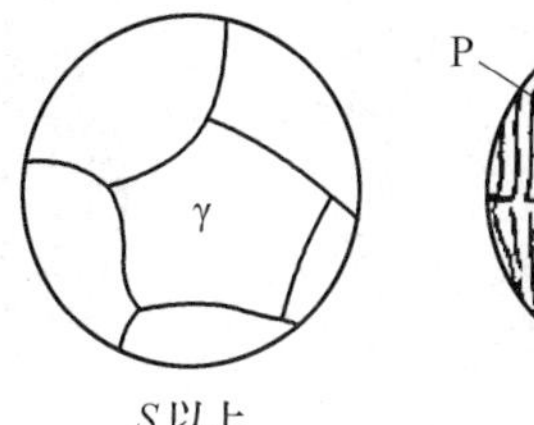

S以上　　S点

室温组织组成物相对含量为：

$$w(\mathrm{P}) = 100\%$$

室温相组成物相对含量为：

$$w(\mathrm{F}) = \frac{6.69 - 0.77}{6.69 - 0.0218} \times 100\% = 88.8\%$$

$$w(\mathrm{Fe_3C}) = 100\% - w(\mathrm{F}) = 11.2\%$$

（2）碳的质量分数为0.45%的亚共析钢合金在图中II位置所示，在平衡条件下的固态相变及组织变化过程为：

当奥氏体冷到1点温度时，开始析出铁素体。由于析出了含碳量极低的铁素体，使未转变的奥氏体含碳量增加。随着温度的下降，奥氏体的含碳量沿*GS*线变化，铁素体的含碳量沿*GP*线变化。当合金冷却到2点时，剩余奥氏体的含碳量达到共析浓度，在恒温下发生共析转变，生成珠光体。温度继续降低，则不再发生组织变化。因此，亚共析钢室温下平衡组织由铁素体和珠光体构成。其结晶过程示意图为：

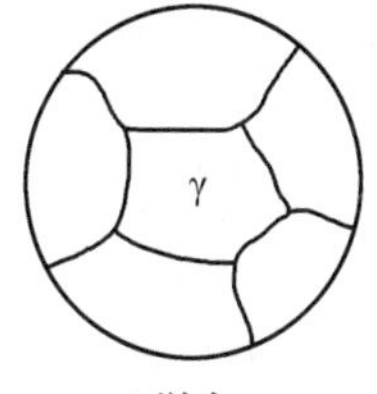

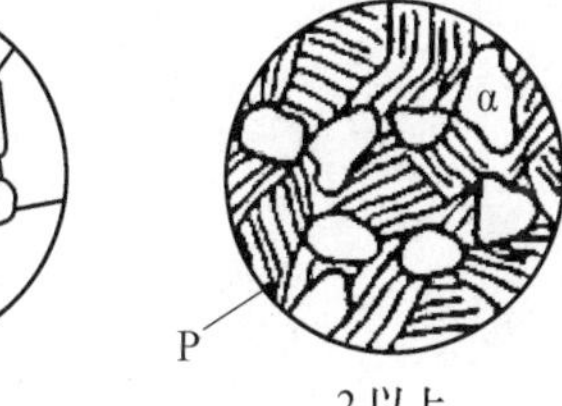

1以上　　1~2　　2以上

室温组织组成物相对含量为：

$$w(\mathrm{F}) = \frac{0.77 - 0.45}{0.77 - 0.0218} \times 100\% = 42.8\%$$

$$w(\mathrm{p}) = 100\% - w(\mathrm{F}) = 57.2\%$$

室温相组成物相对含量为：

$$w(\mathrm{F}) = \frac{6.69 - 0.45}{6.69 - 0.0218} \times 100\% = 93.6\%$$

$$w(\mathrm{Fe_3C}) = 100\% - w(\mathrm{F}) = 6.4\%$$

（3）碳的质量分数为1.1%的过共析钢在图中III位置所示，在平衡条件下的固态相变及组织变化过程如下：

当奥氏体冷到1点温度时，开始沿着晶界析出二次渗碳体。由于析出了含碳量极高的二次渗碳体，使未转变的奥氏体含碳量减少。随着温度的下降，奥氏体的含碳量沿*ES*线变化。当合金冷却到2点时，剩余奥氏体的含碳量达到共析浓度，在恒温下发生共析转变，生成珠光体。温度继续降低，则不再发生组织变化。因此，过共析钢室温下平衡组织由珠光体和沿晶界析出的网状二次渗碳体构成。其结晶过程示意图为：

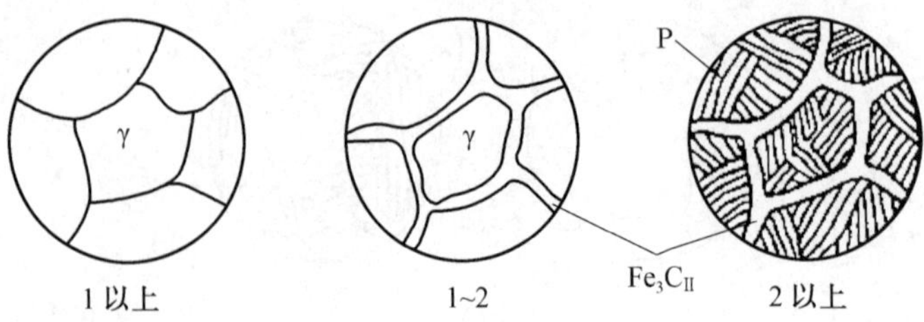

室温组织组成物相对含量为：

$$w(P)=\frac{6.69-1.1}{6.69-0.77}\times 100\%=94.4\%$$

$$w(Fe_3C_{II})=100\%-w(F)=5.6\%$$

室温相组成物相对含量为：

$$w(F)=\frac{6.69-1.1}{6.69-0.0218}\times 100\%=83.8\%$$

$$w(Fe_3C)=100\%-w(F)=16.2\%$$

第5章　三元合金相图

一、名词解释

成分三角形:三个顶点分别代表三个组元,三条边分别代表三个二元系合金的成分,内部任意一点代表一定成分的三元合金的等边三角形。

直线法则:是指在一确定温度下,当某三元系合金处于两相平衡时,合金的成分点必定在同一直线上,且合金的成分点位于两平衡相的成分点之间的规律。

重心法则:成分三角形中任意一点的合金在某一温度下处于三相平衡时,合金的成分点必定位于三相成分所构成的三角形的质量重心位置。

等温截面:通过某一恒定温度所作的水平面与三元相图空间模型相交截的图形在成分三角形上的投影,又称水平截面。

变温截面:由垂直于成分三角形的平面与三元相图空间模型相交截而得到的图形,又称垂直截面。

投影图:是指将各温度等温截面图中一系列液相面和固相面的等温线投影到成分三角形上,并标出相应的温度而得到的液相等温线和固相等温线的图形。

二、填空题

1. 直线法则;杠杆定律;重心法则
2. 连线、杠杆定律
3. 延长线、杠杆定律
4. 等温截面/水平截面;变温截面/垂直截面;投影图
5. 2;1;0

三、选择题

1. C　2. C　3. B　4. A、C、D　5. C

四、判断题

1. ×　2. ×　3. ×　4. √　5. √　6. ×　7. ×　8. ×　9. √　10. √

五、简答题

1. 在三元相图中,通常用等边三角形表示合金的成分。成分三角形的三个顶点分别代表三个组元,三角形的三条边分别代表三个二元系的合金成分,一般按顺时针方向标注组元的含量,三角形内任一点则代表一定成分的三元合金。

2. (1) 直线法则和杠杆定律:三元合金在一确定温度处于两相平衡时,合金的成分点与两平衡相的成分点必定在同一直线上,且合金的成分点位于两平衡相的成分点之间,且相对含量呈杠杆比列关系。

直线法则和杠杆定律的应用主要如下：

① 当给定合金在一定温度下处于两相平衡状态时，若其中一相的成分给定，则根据直线法则，另一相的成分点必位于两已知成分点连线的延长线上。

② 如果两个平衡相的成分点已知，则合金的成分点必然位于两平衡相成分点的连线上，根据两平衡相的成分，可用杠杆定律求出合金的成分。

(2) 重心法则：三元合金在某一温度处于三相平衡时，合金的成分点必定位于三个平衡相的成分所构成的三角形质量重心。

重心法则的应用主要如下：

① 当三个已知成分的合金熔配在一起时，计算出所得到的新的合金成分。

② 如果从一个相中析出两个新相，则可了解这些相的成分和它们的相对含量关系。

3. (1) 成分三角形：三个顶点分别代表三个组元，三条边分别代表三个二元系合金的成分，内部任意一点代表一定成分的三元合金的三角形。

(2) 通过三角形顶点的直线：凡成分位于通过成分三角形某一顶点的直线上的三元合金，它们所含的由另外两个顶点所代表的两组元的含量之比为一定值。

(3) 平行于三角形某一条边的直线：凡成分位于成分三角形某一边平行线上的合金，它们所含的与该线对应顶点所代表的组元的含量为一定值。

4. 具有三元匀晶相图固溶体合金结晶过程中，固、液两相成分变化线在成分三角形上的投影图不能应用杠杆定律。

因为具有三元匀晶相图固溶体合金结晶过程中，固、液两相成分变化线既不都处于同一垂直平面上，也不都处于同一水平平面上，它们在成分三角形上的投影图呈蝴蝶形，因此不能应用杠杆定律。

5. 三元合金相图的变温截面与二元合金相图的变温截面形状很相似，在分析合金的结晶过程时也大致相同，但是它们两者之间有本质上的差别。根据三元合金结晶时的蝴蝶形规律，在两相平衡时，平衡相的成分点不是都落在同一垂直平面上。由此可知，变温截面的液相线和固相线不能表示平衡相的成分，不能根据这些线应用直线法则和杠杆定律计算相的相对含量。而二元合金相图的变温截面中，在两相平衡时，可以应用直线法则和杠杆定律计算两相的相对含量。

6. (1) 匀晶转变：合金结晶时由液相结晶出单相的固溶体的结晶过程。

相同点：三元系和二元系的合金结晶时都是由液相结晶出单相的固溶体的结晶过程。

不同点：① 三元系边界为一对共轭曲面；而二元系边界则为一对共轭曲线。

② 三元系的变温截面两相区内不能应用杠杆定律；而二元系的变温截面两相区内则可以应用杠杆定律计算两相的相对含量。

(2) 共晶转变：由液相同时结晶出两个固相的结晶过程。

相同点：三元系和二元系的共晶转变都是由液相同时结晶出两个固相的结晶过程。

不同点：① 三元系的模型为三棱柱体，转变温度不恒定；而二元系的共晶转变则为水平线，温度一定。

② 三元系的三相区自由度$f=c-p+1=3-3+1=1$；而二元系三相区自由度$f=c-p+1=2-3+1=0$。

③ 三元系的等温截面三相区可以应用重心法则计算相对含量；而二元系的等温截面三相区内的三相则均为固定值。

④ 三元系的变温截面两相区不可以应用杠杆定律;而二元系的变温截面两相区则可以应用杠杆定律来计算两相的相对含量。

7. 变温截面又称垂直截面,它可以表示三元系中在此截面上的一系列合金在不同温度下的状态。利用变温截面图可以确切地了解合金的相变温度,以作为制定热加工工艺的依据。

等温截面又称水平截面,它表示三元系合金在某一温度下的状态。利用等温截面图可以了解合金在该温度下的相组成,并可运用杠杆定律和重心法则对合金的相组成进行定量计算;通过分析不同温度的等温截面,还可以了解各种成分的合金平衡冷却时的状态。

8.

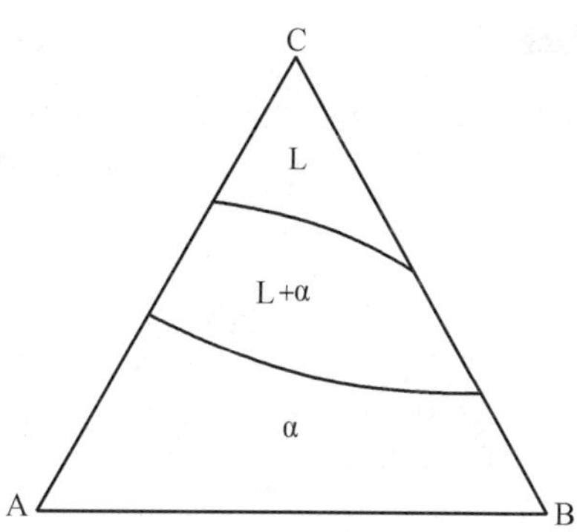

9.

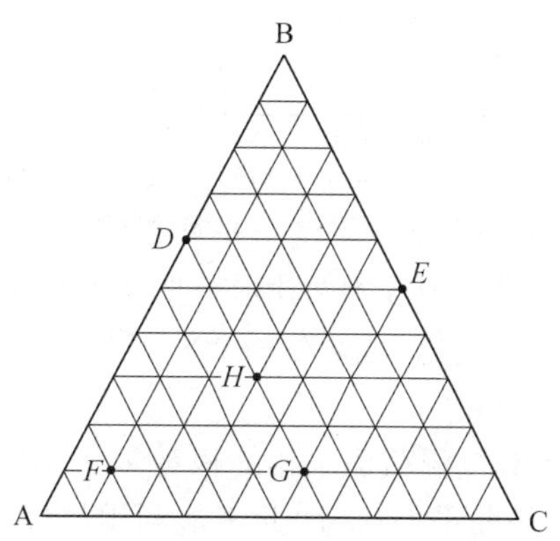

三元合金成分三角形

D 点的合金成分为:$w(A)=40\%$, $w(B)=60\%$, $w(C)=0\%$;

E 点的合金成分为:$w(A)=0\%$, $w(B)=50\%$, $w(C)=50\%$;

F 点的合金成分为:$w(A)=80\%$, $w(B)=10\%$, $w(C)=10\%$;

G 点的合金成分为:$w(A)=40\%$, $w(B)=10\%$, $w(C)=50\%$;

H 点的合金成分为:$w(A)=40\%$, $w(B)=30\%$, $w(C)=30\%$。

10. 成分点为 O 的合金在高于 t_4、低于 t_3 的温度开始结晶,在高于 t_6、低于 t_5 的温度结晶终了。

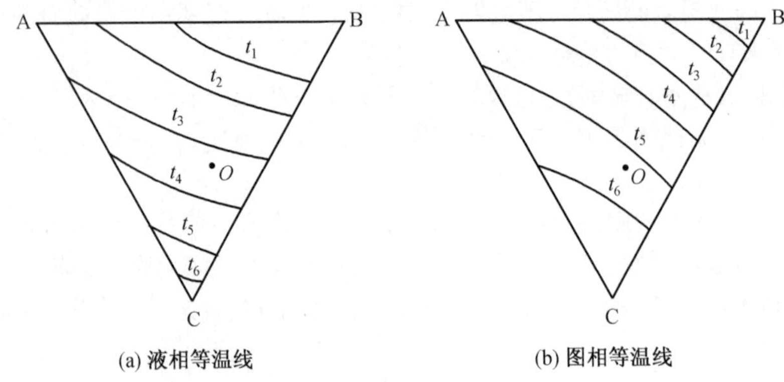

(a) 液相等温线　　(b) 图相等温线

三元合金匀晶相图液相等温线与固相等温线投影图

11.

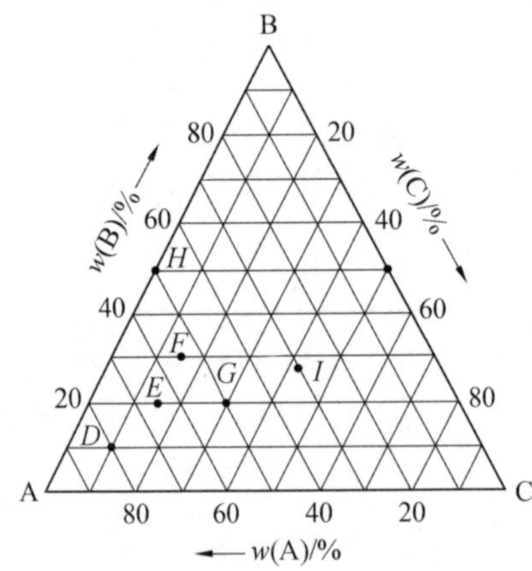

12. (1) 不能在变温截面中确定某一温度下平衡相的成分。因为在变温截面中的液相线和固相线并不表示合金结晶过程中液固两相成分变化的轨迹,其轨迹是分别沿着液相曲面和固相曲面上的两条空间曲线变化,是不在一个平面内的。因此不能在变温截面中确定某一温度下平衡相的成分。

(2) 不能利用杠杆定律计算变温截面中相的相对含量。因为杠杆定律只能用于两相平衡区,而变温截面中的两相区是非平衡区,因此不能利用杠杆定律计算变温截面中相的相对含量。

六、综合论述及计算题

1. (1) 组元在液态下无限互溶、固态下完全不溶的三元共晶合金相图的投影图中点、线、面的金属学意义如下:

点:E_1、E_2、E_3 分别表示 A - B、B - C 和 C - A 的二元共晶点;E 表示三元共晶点。

线:E_1E、E_2E 和 E_3E 表示二元共晶线。

面:$A\ E_1E\ E_3$、$B\ E_1E\ E_2$、$C\ E_2E\ E_3$ 表示液相面;ABE、BEC、AEC 表示二元共晶区;ABC 表示固相面。

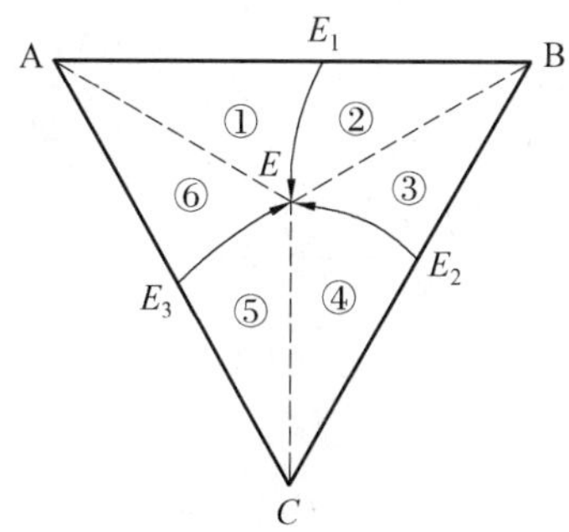

三元共晶合金相图投影图

(2)①、②、③、④、⑤、⑥ 各区;AE、BE、CE、E_1E、E_2E、E_3E 各线及 E 点合金在室温下组织的组成如下:

① 相区的合金在室温下组织组成为 A + (A + B) + (A + B + C);

② 相区的合金在室温下组织组成为 B + (A + B) + (A + B + C);

③ 相区的合金在室温下组织组成为 B + (B + C) + (A + B + C);

④ 相区的合金在室温下组织组成为 C + (B + C) + (A + B + C);

⑤ 相区的合金在室温下组织组成为 C + (C + A) + (A + B + C);

⑥ 相区的合金在室温下组织组成为 A + (C + A) + (A + B + C)。

AE 线合金在室温下组织的组成为 A + (A + B + C);

BE 线合金在室温下组织的组成为 B + (A + B + C);

CE 线合金在室温下组织的组成为 C + (A + B + C);

E_1E 线合金在室温下组织的组成为(A + B) + (A + B + C);

E_2E 线合金在室温下组织的组成为(B + C) + (A + B + C);

E_3E 线合金在室温下组织的组成为(C + A) + (A + B + C)。

E 点合金在室温下组织的组成为(A + B + C)。

2. P 的成分为:$w(\mathrm{A}) = 60\%$,$w(\mathrm{B}) = 20\%$,$w(\mathrm{C}) = 20\%$;Q 的成分为:$w(\mathrm{A}) = 20\%$,$w(\mathrm{B}) = 40\%$,$w(\mathrm{C}) = 40\%$,在成分三角形中的成分点如图所示。

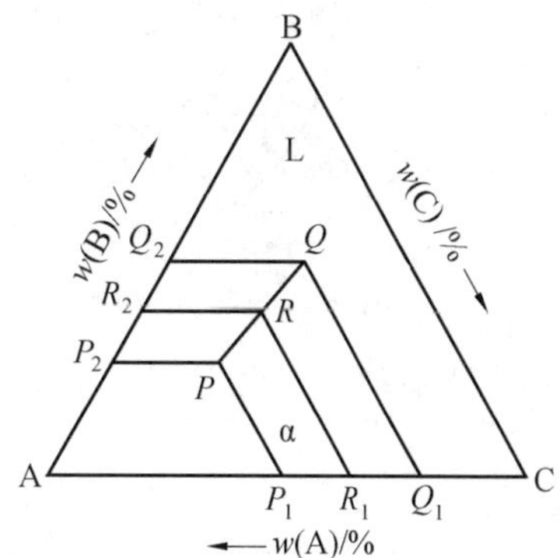

根据直线法则,新合金 R 的成分点必然位于 PQ 连线上。

自 P、R、Q 点分别引平行于三角形 AC、BC 边的线段,交 AC 边为 P_1、R_1、Q_1,交 AB 边为 P_2、R_2、Q_2。

由于

$$\frac{RQ}{PQ} = 75\%$$

并且

$$\frac{RQ}{PQ} = \frac{R_1Q_1}{P_1Q_1}$$

则

$$\frac{R_1Q_1}{P_1Q_1}=\frac{R_1C-Q_1C}{P_1C-QC}=0.75$$

即

$$\frac{R_1C-20}{60-20}=0.75$$

所以　　$R_1C=50\%$

同理

$$\frac{RQ}{PQ}=\frac{R_2Q_2}{P_2Q_2}=\frac{Q_2A-R_2A}{Q_2A-P_2A}=\frac{40-R_2A}{40-20}=0.75$$

可求出　　$R_2A=25\%$

故新合金 R 的成分为：$w(\mathrm{A})=50\%$，$w(\mathrm{B})=25\%$，$w(\mathrm{C})=25\%$。

3.（1）合金O在t_{A}温度以上为液态L；冷却到液相面时开始结晶，析出初晶A；随着温度的不断降低，A晶体的数量不断增加，液相的数量不断减少；由于A晶体的成分固定不变，根据直线法则，液相的成分由O点沿AO的延长线不断变化，当液相的成分变化到与E_1E线相交的点m时，开始发生二元共晶转变：L⇌A＋B；随着温度的继续降低，二元共晶体（A＋B）逐渐增多，同时液相的成分沿E_1E二元共晶线变化；当液相的成分变化到E点时，而温度冷却到三元共晶温度时，发生三元共晶转变：L⇌A＋B＋C，直到液相全部消失为止；之后温度继续降低，组织不再发生变化。故合金O在室温下的平衡组织是：初晶A＋二元共晶体（A＋B）＋三元共晶体（A＋B＋C）。

（2）该合金在室温下的组织示意图如下

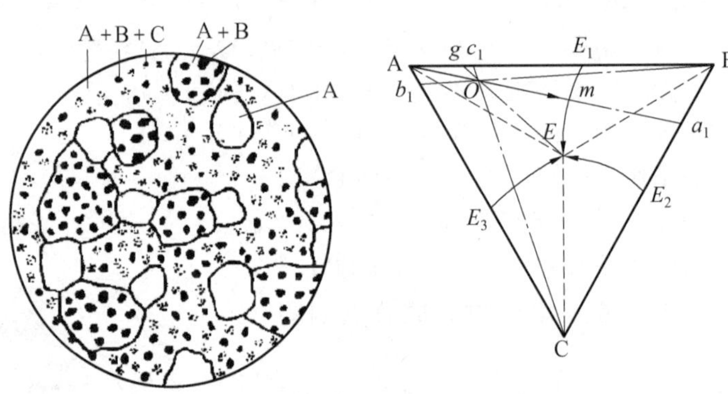

（3）O点成分合金冷却至室温时的组织组成物相对含量如下

$$w(\mathrm{A})=\frac{Om}{Am}\times100\%$$

$$w(\mathrm{A+B+C})=\frac{Og}{Eg}\times100\%$$

$$w(\mathrm{A+B})=\left(1-\frac{Om}{Am}-\frac{Og}{Eg}\right)\times100\%$$

（4）O点成分合金冷却至室温时的相组成物相对含量如下

$$w(\mathrm{A})=\frac{Oa_1}{Aa_1}\times100\%$$

$$w(\mathrm{B}) = \frac{Ob_1}{Bb_1} \times 100\%$$

$$w(\mathrm{C}) = \frac{Oc_1}{Cc_1} \times 100\%$$

4. (1) 平行 AB 边的 hj 变温截面为

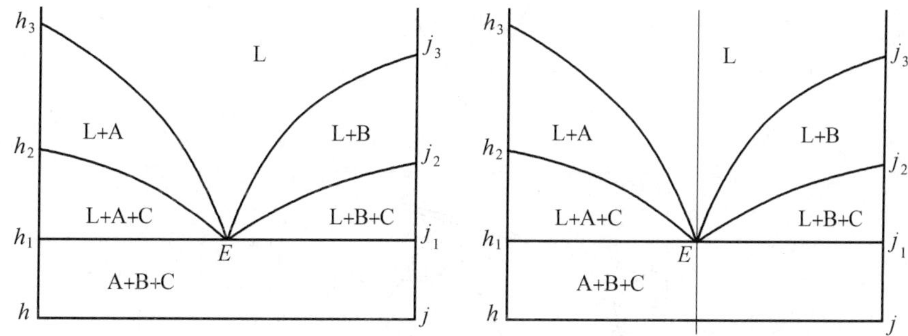

合金 E 在三元共晶温度以上为液相 L;当冷却到三元共晶温度时,发生三元共晶转变:L⇌A + B + C,得到三元共晶组织(A + B + C),直到液相完全消失为止;之后温度继续下降,组织不再发生变化。故合金 E 在室温下的平衡组织是三元共晶体(A + B + C)。

(2) $t = t_{\mathrm{E1}}$ 的等温截面为:

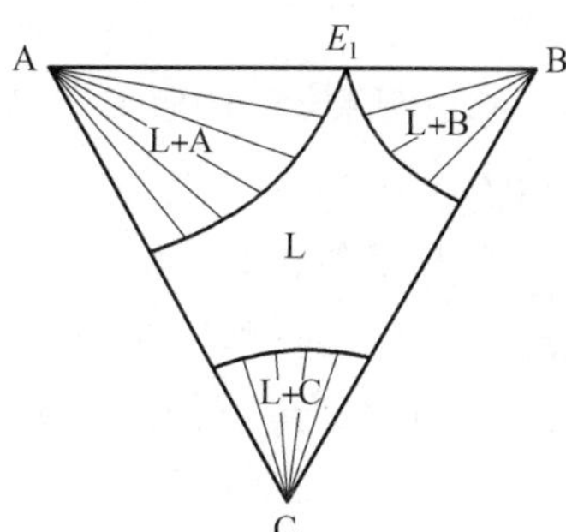

$t = t_{\mathrm{E2}}$ 的等温截面为:

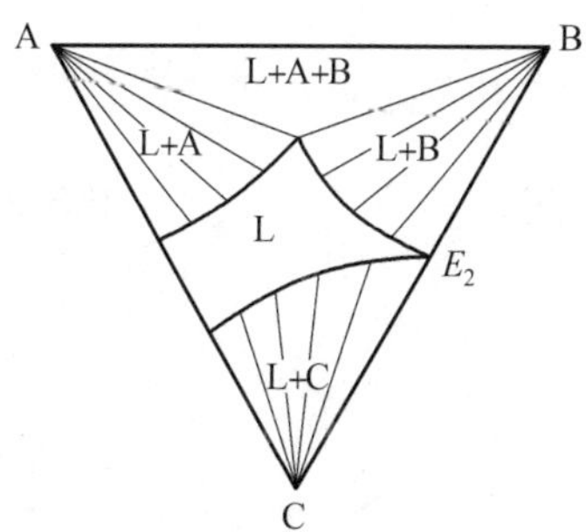

$t = t_{E3}$ 的等温截面为：

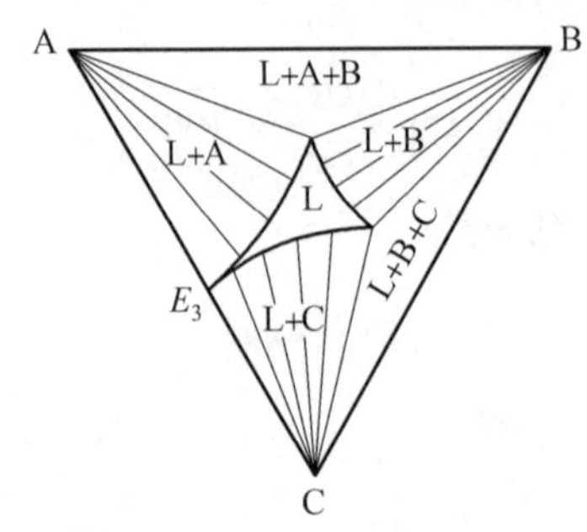

5.

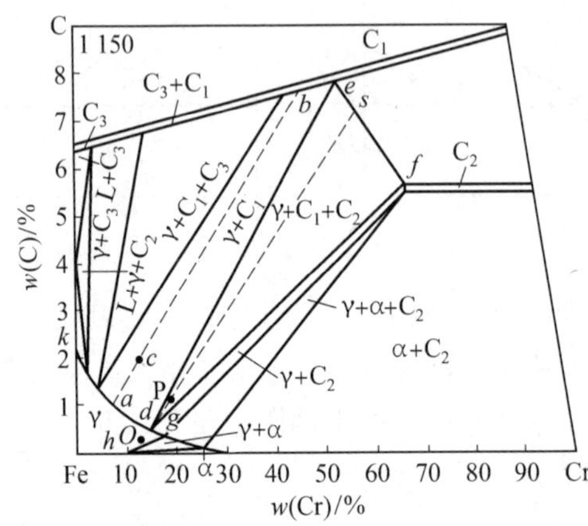

Fe－C－Cr 三元系合金 1 150 ℃ 等温截面

合金的成分点 P(w(Cr) = 18%，w(C) = 1%) 位于 $\gamma + C_1 + C_2$ 三相区内，表明在 1 150 ℃ 时该合金处于 γ 与 C_1、C_2 三相平衡状态。

由于在水平截面上，三元合金三相平衡时可以应用重心法则。连接三角形的三个顶点 d、e、f 分别代表三个平衡相 γ、C_1 和 C_2 的成分。再连接 dp 交 ef 于 s 点，则三个相的相对含量为：

$$w(\gamma) = \frac{ps}{ds} \times 100\%$$

$$w(C_1) = \frac{sf}{ef}(1 - \omega_\gamma) \times 100\%$$

$$w(C_2) = \frac{es}{ef}(1 - \omega_\gamma) \times 100\%$$

6. (1) Ab 变温截面图为：

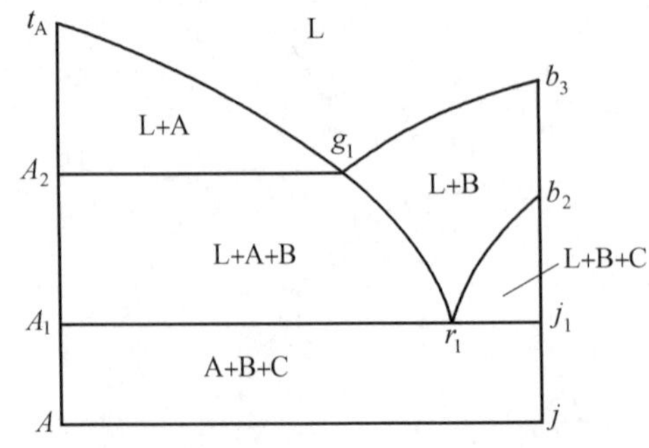

(2)Ah 变温截面图为:

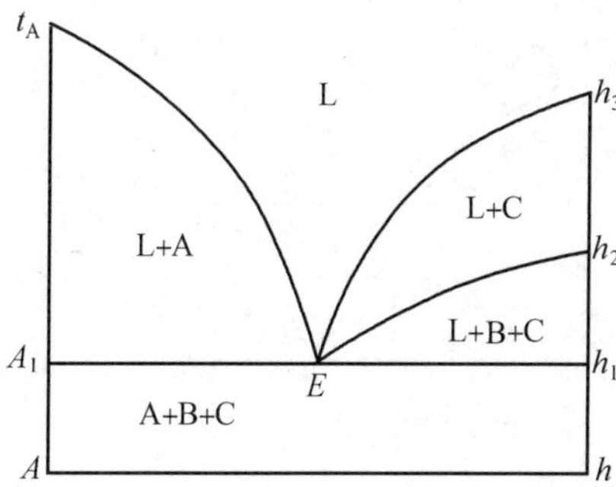

(3)Bs 变温截面图为:

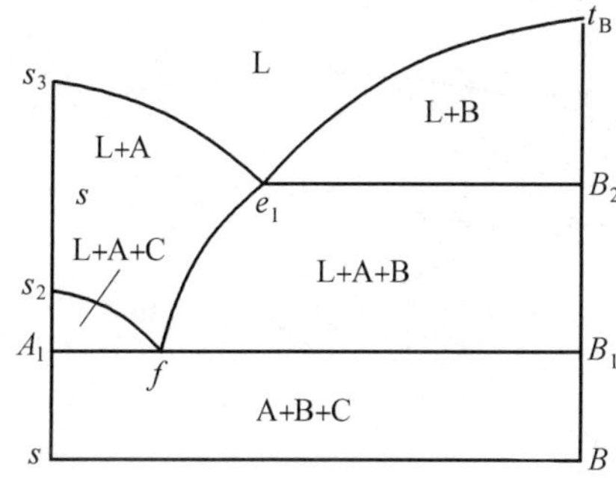

7. (1)cd 变温截面图为:

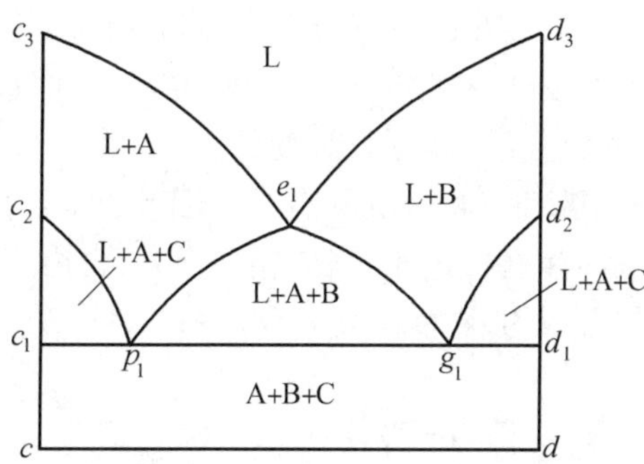

(2)hj 变温截面图为:

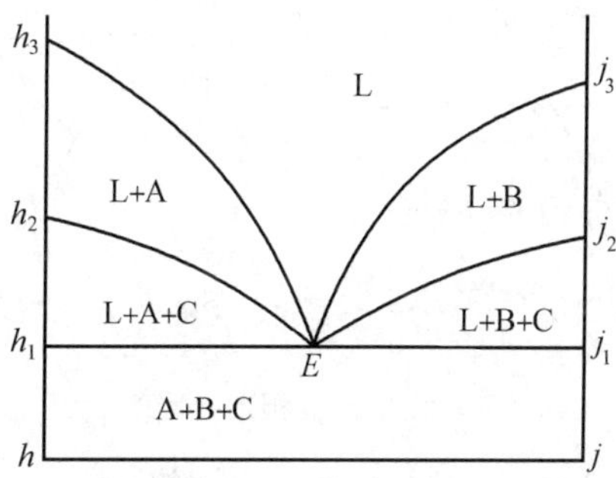

(3) mn 变温截面图为：

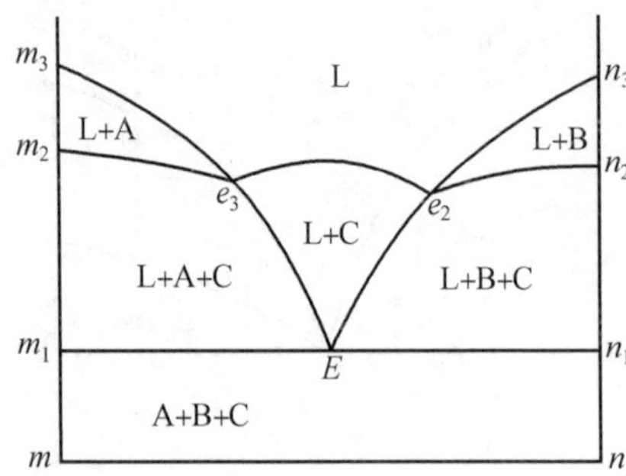

(4) st 变温截面图为：

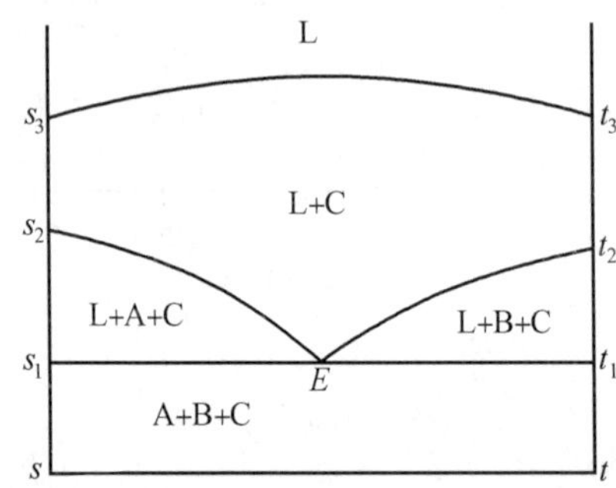

8. (1) n 成分的合金处于液相和固溶体两相平衡区。三元系合金处于两相平衡区时，合金的成分点与两相的成分点必定在同一直线上，则当 n 成分的合金在结晶过程中，液相的成分点 E 与固溶体的成分点 A 必然在 A、n、E 三点的连线上；并且液相与固溶体的相对含量要满足杠杆定律，因此液相的成分沿 An 延长线变化。

(2) AE、BE、CE 是两相区和三相区的共有线。因此，两相平衡时，AE、BE、CE 线上的合金相对含量要满足直线法则和杠杆定律；当三相平衡时，自由度 $f = c - p + 1 = 3 - 3 + 1 = 1$，则要求线上的成分变化相互制约，不能随意变化。所以 AE、BE、CE 呈直线。

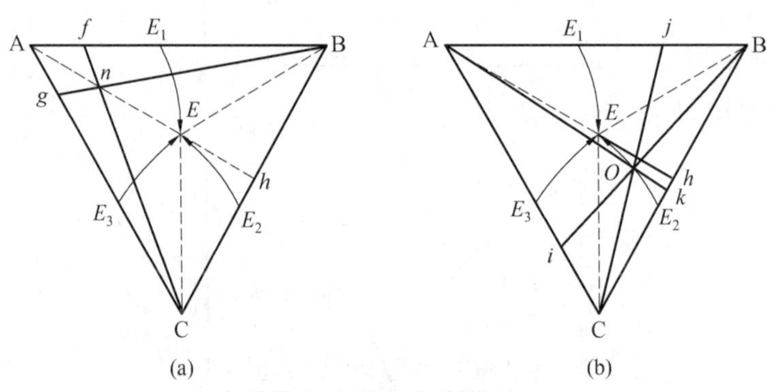

三元共晶合金相图投影图

(3) 合金 n 结晶过程为：合金 n 在 t_A 温度以上为液态 L；冷却到液相面时开始结晶，析出初晶 A；随着温度的不断降低，A 晶体的数量不断增加，液相的数量不断减少；当温度降至三元共晶温度 t_E 时，A 晶体的成分固定不变，剩余的液相发生三元共晶转变：L⇌A + B + C，直到液相全部消失为止；之后温度继续降低，组织不再发生变化。故合金 n 在室温下的平衡组织是:初晶 A + 三元共晶体(A + B + C)。

合金 n 的室温组织组成物和相组成物的相对含量为:

$$w(\mathrm{A}) = \frac{nE}{AE} \times 100\%$$

$$w(\mathrm{A}+\mathrm{B}+\mathrm{C}) = \frac{An}{AE} \times 100\%$$

合金 n 的相组成物的相对含量为:

$$w(\mathrm{A}) = \frac{nh}{Ah} \times 100\%$$

$$w(\mathrm{B}) = \frac{ng}{Bg} \times 100\%$$

$$w(\mathrm{C}) = \frac{nf}{Cf} \times 100\%$$

分析合金 O 结晶过程为:合金 O 在 t_{E2} 温度以上为液态 L;当冷却到 t_{E2} 温度时,开始发生二元共晶转变:L⇌B + C;随着温度的继续降低,二元共晶体(B + C) 逐渐增多,同时液相的成分沿 E_2E 二元共晶线变化;而温度冷却到三元共晶温度 t_{E} 时,发生三元共晶转变:L⇌A + B + C,直到液相全部消失为止;之后温度继续降低,组织不再发生变化。故合金 O 在室温下的平衡组织是:二元共晶体(B + C) + 三元共晶体(A + B + C)。

合金 O 的室温组织组成物和相组成物的相对含量为:

$$w(\mathrm{A}+\mathrm{B}+\mathrm{C}) = \frac{E_2O}{EE_2} \times 100\%$$

$$w(\mathrm{B}+\mathrm{C}) = (1 - w(\mathrm{A}+\mathrm{B}+\mathrm{C})) \times 100\%$$

合金 O 的相组成物的相对含量为:

$$w(\mathrm{A}) = \frac{Ok}{Ak} \times 100\%$$

$$w(\mathrm{B}) = \frac{Oi}{Bi} \times 100\%$$

$$w(\mathrm{C}) = \frac{Oj}{Cj} \times 100\%$$

第6章　金属的塑性变形和再结晶

一、名词解释

弹性变形:是指外加应力小于弹性极限产生的变形。

塑性变形:是指外加应力大于弹性极限而小于抗拉强度产生的变形。

滑移:是指晶体的一部分相对于另一部分沿着某些晶面和晶向发生相对滑动的结果。

滑移线:是指滑移中出现的线条。

滑移带:是指在抛光的表面上出现的相互平行的线条。

滑移方向:是指金属滑移时沿着的一定的晶向。

滑移面:是指金属滑移时沿着的一定的晶面。

滑移系:是指一个滑移面和此面上的一个滑移方向组成一个滑移系。

多系滑移:是指滑移过程在两个或多个滑移系中同时进行或交替地进行。

滑移临界分切应力:是指滑移系开动时所需达到的分切应力。

位错塞积:是指大量位错沿滑移面运动过程中遇到障碍物时,形成位错的平面塞积群。

位错增殖:是指位错密度在塑性变形过程中,在低应力作用下源源不断产生增加的现象。

孪生:是指在切应力作用下晶体的一部分相对于另一部分沿一定的晶面与晶向产生一定角度的均匀切变过程。

孪晶:是指发生孪生切变的区域。

形变亚晶:是指由许多小的胞块组成的变形亚晶粒。

形变织构:是指具有择优取向的、晶粒取向大致趋于一致的变形金属中的组织。

残余应力:是指金属内部由于变形不均匀而产生的内应力。

加工硬化:是指随着变形程度的增加,金属的强度、硬度显著增加,塑性、韧性显著下降的的现象。

回复:是指冷塑性变形的金属在加热时,在光学组织发生改变前所产生的某些亚结构和性能的变化过程。

回复亚晶:是指冷塑性变形的金属在回复时变形晶粒中形成的较完整的小晶块。

多边形化:是指形成回复亚晶的过程。

再结晶:是指冷塑性变形的金属在加热时,变形组织从形核到形成等轴晶粒的过程。

晶粒长大:是指再结晶形成的等轴晶粒在继续提高加热温度或延长保温时间时发生的进一步长大现象。

异常晶粒长大:是指少数再结晶形成的等轴晶粒在加热温度过高或保温时间过长时发生的急剧长大现象。

二次再结晶:是指少数再结晶形成的等轴晶粒在加热温度过高或保温时间过长时发生的急剧长大现象。

静态回复:是指变形中断或终止后的保温过程中,或者在随后的冷却过程中所发生的回复。

动态回复:是指在热加工过程中发生的边加工边回复的过程。

静态再结晶:是指变形中断或终止后的保温过程中,或者在随后的冷却过程中所发生的再结晶。

动态再结晶:是指在热加工过程中发生的边加工边再结晶的过程。

冷加工:是指在再结晶温度以下进行的塑性变形。

热加工:是指在再结晶温度以上进行的塑性变形。

超塑性:是指某些金属材料在特定的条件下拉伸时能获得极高的延伸率和优异的均匀变形能力的性能。

位向因子:是指晶体的滑移是在切应力作用下进行的。临界分切应力 $\tau_k = \sigma_s \cos\lambda \cos\varphi$。其中 λ 为拉力 F 与滑移方向的夹角;φ 为拉力 F 与滑移面法线的夹角。$\cos\lambda\cos\varphi$ 称为取向因子。

软取向:是指取向因子具有最大值时的位向。

硬取向:当外力与滑移面平行($\varphi = 90°$)或垂直($\lambda = 90°$)时,取向因子为零,这时的位向称为硬取向。。

带状组织:复相合金中的各个相,在热加工时沿着变形方向交替地呈带状分布,这种组织称为带状组织。

二、填空题

1. 弹性变形;塑性变形;断裂

2. 滑移;孪生

3. 位错在切应力作用下沿着滑移面逐步移动的结果;原子排列最密的晶面;原子排列最密的晶向

4. $\{110\}$;$\langle 111\rangle$;12;$\{111\}$;$\langle 110\rangle$;12;$\{0001\}$;$\langle \bar{1}\bar{1}20\rangle$;3

5. $\{110\}$;$\langle 111\rangle$

6. 小于;孪生的滑移系较少

7. $\sigma_s = \tau_k / \cos\varphi \cdot \cos\lambda$

8. 软取向

9. 滑移系;晶粒大小

10. 转变成热能而散发掉;残余内应力;点阵畸变;点阵畸变

11. 随着变形度的增加金属的强度和硬度增加,塑性和韧性下降的现象;增大;位错密度不断增加

12. 回复;再结晶;晶粒长大

13. 将冷变形金属加热到一定温度之上;再结晶过程中晶体结构不变

14. 变形度;金属的纯度;原始晶粒度;加热速度和保温时间

15. 冷变形金属开始发生再结晶的最低温度;$T_{再} \approx (0.35 \sim 0.4) T_{熔}$

16. 变形度;再结晶退火温度;原始晶粒尺寸

17. 某些金属材料经塑性变形后在较高温度下退火时出现的晶粒反常长大的现象;在

热加工过程中发生的边加工边再结晶的过程；变形中断或终止后的保温过程中，或者在随后的冷却过程中所发生的再结晶

18. 冷；热

19. 细小；较粗大

20. 某些金属材料在特定的条件下拉伸时能获得极高的延伸率和优异的均匀变形能力；材料应具有微细的等轴晶粒的两相组织

三、选择题

1. A、B、C　2. C　3. A　4. B　5. A、B、C、D　6. B　7. B　8. C、D　9. D　10. D　11. B　12. A、B　13. C、D　14. D　15. B　16. C　17. D　18. B

四、判断题

1. √　2. ×　3. ×　4. √　5. √　6. √　7. √　8. √　9. √　10. ×　11. ×　12. ×　13. ×　14. √　15. ×　16. √　17. ×　18. ×　19. √　20. √

五、简答题

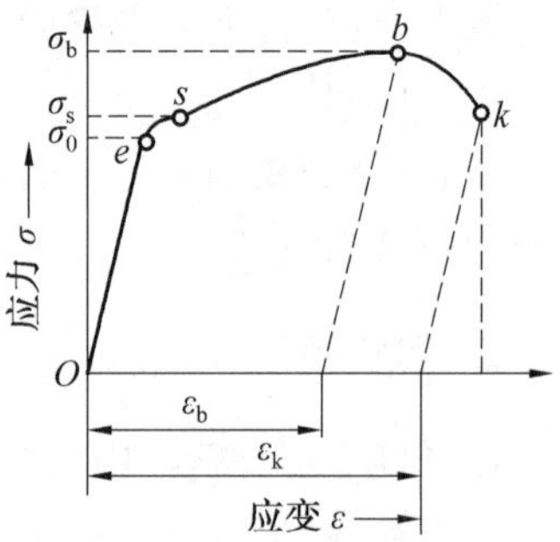

1. 低碳钢的拉伸曲线如右图所示。其中：

O—*e* 段为弹性变形阶段；

s—*b* 段为塑性变形阶段；

b—*k* 段为断裂阶段。

2. (1) 零件或构件产生弹性变形的难易程度称为零件或构件的刚度。

(2) 在其他条件相同的情况下，金属的弹性模量越高，则制成的零件或构件的刚度越高；它取决于原子之间结合力的大小，其数值只与金属的本性、晶体结构、晶格常数等有关。

(3) 金属的弹性模量是一个对组织不敏感的性能指标，它取决于原子之间结合力的大小，其数值只与金属的本性、晶体结构、晶格常数等有关，而金属材料的合金化、加工过程及热处理对它的影响很小。因此说它是组织不敏感性指标。

3. (1) 金属弹性变形的本质就是金属的晶格结构在外力的作用下产生的弹性畸变。

(2) 当未加外力时，晶体内部的原子处于平衡位置，它们之间的相互作用力为0，此时原子间的作用能也最低。当金属受到外力之后，其内部原子偏离平衡位置，由于所加的外力未超过原子之间的结合力，所以外力与原子之间的结合力暂时处于平衡。除去外力后，在原子之间作用力的作用下，原子立即恢复到原来的平衡位置，宏观上金属晶体在外力的作用下产生的变形完全消失，这样的变形就是弹性变形。

4. (1) 金属塑性变形的本质是晶体在切应力作用下位错的运动结果。

(2) 金属塑性变形的基本方式有两种：

① 滑移：位错在切应力作用下沿着滑移面逐步移动。

② 孪生：在切应力作用下晶体的一部分相对于另一部分沿一定的晶面和晶向产生一定角度的均匀切变。

5. (1) 滑移是金属塑性变形的最基本方式，是位错在切应力作用下沿着滑移面上的滑

移方向逐步移动的过程。

(2) 在拉伸时,金属晶体发生转动的机制如下图所示。图(a)所示为从变形金属中部取出的相邻的三层极薄的晶体,B 方向为滑移方向。在滑移前,三层极薄的晶体的图形如虚线所示。作用在 B 层金属上力的两个作用点 O_1 和 O_2 处在同一拉力轴上,因而使 B 层金属从上下两个方向所受的力相互平衡。滑移开始之后,A、B、C 三层金属沿着滑移面和滑移方向产生相对移动,O_1、O_2 分别移至 O'_1 和 O'_2。若将图(b)中 B 层金属的上下两面所受的拉应力沿着滑移面法线方向、滑移方向及其垂线方向分解成 σ_{n1}、τ'_1、τ_b 及 σ_{n2}、τ'_2、τ'_b。可以看出,真正的滑移力是沿着滑移方向的分切应力 τ'_1 和 τ'_2,而其他四个分力将组成两对力偶,一对是沿滑移面法线方向的正应力 $\sigma_{n1}-\sigma_{n2}$,它使得 B 层金属向外力方向转动;另一对是垂直于滑移方的分切应力 $\tau_b-\tau'_b$。它以滑移面法线方向为轴,使 B 层金属的滑移方向转向最大切应力方向。同样地,A 层和 C 层也发生转动,因而使得金属晶体在滑移的同时伴随着晶体的转动。

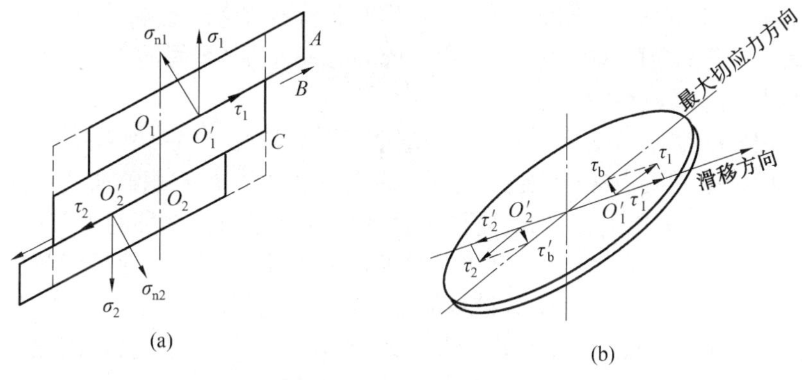

6. 滑移过程中,由于夹头固定不变,为了保持拉伸轴的方向固定不变,因此,单晶体的取向会产生相应的转动,即滑移面和滑移方向发生变化。

在切应力作用下,滑移易沿着晶体中原子排列最密的晶面和晶面上原子排列最密的晶向进行。

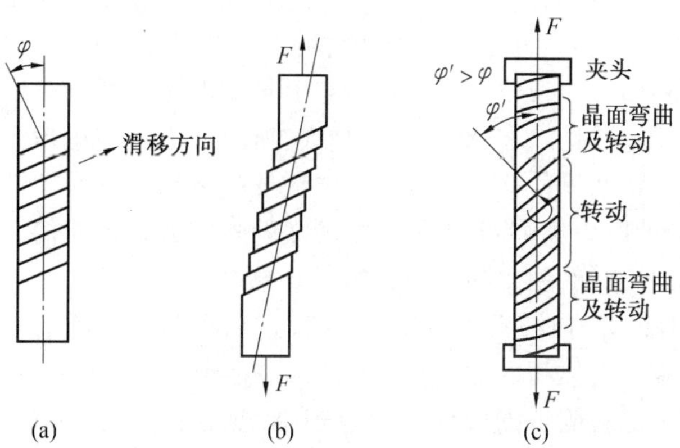

7. 金属晶体的滑移本质是晶体的一部分相对于另一部分沿着某些晶面和晶向发生相对滑动的结果。

晶体滑移时,不是晶体的一部分相对于另一部分沿滑移面做整体的刚性滑移,而是位错在切应力作用下沿着滑移面逐步移动的结果。因此,实测晶体滑移需要的临界分切应力值比理论计算值小得多。

8. 纯金属或合金中,位错强化的本质是由于位错的增殖、塞积等位错的运动和相互作用,使位错密度不断增加,位错运动时的相互交割加剧,产生位错塞积群、割阶、缠结网等障碍,阻碍位错的进一步运动,引起变形抗力增加,因此提高了金属的强度。

9. (1) 在塑性变形过程中,随着变形程度的增加,金属的强度、硬度显著升高,塑性、韧性则显著下降的现象,称为加工硬化,又称形变强化。

(2) 金属材料产生加工硬化的原因是由于随着塑性变形程度的增加,位错的密度不断增加,使位错运动时的相互交割加剧,产生位错塞积群、割阶、缠结网等障碍,阻碍位错的进一步运动,引起变形抗力增加,因此提高了金属的强度。

(3) 生产中,采用去应力退火或再结晶退火来消除加工硬化。

10. (1) Hall－Petch公式为:$\sigma_s=\sigma_0+Kd^{-\frac{1}{2}}$。式中$\sigma_0$、$K$是材料常数。$\sigma_0$表示晶内对变形的阻力,大体相当于单晶体金属的屈服强度;K表征晶界对强度影响的程度,与晶界结构有关;d为多晶体中各晶粒的平均直径。Hall－Petch公式表明,金属的强度与晶体的直径成反比;金属晶粒越细小,强度越高。

(2) 在多晶体中,屈服强度是与滑移从先塑性变形的晶粒转移到相邻晶粒密切相关的,而这种转移能否发生,主要取决于在已滑移晶粒晶界附近的位错塞积群所产生的应力集中能否激发相邻晶粒滑移系中的位错源,使其开动起来,从而进行协调性的多滑移。根据$\tau=n\tau_0$的关系式,应力集中τ的大小取决于塞积群的位错数目n,n越大,则应力集中也越大。当外加应力和其他条件一定时,位错数目n是与引起塞积的障碍——晶界到位错源的距离成正比。晶粒越大,则这个距离越大,n也就越大,所以应力集中也越大。因此在同样的外加应力下,大晶粒的位错塞积所造成的应力集中激发相邻晶粒发生塑性变形的机会比小晶粒要大得多。小晶粒的应力集中小,则需要在较大的外应力下才能使相邻晶粒发生塑性变形。

11. 在多晶体中,屈服强度是与滑移从先塑性变形的晶粒转移到相邻晶粒密切相关的,而这种转移能否发生,主要取决于在已滑移晶粒晶界附近的位错塞积群所产生的应力集中能否激发相邻晶粒滑移系中的位错源,使其开动起来,从而进行协调性的多滑移。根据$\tau=n\tau_0$的关系式,应力集中τ的大小取决于塞积群的位错数目n,n越大,则应力集中也越大。当外加应力和其他条件一定时,位错数目n是与引起塞积的障碍——晶界到位错源的距离成正比。晶粒越大,则这个距离越大,n也就越大,所以应力集中也越大。因此在同样的外加应力下,大晶粒的位错塞积所造成的应力集中激发相邻晶粒发生塑性变形的机会比小晶粒要大得多。小晶粒的应力集中小,则需要在较大的外应力下才能使相邻晶粒发生塑性变形。这就是为什么晶粒越细,屈服强度越高的主要原因。

当金属晶粒细小而均匀时,不仅常温下温度较高,而且通常具有较好的塑性和韧性。这是因为晶粒越细,在一定体积内的晶粒数目越多,在同样变形量下,变形分散在更多的晶粒内进行,晶粒内部和晶粒附近的应变度相差较小,变形较均匀,相对来说,引起应力集中较小。使材料在断裂之前能承受较大的变形量,所以可以得到较大的延伸率和断面收缩率。此外,晶粒越细,晶界越曲折,越不利于裂纹的传播,从而在断裂过程中可以吸收更多的能量,表现出较高的韧性。

12. 经冷变形后的金属在加热过程中,组织会发生一系列的变化,可分为回复、再结晶和晶粒长大三个阶段。各阶段组织变化,引起性能也发生变化。

(1) 回复阶段。在这一阶段,低倍显微组织没有变化,晶粒仍是冷变形后的纤维状。金属的硬度、强度变化不大,塑性略有提高,宏观内应力基本消除,但某些物理、化学性能发生明显变化,如电阻率显著降低,应力腐蚀抗力提高。

(2) 再结晶阶段。在这一阶段开始在变形组织的基体上产生新的无畸变的晶核,并迅速长大形成等轴晶粒,逐渐取代全部变形组织。冷变形金属的强度、硬度显著下降,塑性、韧性显著提高,微观内应力完全消除,金属加工硬化状态消除,又基本上恢复到冷变形之前的性能。

(3) 晶粒长大阶段。冷变形金属在再结晶刚完成时,一般得到细小的等轴晶粒组织。如果继续提高加热温度或延长保温时间,将引起晶粒进一步长大,它能减少晶界的总面积,从而降低总的界面能,使组织变得更稳定。冷变形金属的强度、硬度有所降低。

13. (1) 当变形金属的变形量达到某一数值时,再结晶的晶粒特别粗大时的变形度称为临界变形度。

(2) 在临界变形度附近时的变形量较小,形成的再结晶核心较少,而长大速度较快,因此造成金属再结晶后的组织粗大。从而使金属的强度、硬度降低,并且塑性、韧性也下降。

(3) 在生产中应避免在临界变形度范围内进行加工,以免再结晶晶粒粗大。

14. (1) 弹簧钢丝冷拔过程中,变形量较大,加工硬化明显增加,难以继续变形,中间采用较高温度退火即再结晶退火可以使金属的内应力完全消除,使金属的强度、硬度和塑性、韧性重新复原到冷变形之前的状态,以继续进行冷拔。

(2) 弹簧冷卷后变形量较小、加工硬化程度小、成型后不需再变形,会产生加工硬化,采用低温退火即回复退火(又称去应力退火)可以降低内应力,并使之定型,而弹簧硬度和强度基本保持不变。

15. 高锰钢制造的碎矿机颚板经1 100 ℃加热后,温度非常高;在运送的过程中,崭新的冷拔钢丝被加热,从而使变形后冷拔钢丝发生了回复和再结晶两个过程;由于再结晶过程会使钢丝绳的强度、硬度下降,所以导致钢丝绳发生断裂。

16. (1) 因为 $T_{再}(\mathrm{K}) = (0.35 \sim 0.4)\, T_{熔}(\mathrm{K})$,而 $T(\mathrm{K}) = T(℃) + 273$,所以

$$T_{再铜} = (0.35 \sim 0.4) \times (1\,083 + 273) - 273 = 201 \sim 269(℃)$$

$$T_{再钨} = (0.35 \sim 0.4) \times (3\,399 + 273) - 273 = 1\,012 \sim 1\,195(℃)$$

(2) 从金属学的角度,将再结晶温度以上进行的压力加工称为热加工;将再结晶温度以下进行的压力加工称为冷加工。

在800 ℃对铜进行压力加工,加工温度高于 $T_{再铜}$,属于热加工;

在800 ℃对钨进行压力加工,加工温度低于 $T_{再钨}$,属于冷加工。

17. 因为 $T_{再}(\mathrm{K}) = (0.35 \sim 0.4)\, T_{熔}(\mathrm{K})$,而 $T_{熔铅} = 600.7\ \mathrm{K}$,则 $T_{再铅} = (0.35 \sim 0.4) \times 600.7 - 273 = -63 \sim -33\ ℃ < 15\ ℃$,所以铅在室温下进行塑形变形为热加工过程,组织与性能的变化如下:

(1) 改善铸态组织缺陷,提高材料性能:① 提高金属致密度;② 细化晶粒;③ 打碎粗大组织,并均匀分布;④ 消除偏析。

(2) 出现纤维组织,材料各向异性:顺着纤维方向强度高,而在垂直于纤维的方向上强度较低。

(3) 形成带状组织,性能明显降低:横向的塑性和韧性明显降低,切削性能恶化。

(4) 晶粒大小变化:正确制定工艺,细化晶粒,提高性能。

18. 铸态金属组织经热加工后可以得到如下改善:

① 提高金属致密度:可使铸态组织中的气孔、疏松及微裂纹焊合;

② 细化晶粒:可以使铸态的粗大枝晶通过变形和再结晶的过程而变成较细的晶粒;

③ 打碎粗大组织,并均匀分布:某些高合金钢中的莱氏体和大块初生碳化物可被打碎并使其分布均匀等;

④ 消除偏析:热加工过程温度高,原子扩散速度快,元素分布均匀。

19. 金属铸件不能通过再结晶退火来细化晶粒。这是因为:再结晶退火是将冷变形后的金属加热到再结晶温度以上,保温适当时间后,使变形晶粒转变为无应变的等轴新晶粒,从而消除加工硬化和残余内应力的热处理工艺。再结晶的驱动力是金属冷变形产生的储存能,金属铸件没有储存能,因此没有再结晶过程。金属铸件浇注后形成表面细晶区、柱状晶区和中心等轴晶区组成的组织,如果对其进行再结晶退火,则只能使晶粒长大。

20. (1) 有些合金(如Ti-6Al-4V和Zn-23Al等)经过特殊的热处理和加工后,在外力作用下可能产生异乎寻常的均匀变形,这种行为称为超塑性。

(2) 金属材料获得超塑性的基本条件是:

① 合金具有微细的等轴晶粒的两相组织,晶粒的平均直径必须小于10 μm,且在超塑变形过程中不显著长大;

② 变形温度通常接近于该合金绝对熔点温度的0.5 ~ 0.65倍;

③ 通常需要较低的应变速率。

六、综合论述及计算题

1. (1) 多晶体金属塑性变形的过程也是滑移过程,即晶体的一部分相对于另一部分沿着某些晶面和晶向发生相对滑动的结果。晶体滑移时,不是晶体的一部分相对于另一部分沿滑移面做整体的刚性的滑移,而是位错在切应力作用下沿着滑移面逐步移动的结果。

(2) 多晶体金属塑性变形的特点有:

① 塑变不同时性:多晶体由位向不同的许多小晶粒组成,在外加应力作用下,只有处在有利位向(取向因子最大)的晶粒的滑移系才能首先开动,周围取向不利的晶粒中的滑移系上的分切应力还未达到临界值,这些晶粒仍处在弹性变形状态。

② 塑变协调性:多晶体的每个晶粒都处于其他晶粒的包围之中,变形必须要与其邻近晶粒的变形相互协调,以保持晶粒之间的连续性而不断裂。即要求相邻晶粒中取向不利的滑移系也参与变形。据理论推算,每个晶粒至少需要有5个独立滑移系。所以,滑移系较多的面心立方和体心立方金属表现出良好的塑性,而密排六方金属的滑移系少,晶粒之间的变形协调性很差,故塑性变形能力低。

③ 塑变不均匀性:由多晶体中各个晶粒之间变形的不同时性可知,每个晶粒的变形量各不相同,而且由于晶界的强度高于晶内,使得每一个晶粒内部的变形也是不均匀的。

2. (1) 冷塑性变形对金属组织的影响如下:

① 形成纤维组织:金属经塑性变形时,沿着变形方向晶粒被拉长。当变形量很大时,晶粒难以分辨,而呈现出一片如纤维丝状的纤维组织。

② 形成形变织构:随着变形的发生,还伴随着晶粒的转动。在拉伸时晶粒的滑移面转向平行于外力的方向,在压缩时转向垂直于外力方向。故在变形量很大时,金属中各晶粒

的取向会大致趋于一致,而使晶粒形成具有择优取向的形变织构。

③ 亚结构细化:冷变形会增加晶粒中的位错密度。随着变形量的增加,位错交织缠结,在晶粒内形成胞状亚结构的形变胞。胞内位错密度较低,胞壁是由大量缠结位错组成。变形量越大,则形变胞数量越多,尺寸越小。

④ 点阵畸变严重:金属在塑性变形中产生大量点阵缺陷(空位、间隙原子、位错等),使点阵中的一部分原子偏离其平衡位置,而造成的晶格畸变。在变形金属吸收的能量中绝大部分转变为点阵畸变能。点阵畸变引起的弹性应力的作用范围很小,一般为几十至几百纳米,称为第三类内应力。由于各晶粒之间的塑性变形不均匀而引起的内应力,其作用范围一般不超过几个晶粒,称为第二类内应力。由于金属工件或材料各部分间的宏观变形不均匀而引起的应力,称为第一类内应力。第三、第二类内应力又称为微观内应力。而宏观内应力平衡范围是整个工件。

(2) 塑性变形对金属力学性能的影响主要有以下三个方面:

① 呈现明显的各向异性:主要是由于形成了纤维组织和变形织构。

② 产生形变强化:变形过程中,位错密度升高,导致形变胞的形成和不断细化,对位错的滑移产生巨大的阻碍作用,可使金属的变形抗力显著升高。

③ 塑性变形对金属物理、化学性能的影响:经过冷塑性变形后,使金属的导电性、电阻温度系数和导热性下降;还使导磁率、磁饱和度下降,但矫顽力增加;提高金属的内能,使化学活性提高,耐腐蚀性下降。

3. 经冷变形后的金属吸收了部分变形功,其内能升高,主要表现为点阵畸变能增大(位错和点缺陷密度高),处于不稳定状态,具有自发恢复到变形前状态的趋势。一旦加热到 $0.5T_{熔}$ 温度附近,冷变形金属的组织和性能就会发生一系列的变化,可分为回复、再结晶和晶粒长大三个阶段,各阶段性能也随之发生变化。具体如下:

(1) 回复阶段:在这一阶段低倍显微组织没有变化,晶粒仍是冷变形后的纤维状。此时,金属的机械性能,如硬度、强度变化不大,塑性略有提高,宏观内应力基本消除,但某些物理、化学性能发生明显变化,如电导率显著增大,应力腐蚀抗力提高。

(2) 再结晶阶段:在这一阶段开始在变形组织的基体上产生新的无畸变的晶核,并迅速长大形成等轴晶粒,逐渐取代全部变形组织。经过再结晶后,冷变形金属的强度、硬度显著下降,塑性、韧性显著提高,微观内应力完全消除。可见加工硬化状态消除,金属又基本上恢复到冷变形之前的性能。

(3) 晶粒长大阶段:冷变形金属在再结晶刚完成时,一般得到细小的等轴晶粒组织。如果继续提高加热温度或延长保温时间,将引起晶粒进一步长大,它能减少晶界的总面积,从而降低总的界面能,使组织变得更稳定。晶粒长大,使得金属的强度和硬度有所降低。

4. (1) 金属铁、铝和镁的晶体结构分别为体心立方、面心立方和密排六方。三种金属的滑移方向、滑移面和滑移系及其数目见下表。

(2) 金属铁、铝和镁三种金属的塑性相比,金属铝的塑性最好,金属铁的塑性次之,金属镁的塑性最差。

这是由于在其他条件相同时,金属晶体中滑移系越多,该金属的塑性越好。三种金属的晶体结构分别为体心立方、面心立方和密排六方。密排六方的镁金属只有三个滑移系,滑移系数目太少,因此塑性最差。

晶体结构	体心立方结构		面心立方结构		密排六方结构	
滑移面	{110}		{111}		{0001}	
滑移方向	⟨111⟩		⟨110⟩		⟨11$\bar{2}$0⟩	
滑移系数目	6 × 2 = 12		4 × 3 = 12		1 × 3 = 3	

金属塑性的好坏还与滑移面上原子的密排程度和滑移方向的数目有关。体心立方金属的滑移方向不如面心立方金属多，同时滑移面上的原子密排程度也比面心立方金属低，因此，体心立方的铁金属的塑性比面心立方的铝金属差。

5. 弗兰克 - 瑞德位错增殖机制：位于滑移面上的位错线段，受到方向与之垂直的力的作用下，必然向前运动。由于位错线两端 D、D' 固定不动，因此运动的结果使位错线由直线变为曲线（图(b) 所示）。由于位错线上各点受力大小相等，且位错线运动的方向与其本身相垂直，因此位错线上各点的运动线速度相等，但其角速度不等。距结点越近，角速度越大。结果使位错线形成了一个回转卷线（图(c) 所示）。卷线内部是位错扫过的区域，晶体产生了一个柏氏矢量的位移。当回转卷线的左右两卷线相遇时（图(d) 所示），m、n 两处的异号位错相消（图(e) 所示），使位错环分成两部分（图(f) 所示）。在线张力的作用下，结点部分伸直成直线，还原为原来的位错线段；四周的部分，由于线张力的作用继续向外扩展，形成一个圆形的环。如此往复不断地进行下去，可以从这种有固定端点的线段上生出大量的位错环。当一个位错环移出晶体时，晶体就不断地产生滑移，并在晶体表面形成高达近千个原子间距的滑移台阶。

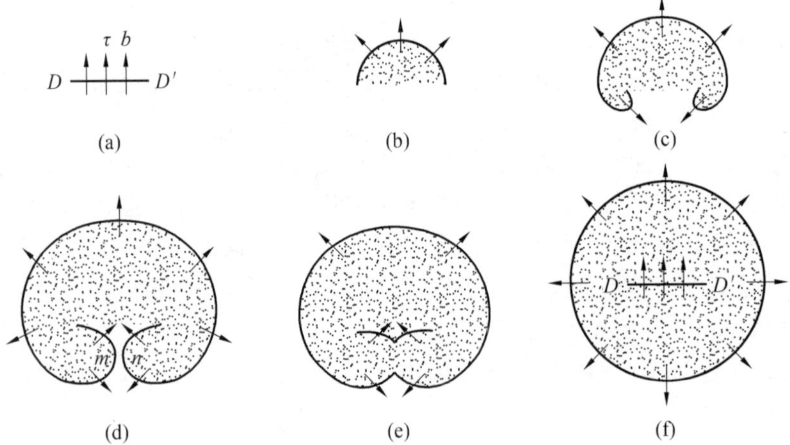

(a)　(b)　(c)　(d)　(e)　(f)

6. 因为 $T_{再}(K) = (0.35 \sim 0.4)\ T_{熔}(K)$，$T(K) = T(℃) + 273$，纯铝的熔点为660 ℃，所以 $T_{再铝} = (0.35 \sim 0.4) \times (600 + 273) - 273 = 201 \sim 150(℃)$。因此，对纯铝在室温下进行塑性变形为冷加工过程，其组织和性能的变化如下：

（1）纯铝在室温下进行塑性变形时的组织变化为：

① 形成纤维组织。金属经塑性变形时，沿着变形方向晶粒被拉长。当变形量很大时，晶粒难以分辨，而呈现出一片如纤维丝状的条纹，称为纤维组织。

② 形成形变织构。随着变形的发生，还伴随着晶粒的转动。在拉伸时晶粒的滑移面转向平行于外力的方向，在压缩时转向垂直于外力方向。故在变形量很大时，金属中各晶粒的取向会大致趋于一致，这种由于变形而使晶粒具有择优取向的组织称为形变织构。

③ 亚结构细化。实验表明，冷变形会增加晶粒中的位错密度。随着变形量的增加，位错交织缠结，在晶粒内形成胞状亚结构，称为形变胞。胞内位错密度较低，胞壁是由大量缠结位错组成。变形量越大，则形变胞数量越多，尺寸越小。

④ 点阵畸变严重。金属在塑性变形中产生大量点阵缺陷（空位、间隙原子、位错等），使点阵中的一部分原子偏离其平衡位置，而造成的晶格畸变。在变形金属吸收的能量中绝大部分转变为点阵畸变能。点阵畸变引起的弹性应力的作用范围很小，一般为几十至几百纳米，称为第三类内应力。由于各晶粒之间的塑性变形不均匀而引起的内应力，其作用范围一般不超过几个晶粒，称为第二类内应力。第三、第二类内应力又称为微观内应力。而宏观内应力是由于金属工件各部分间的变形不均匀而引起的，其平衡范围是整个工件，称为第一类内应力。

（2）纯铝在室温下进行塑性变形时的性能的变化为：

① 呈现明显的各向异性：主要是由于形成了纤维组织和变形织构。

② 产生形变强化：变形过程中，位错密度升高，导致形变胞的形成和不断细化，对位错的滑移产生巨大的阻碍作用，可使金属的变形抗力显著升高，这是产生形变强化的主要原因。

③ 塑性变形对金属物理、化学性能的影响：经过冷塑性变形后，通常使金属的导电性、电阻温度系数和导热性下降；还使导磁率、磁饱和度下降，但矫顽力增加；提高金属的内能，使化学活性提高，耐腐蚀性下降。

7.（1）金属的再结晶温度由下式确定：

$$T_{再}(\mathrm{K}) = (0.35 \sim 0.4)\ T_{熔}(\mathrm{K})$$

金属的再结晶退火温度为

$$T(℃) = T_{再}(℃) + 适当温度$$

（2）影响金属的再结晶温度的因素有：

① 变形量：变形量越大，金属的再结晶温度越低；

② 化学成分：含有难熔合金元素越多，金属的再结晶温度越高。

③ 原始晶粒度：原始晶粒越细，再结晶温度越低。

④ 加热速度和保温时间：加热时间越长，原子扩散越充分，有利于再结晶的形核和长大，降低再结晶温度；提高加热速度会使再结晶温度升高。

（3）影响金属的再结晶晶粒大小的因素有：

① 冷变形程度：变形度越大，晶粒越细小；

② 原始晶粒尺寸：原始晶粒越细，再结晶晶粒越细；

③ 杂质与合金元素：杂质与合金元素越多，晶粒越细；

④ 变形温度：变形温度越高，再结晶晶粒越粗；

⑤ 退火温度：退火温度越高，再结晶晶粒越粗。

8.（1）从金属学的角度，区分冷加工和热加工的界限是金属的再结晶温度。在再结晶温度以上进行的塑性变形称为热加工；在再结晶温度以下进行的塑性变形称为冷加工。

（2）热加工对金属材料组织和性能的影响主要有：

① 改善铸态组织缺陷，提高材料性能；提高金属致密度；细化晶粒；打碎粗大组织，并均匀分布；消除偏析。

② 出现纤维组织，材料各向异性：顺着纤维方向强度高，而在垂直于纤维的方向上强度较低。

③ 形成带状组织，性能明显降低：横向的塑性和韧性明显降低，切削性能恶化

④ 晶粒大小变化：正确制定工艺，细化晶粒，提高性能。

（3）金属锻件的机械性能一般优于其铸件。这是由于通过锻造可使铸态组织中的气孔、疏松及微裂纹焊合，提高金属致密度；某些高合金钢中的莱氏体和大块初生碳化物可被打碎并使其分布均匀；并且通过锻造可使晶粒细化，消除偏析。

9.（1）由于 $\tau_k = \sigma_s \cos\lambda \cdot \cos\varphi$，当$(\bar{1}11)$面上的位错沿[101]方向发生滑移时，要在[001]方向上施加一定应力，因此有：

$$\cos\varphi = \frac{-1\times0+1\times0+1\times1}{\sqrt{(-1)^2+1^2+1^2}\times\sqrt{0^2+0^2+1^2}} = \frac{1}{\sqrt{3}}$$

$$\cos\lambda = \frac{1\times0+0\times0+1\times1}{\sqrt{1^2+0^2+1^2}\times\sqrt{0^2+0^2+1^2}} = \frac{1}{\sqrt{2}}$$

$$\sigma_s = \tau_k/(\cos\lambda \cdot \cos\varphi) = \sqrt{6}\,\text{MPa}$$

（2）对于$(\bar{1}11)$面上的位错，如果可以沿[110]方向发生滑移，则应有：

$$\cos\lambda = \frac{1\times0+1\times0+0\times1}{\sqrt{1^2+1^2+0^2}\times\sqrt{0^2+0^2+1^2}} = 0$$

则求得：$\lambda = 90°$。

$\lambda = 90°$说明滑移方向与力的方向垂直，切应力为0，故该位错此时不能沿[110]方向滑移。

10.（1）铝单晶为面心立方结构，密排面为(111)，密排方向为〈110〉晶向族，当在铝单晶试样的(111)面上沿$[\bar{1}12]$方向施加拉应力时，可以沿[110]、[101]、[011]、$[1\bar{1}0]$、$[10\bar{1}]$、$[\bar{1}10]$方向发生滑移，则应有：

$$\cos\lambda = \frac{-1\times1+1\times1+2\times0}{\sqrt{(-1)^2+1^2+2^2}\times\sqrt{1^2+1^2+0^2}} = 0$$

$$\cos\lambda = \frac{-1\times1+1\times0+2\times1}{\sqrt{(-1)^2+1^2+2^2}\times\sqrt{1^2+0^2+1^2}} = \frac{1}{2\sqrt{3}}$$

$$\cos\lambda = \frac{-1\times0+1\times1+2\times1}{\sqrt{(-1)^2+1^2+2^2}\times\sqrt{0^2+1^2+1^2}} = \frac{\sqrt{3}}{2}$$

$$\cos\lambda = \frac{-1\times1+1\times(-1)+2\times0}{\sqrt{(-1)^2+1^2+2^2}\times\sqrt{1^2+(-1)^2+0^2}} = \frac{-1}{\sqrt{3}}$$

$$\cos\lambda = \frac{-1\times1+1\times0+2\times(-1)}{\sqrt{(-1)^2+1^2+2^2}\times\sqrt{1^2+0^2+(-1)^2}} = \frac{-\sqrt{3}}{2}$$

$$\cos\lambda = \frac{-1\times(-1)+1\times1+2\times0}{\sqrt{(-1)^2+1^2+2^2}\times\sqrt{(-1)^2+1^2+0^2}} = \frac{1}{\sqrt{3}}$$

由以上 6 个公式可知 $\cos\lambda$ 的最大值为$\frac{\sqrt{3}}{2}$,此时的临界分切应力 τ_k 最大,易发生滑移。

所以,此时的滑移方向为[011]。

(2) 由于滑移面为(111),滑移方向为[011],沿[$\bar{1}$12] 方向施加 2.0 MPa 的拉应力,则有:

$$\cos\varphi=\frac{-1\times1+1\times1+2\times1}{\sqrt{(-1)^2+1^2+2^2}\times\sqrt{1^2+1^2+1^2}}=\frac{\sqrt{2}}{3}$$

$$\cos\lambda=\frac{-1\times0+1\times1+2\times1}{\sqrt{(-1)^2+1^2+2^2}\times\sqrt{0^2+1^2+1^2}}=\frac{\sqrt{3}}{2}$$

所以
$$\tau_k=\sigma_s\cos\lambda\cdot\cos\varphi=2\times\frac{\sqrt{3}}{2}\times\frac{\sqrt{2}}{3}=\frac{\sqrt{6}}{3}(\text{MPa})$$

(3) 当拉应力在($\bar{1}$11)⟨011⟩ 滑移系上时,沿[$\bar{1}$12] 方向施加 2.0 MPa 的拉应力,则有:

$$\cos\varphi=\frac{-1\times(-1)+1\times1+2\times1}{\sqrt{(-1)^2+1^2+2^2}\times\sqrt{(-1)^2+1^2+1^2}}=\frac{2\sqrt{2}}{3}$$

$$\cos\lambda=\frac{-1\times0+1\times1+2\times1}{\sqrt{(-1)^2+1^2+2^2}\times\sqrt{0^2+1^2+1^2}}=\frac{\sqrt{3}}{2}$$

分切应力
$$\tau=\sigma_s\cos\lambda\cdot\cos\varphi=2\times\frac{2\sqrt{2}}{3}\times\frac{\sqrt{3}}{2}=\frac{2\sqrt{6}}{3}(\text{MPa})$$

在该拉伸条件下,铝单晶体的抛光表面上会出现许多相互平行的线条。

11. (1) 从图中可以看出,纯铝在 400 ℃ 拉伸时,当外加应力小于弹性极限时,纯铝只产生弹性变形;当外加应力大于弹性极限时,纯铝则产生稳态流变。

纯铝拉伸过程中产生稳态流变,是因为:纯铝为面心立方结构,具有 12 个滑移系,并且具有 4 个滑移方向。这些滑移系相互协调,使得纯铝拉伸过程中具有非常好的塑性,同时产生稳态流变。

(2) 若纯铝拉伸过程中产生稳态流变后在 400 ℃ 停留 1 h,则其组织将发生回复、再结晶和晶粒长大过程。具体如下:

① 回复阶段:在这一阶段低倍显微组织没有变化,晶粒仍是冷变形后的纤维状。

② 再结晶阶段:在这一阶段开始在变形组织的基体上产生新的无畸变的晶核,并迅速长大形成等轴晶粒,逐渐取代全部变形组织。

③ 晶粒长大阶段:冷变形金属在再结晶刚完成时,一般得到细小的等轴晶粒组织。如果继续提高加热温度或延长保温时间,将引起晶粒进一步长大,它能减少晶界的总面积,从而降低总的界面能,使组织变得更稳定。

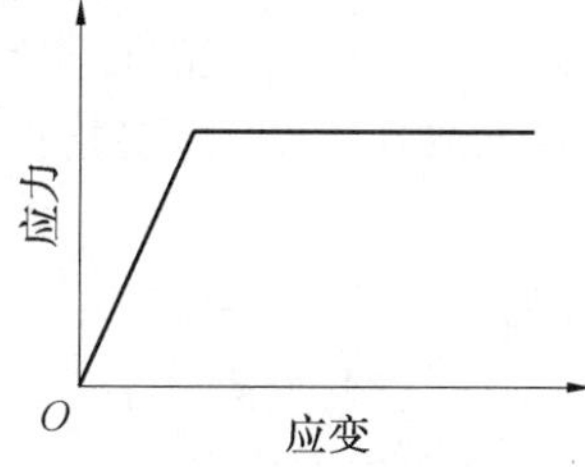

纯铝在 400 ℃ 拉伸时的应力应变示意图

第7章　钢在加热和冷却时的转变

一、名词解释

热处理：是指将钢在固态下加热到预定的温度，保温预定的时间，然后以预定的方式冷却下来的一种热加工工艺。

奥氏体化过程：是指钢加热获得奥氏体的转变过程。

晶粒度：是指晶粒的大小。

起始晶粒度：是指奥氏体转变刚刚完成，其晶粒边界刚刚相互接触时的奥氏体晶粒大小。

实际晶粒度：是指钢在某一具体的热处理或热加工条件下获得的奥氏体的实际晶粒的大小。

本质晶粒度：根据标准试验方法（YB27－64），在（930 ±10）℃保温3～8 h后测定的奥氏体晶粒大小。

过冷奥氏体：是指在临界温度以下处于不稳定状态的奥氏体。

残余奥氏体：是指在淬火冷却到室温时保留的未转变奥氏体。

奥氏体稳定化：是指奥氏体在外界因素作用下，由于内部结构发生了某种变化，而使奥氏体向马氏体转变温度降低和残余奥氏体量增加的转变迟滞现象。

珠光体转变：是过冷奥氏体在临界温度 A_1 以下较高的温度范围内进行的高温扩散型相变。

珠光体：是指铁素体和渗碳体的两相机械混合物，记为P。

片状珠光体：是指由片层相间的铁素体和渗碳体片组成的珠光体。

粗片状珠光体：是指在光学显微镜下能明显分辨出铁素体和渗碳体的片层形态的珠光体。

索氏体：在650～600 ℃形成的珠光体，其片间距较小，只有在高倍的光学显微镜下才能分辨出铁素体和渗碳体的片层形态，这种细片状珠光体称为索氏体，记为S。

屈氏体：在600～550 ℃形成的片间距极细的珠光体。其片间距极细，只有在电子显微镜下才能分辨出铁素体和渗碳体的片层形态，这种极细的珠光体称为屈氏体，记为T。

珠光体的片间距：是指珠光体团中相邻的两片渗碳体（或铁素体）之间的距离，用 S_0 表示。

粒状珠光体：是指在铁素体基体上分布着粒状渗碳体的组织。

马氏体转变：是指钢从奥氏体状态快速冷却，抑制其扩散分解，在较低温度下（低于 M_s 点）发生的切变型相变。

马氏体：碳在α－Fe中的过饱和固溶体，记为M。

板条马氏体：是指低、中碳钢及马氏体时效钢、不锈钢等铁基合金中形成的一种典型的马氏体组织，由许多成群的、相互平行排列的板条所组成。

片状马氏体：是指中、高碳钢及及含Ni量大于29%的Fe－Ni合金中形成的一种典型的马氏体组织。

马氏体的正方度:体心正方结构的马氏体的轴比 c/a 称为马氏体的正方度,取决于钢的含碳量,表示马氏体中碳的过饱和程度。

贝氏体转变:是指介于珠光体和马氏体之间的中温转变。

贝氏体:是指含碳过饱和的铁素体和碳化物的机械混合物,记为 B。

上贝氏体:是指在贝氏体转变区较高温度范围内形成的,成束分布、平行排列的铁素体和夹于期间的断续的条状渗碳体的混合物。

下贝氏体:是指在贝氏体转变区较低温度范围内形成的,由含碳过饱和的片状铁素体和其内部沉淀的碳化物组成的机械混合物。

粒状贝氏体:是指低、中碳钢中在贝氏体转变区上限温度范围形成的,在粗大的块状或针状铁素体内或晶界上分布着一些孤立的粒状或长条状小岛碳化物的机械混合物。

魏氏组织:碳质量分数小于 0.6% 的亚共析钢或碳质量分数大于 1.2% 的过共析钢由高温以较快速度冷却时,从奥氏体晶界上生长出来的铁素体或渗碳体近乎平行的呈羽毛状或三角形的,其间分布着珠光体的组织,记为 W。

二、填空题

1. 奥氏体形核;奥氏体长大;剩余渗碳体溶解;奥氏体均匀化
2. 铁素体;珠光体;珠光体
3. 加热温度
4. 等温转变曲线;连续冷却转变曲线
5. 珠光体转变;贝氏体转变;马氏体转变;珠光体转变;马氏体转变;有先共析转变区
6. M + F + Ar;M + Ar
7. 扩散型;过渡型;切变型
8. 片状;粒状;片状;粗珠光;索氏;屈氏
9. 板条马氏体;片状马氏体;位错马氏体;孪晶马氏体
10. 上贝氏体;下贝氏体
11. 马氏体的含碳量;马氏体的亚结构
12. 固溶强化;相变强化;时效强化;晶界强化
13. 低;多
14. 温度不同;前者为单相组织,后者为双相组织
15. 羽毛状;针状或竹叶状

三、选择题

1. C　2. B　3. D　4. B　5. C　6. A、B、C、D　7. A、B、C、D　8. A、C、D　9. A、C
10. C　11. D

四、判断题

1. ×　2. ×　3. √　4. ×　5. ×　6. ×　7. ×　8. √　9. ×　10. ×　11. √
12. √　13. ×　14. ×　15. ×　16. √　17. √　18. ×　19. ×　20. √

五、简答题

1. 奥氏体化过程是钢加热获得奥氏体的转变过程。

以共析钢为例,共析钢的原始组织为片状珠光体。当加热到 A_{c1} 以上温度保温时,将全部转变为奥氏体。共析钢奥氏体的形成过程包括四个阶段:

① 奥氏体的形核。奥氏体晶核优先在铁素体与渗碳体的相界面上形成。因为在相界上碳浓度分布不均,位错密度较高、原子排列不规则,处于能量较高的状态,易获得形成奥氏体形核所需的浓度起伏、结构起伏和能量起伏。

② 奥氏体长大。奥氏体晶核形成之后,它一面与渗碳体相邻,另一面与铁素体相邻。这使得在奥氏体中出现了碳的浓度梯度,即奥氏体中靠近铁素体一侧含碳量较低,而靠近渗碳体一侧含碳量较高,引起碳在奥氏体中由高浓度一侧向低浓度一侧扩散。随着碳在奥氏体中的扩散,破坏了原先相界面处碳浓度的平衡,即造成奥氏体中靠近铁素体一侧的碳浓度增高,靠近渗碳体一侧碳浓度降低。为了恢复原先碳浓度的平衡,势必促使铁素体向奥氏体转变以及渗碳体的溶解。这样,奥氏体中与铁素体和渗碳体相界面处碳平衡浓度的破坏与恢复的反复循环过程,就使奥氏体逐渐向铁素体和渗碳体两方向长大,直至铁素体全部转变为奥氏体为止。

③ 剩余渗碳体溶解。铁素体消失以后,随着保温时间延长或继续升温,剩余在奥氏体中的渗碳体通过碳原子的扩散,不断溶入奥氏体中,使奥氏体的碳浓度逐渐接近共析成分。这一阶段一直进行到渗碳体全部消失为止。

④ 奥氏体成分均匀化。当剩余渗碳体全部溶解时,奥氏体中的碳浓度仍是不均匀的,原来存在渗碳体的区域碳浓度较高,继续延长保温时间或继续升温,通过碳原子扩散,奥氏体的碳浓度会逐渐趋于均匀化,最后得到成分均匀的单相奥氏体。

2. 碳钢加热过程中,影响奥氏体形成速度的因素主要有:加热温度、原始组织和化学成分。具体影响如下:

(1) 加热温度的影响:加热温度越高,转变孕育期和完成转变的时间越短,奥氏体形成速度越快。

① 随着加热温度升高,原子扩散系数增加,特别是碳在奥氏体中的扩散系数增加,加快了奥氏体的形核和长大速度。

② 加热温度升高,奥氏体中的碳浓度差增大,浓度梯度加大,故原子扩散速度加快。

③ 加热温度升高,奥氏体与珠光体的自由能差增大,相变驱动力增大,使奥氏体的形核率和长大速度急剧增加。因此,转变孕育期和完成转变的时间缩短。

(2) 原始组织的影响:钢的原始组织越细,奥氏体的形成速度越快。

在化学成分相同的条件下,随原始组织中碳化物分散度的增大,不仅铁素体和渗碳体相界面增多,加大了奥氏体的形核率;而且由于珠光体片层间距减小,使奥氏体中的碳浓度梯度增大,使碳原子的扩散距离减小,从而使奥氏体的长大速度增加。

(3) 化学成分的影响:不同的元素,对奥氏体形成速度的影响不同。

① 钢的含碳量越高,奥氏体的形成速度越快。钢中含碳量越高,渗碳体的数量相对增加,铁素体与渗碳体相界面的面积增加,增加了奥氏体形核部位,同时使扩散距离减小,所以会提高转变速度。

② 不同的合金元素,对奥氏体形成速度的影响不同。

a. 碳化物形成元素，大大减小碳在奥氏体中的扩散速度，因此显著减慢了奥氏体的形成速度；非碳化物形成元素，能增加碳在奥氏体中的扩散速度，因而加快了奥氏体的形成速度；而 Si、AI、Mn 等元素对碳在奥氏体中的扩散速度影响不大。

b. 合金元素改变钢的临界点，从而改变奥氏体转变时的过热度，改变了奥氏体与珠光体的自由能差，因此改变了奥氏体的形成速度。降低点 A_1 的元素，相对增大过热度，因此增大奥氏体的形成速度；提高点 A_1 的元素，相对降低过热度，因此减慢奥氏体的形成速度。

c. 合金元素的加入本身扩散系数低，使奥氏体均匀化过程大大减缓。特别是强碳化物形成元素强烈地阻碍碳的扩散。

3. 本质晶粒度是根据标准试验方法（YB 27 – 64），在(930 ±10)℃ 保温 3 ~ 8 h 后测定的奥氏体晶粒大小。本质晶粒度为 1 ~ 4 级的为本质粗晶钢，本质晶粒度为 5 ~ 8 级的为本质细晶钢。

本质晶粒度表示钢在一定条件下奥氏体晶粒长大的倾向性。在加热过程中奥氏体晶粒长大是一种自发过程。随着温度的升高，奥氏体晶粒迅速长大的钢为本质粗晶粒钢；在 930 ℃ 以下，随着温度的升高，奥氏体晶粒长大速度很缓慢的钢为本质细晶粒钢。当超过某一温度后，本质细晶粒钢也可能迅速长大，晶粒尺寸也可能超过本质粗晶粒钢。

4. 影响过冷奥氏体等温转变的因素主要有钢的化学成分和奥氏体的状态。具体影响如下：

（1）化学成分。

① 含碳量的影响。亚共析钢的含碳量越高，过冷奥氏体等温转变曲线右移。过共析钢的含碳量越高，过冷奥氏体等温转变曲线中珠光体转变部分左移，贝氏体转变部分右移。随含碳量增加，马氏体转变温度降低。

② 合金元素的影响。除 Co 以外的合金元素溶入奥氏体都不同程度地延缓珠光体和贝氏体相变，增大其稳定性，从而使过冷奥氏体等温转变曲线右移，并降低马氏体转变温度。

（2）奥氏体状态。

① 钢的原始组织越细，晶界总面积增加，有利于新相的形核和原子扩散，奥氏体的形成速度越快，过冷奥氏体等温转变曲线中珠光体转变部分左移。晶粒度对贝氏体转变的影响不大，使马氏体转变温度降低。

② 奥氏体成分越均匀，奥氏体越稳定，新相形核和长大过程所需要的时间越长，过冷奥氏体等温转变曲线右移。

5. 上临界冷却速度是过冷奥氏体在连续冷却过程中不发生分解，全部冷至马氏体转变开始温度以下发生马氏体转变的最小冷却速度，记为 V_c。

下临界冷却速度是过冷奥氏体全部得到珠光体的最大冷却速度，记为 v'_c。

在生产中，要想获得全部马氏体组织，必须将钢件加热到奥氏体化温度、保温一定时间，然后以大于 v_c 速度冷却。因此上临界冷却速度又称为临界淬火速度。它决定着钢的淬透性，是选材和制定热处理工艺的重要依据之一。

如果冷却速度小于下临界冷却速度，则可获得全部珠光体组织。

6. ① 在对比组织形态上，片状珠光体为片层相间的铁素体和渗碳体；粒状珠光体为在铁素体基体上分布着颗粒状渗碳体。

② 在对比性能上，片状珠光体有较高的强度，塑韧性偏低；粒状珠光体强度较高，塑韧性较好。

7. ① 在获得方法上，片状珠光体通过退火或正火得到；粒状珠光体通过球化退火或淬火后回火得到。

② 影响片状珠光体形成的因素主要是含碳量、冷却速度的大小和等温温度的高低。影响粒状珠光体形成条件的因素是原始组织、冷却速度的大小和等温温度的高低。

8. 珠光体团中相邻两片渗碳体（或铁素体）之间的距离称为珠光体的片间距，用 S_0 表示。

影响珠光体的片间距大小因素主要是珠光体形成时的过冷度，即珠光体形成温度。过冷度越大，珠光体的形成温度越低，片间距越小。

珠光体的片间距越小，钢的塑性增加，强度和硬度提高。

9. ① 球化退火：过共析钢加热至 A_{c1} + (20 ~ 30)℃，保温一定时间，然后随炉冷却。

② 淬火 + 低温回火：过共析钢加热至 A_{c1} + (30 ~ 50)℃，保温一定时间后水冷；然后再加热至 200 ℃，保温一定时间后空冷。

10. ① 在显微组织上，板条马氏体为相互平行排列的板条；片状马氏体为针状或竹叶状。

② 在空间形态上，板条马氏体为扁条状；片状马氏体为凸透镜状。

③ 在亚结构上，板条马氏体为高密度的位错；片状马氏体为孪晶。

④ 在含碳量上，板条马氏体为低/中碳钢；片状马氏体为高碳钢。

⑤ 在性能上，板条马氏体具有强韧性；片状马氏体硬而脆。

11. 马氏体组织形态主要有板条马氏体和片状马氏体两种。板条马氏体亚结构主要为高密度的位错且分布不均，相互缠结形成位错胞；片状马氏体亚结构主要是孪晶。马氏体形态主要取决于马氏体的形成温度，而它又主要取决于奥氏体的化学成分，即碳和合金元素的含量，其中碳的含量影响最大。对碳钢来说，随着碳质量分数的增加，板条马氏体数量相对减少，片状马氏体数量相对增加。

12. 在性能上，板条马氏体具有强韧性，片状马氏体硬而脆。马氏体的硬度主要取决于含碳量。合金元素对马氏体的硬度影响不大，但可以提高强度。

板条马氏体具有高强韧性的原因是：板条马氏体形成过程中，包括固溶强化、相变强化、时效强化、晶界强化，并且板条马氏体的胞状位错亚结构中存在低密度位错区，能缓和局部应力集中，且不存在显微裂纹；而且碳质量分数低，晶格畸变小，淬火应力小。

片状马氏体硬而脆的原因是：片状马氏体含碳量较高，因而硬度较高；形成的片状马氏体的亚结构为孪晶，为低密度位错，而且碳质量分数高；晶格畸变大，淬火应力大，存在显微裂纹，因此脆性较大。

13. ① 在显微组织上，下贝氏体和片状马氏体都呈针状或竹叶状；

② 在空间形态上，下贝氏体和片状马氏体都呈凸透镜状；

③ 在亚结构上，下贝氏体的竹叶有分支，而片状马氏体的竹叶平行；

④ 在相组成上，下贝氏体为两相，而片状马氏体为单相；

⑤ 在获得方法上，下贝氏体通过等温淬火获得，而片状马氏体通过普通淬火获得。

14. ① 在显微组织上，上贝氏体为羽毛状，而下贝氏体呈针状或竹叶状；

② 在形成温度上，上贝氏体为 550 ~ 350 ℃，而下贝氏体为 350 ℃ ~ M_s；

③ 在亚结构上，上贝氏体为位错，而下贝氏体位错密度较高；

④ 在相组成上，上贝氏体为成束分布、平行排列的铁素体和夹与其间的断续的条状渗

碳体,而下贝氏体含碳过饱和的片状铁素体和其内部沉淀的碳化物;

⑤ 在性能上,上贝氏体的强度和韧性均较低,而下贝氏体的强度高、韧性好。

15. (1) 魏氏组织:w(C) < 0.6 亚共析钢或 w(C) > 1.2 过共析钢由高温以较快速度冷却时,从奥氏体晶界上生长出来的铁素体或渗碳体近乎平行的呈羽毛状或三角形的,其间分布着珠光体的组织。

(2) 形成条件:①w(C) < 0.6% 或 w(C) > 1.2%;② 奥氏体晶粒粗大;③ 冷却速度较快。

(3) 危害:机械性能严重下降,且脆性转折温度(FATT) 升高。

(4) 消除:① 正火或退火,重新奥氏体化,细化晶粒; ② 控制轧制:重新轧制、锻造,细化晶粒。

16. 马氏体是碳在 α - Fe 中的过饱和固溶体,具有很高的强度和硬度,分为板条马氏体和片状马氏体两种。其中,板条马氏体具有高强韧性,片状马氏体硬而脆。

在生产中,希望得到含有更多板条马氏体组织。例如:在发展强韧热处理方面,对低碳钢或低碳合金钢采用强烈淬火,可以获得板条马氏体,不但使钢具有较高的强韧性,而且还具有较低的脆性转变温度,较低的缺口敏感性和过载敏感性。

17. 奥氏体稳定化是指奥氏体在外界因素作用下,由于内部结构发生了某种变化而使奥氏体向马氏体转变温度降低和残余奥氏体的转变迟滞现象,主要包括热稳定性、机械稳定性。奥氏体热稳定化越大,得到的马氏体越少,使钢强度降低;而机械稳定性使奥氏体发生塑性变形,使钢产生相变强化和形变强化,使钢的强度增加。

18. 下贝氏体比上贝氏体有优越的性能是由于:上贝氏体形成温度高,α - Fe 条粗大,碳的过饱和度低,因而强度低;另外碳化物颗粒粗大,且呈断条状分布于 α - Fe 中,有明显方向性,易于产生脆断;同时 α - Fe 本身也可能成为裂纹扩展的路径。而下贝氏体中 α - Fe 分布细小而均匀,在 α - Fe 中又沉淀析出大量细小弥散的碳化物,而且 α - Fe 内含有过饱和的碳及较高密度的位错,因此下贝氏体具有更优越的机械性能。

19. 影响奥氏体晶粒大小的的因素主要有:

(1) 加热温度和保温时间。随着加热温度的升高,奥氏体晶粒急剧长大;在温度一定条件下,随着保温时间延长,奥氏体晶粒不断长大,长大到一定程度后,就不再长大。

(2) 加热速度。加热速度越大,奥氏体转变时的过热度越大,奥氏体的实际形成温度越高,奥氏体的形核率越高,起始晶粒越细。

(3) 化学成分。

① 含碳量。对于亚共析钢,随着含碳量的增加,初晶铁素体数量减少,奥氏体晶粒越粗大;对于过共析钢,随着含碳量的增加,二次渗碳体含量增加,则奥氏体晶粒越细小。

② 合金元素。对于形成难熔碳化物的合金元素,会阻碍晶粒长大;对于不形成化合物的合金元素,则不影响奥氏体晶粒度;对于 Mn、P、N 元素,则促进奥氏体晶粒长大。

20. 奥氏体起始晶粒度:是奥氏体转变刚刚完成,其晶粒边界刚刚相互接触时的奥氏体晶粒大小。

奥氏体实际晶粒度:是钢在某一具体条件下获得的奥氏体实际晶粒的大小。

奥氏体本质晶粒度:是根据标准试验方法(YB27 - 64),在(930 ± 10)℃,保温 3 ~ 8 h 测定的奥氏体晶粒大小。

21.

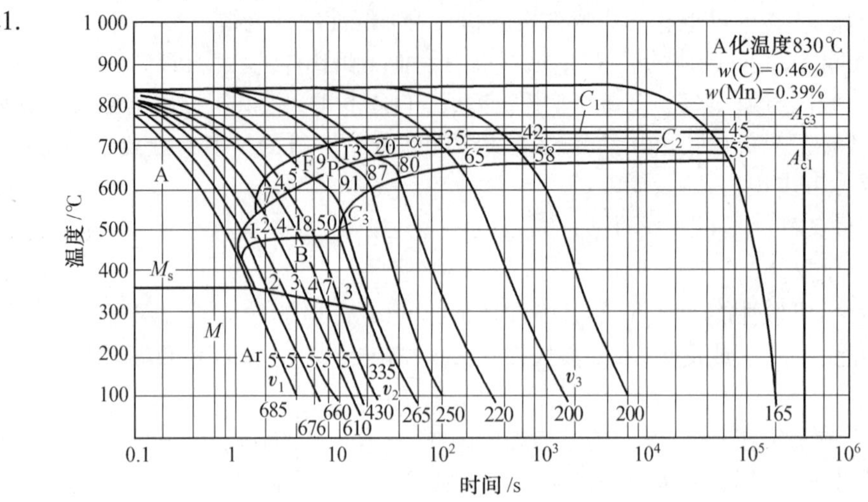

亚共析钢连续冷却转变曲线

A— 过冷奥氏体区；M_s— 马氏体转变开始温度；C_1— 铁素体析出开始线；C_2— 珠光体转变开始线；C_3— 珠光体转变终了线；P— 珠光体区；B— 贝氏体区；A → P— 过冷奥氏体向珠光体转变区；A → B— 过冷奥氏体向贝氏体转变区；M + Ar— 马氏体 + 残余奥氏体区；F，α— 铁素体转变区。

22. (1) 马氏体：是碳溶于 α - Fe 中的过饱和间隙固溶体，记为 M。

(2) 马氏体正方度：轴比 c/a。

(3) 马氏体的晶体结构为体心正方晶格。

23. 马氏体相变的主要特征如下：

(1) 马氏体转变热力学特点。

① 马氏体形成的热力学条件为系统总自由能 $\Delta G < 0$。

② 形成温度 $T < M_s$ 点，低温转变。

(2) 马氏体转变晶体学特点。

① 无扩散性。碳浓度与过冷奥氏体完全相同；过冷度大，转变速度极快。

② 切变性：转变过程中有表面浮凸产生。

③ 共格性。新相和母相的点阵间保持着完全共格关系。

④ 新相和母相具有严格的位相关系和惯习面。

(3) 马氏体转变的动力学特点。

① 降温转变。马氏体转变量是在 $M_s \sim M_f$ 温度范围内通过不断降温来增加的。

② 奥氏体稳定化。在外界因素作用下，M_s 降低和 Ar 量增加的转变变得迟滞，包括热稳定化和机械稳定化。

(4) 马氏体转变具有可逆性。

24. 马氏体的硬度主要取决于马氏体的碳的质量分数。碳的质量分数越高，马氏体的硬度越高。

马氏体中的合金元素对于硬度影响不大，但可提高钢的强度。

25. 钢中马氏体转变不能进行到底，而总是保留一部分残余奥氏体，是由于钢中马氏体转变终了温度 M_f 通常在室温以下，而马氏体转变需要不断降温才能进行，因此淬火冷却到室温时,马氏体转变无法进行到底,而总是保留一部分未转变的奥氏体(即残余奥氏体)。

26. 钢中的含碳量对 M_s 及 M_f 具有很大影响。随着钢中含碳量的增加,马氏体转变开始温度 M_s 及马氏体转变终了温度 M_f 都不断降低。

27. (1) 贝氏体:是含碳过饱和的铁素体和碳化物的机械混合物,记为 B。

(2) 上贝氏体、下贝氏体和粒状贝氏体的形貌特征如下:

上贝氏体形貌为成束分布、平行排列的铁素体和夹于其间的断续的条状渗碳体的混合物,显微组织呈粗大羽毛状。

下贝氏体为含碳过饱和的片状铁素体和其内部沉淀的碳化物组成的机械混合物,显微组织呈针状或竹叶状。

粒状贝氏体为低、中碳钢中在粗大的块状或针状铁素体内或晶界上分布着一些孤立的粒状或长条状小岛。

28. 材料的组织决定性能。马氏体具有高强度、高硬度的本质是由于:马氏体主要有板条马氏体和片状马氏体两种。在亚结构上,板条马氏体为高密度的位错;片状马氏体为孪晶;两者亚结构均为位错,因此马氏体具有高强度、高硬度。

六、综合论述及计算题

1. (1) 通过实验方法建立的转变开始和转变终了时间、转变产物的类型以及转变量与时间、温度之间的关系曲线,即为过冷奥氏体转变曲线。

在热处理生产中,奥氏体的冷却方式分为等温冷却和连续冷却。等温冷却即是将奥氏体状态的钢迅速冷至临界点以下某一温度保温一定时间,使奥氏体在该温度下发生组织转变,然后再冷至室温的冷却方式。连续冷却即是将奥氏体状态的钢以一定速度冷至室温,使奥氏体在一个温度范围内发生连续转变的冷却方式。

通过等温冷却方式建立的过冷奥氏体转变曲线,称为过冷奥氏体等温转变曲线,记为 TTT 曲线;通过连续冷却方式建立的过冷奥氏体转变曲线,称为过冷奥氏体连续冷却转变曲线,记为 CCT 曲线。

(2) 共析钢过冷奥氏体等温转变曲线及各条线、区及区域的金属学意义如下:

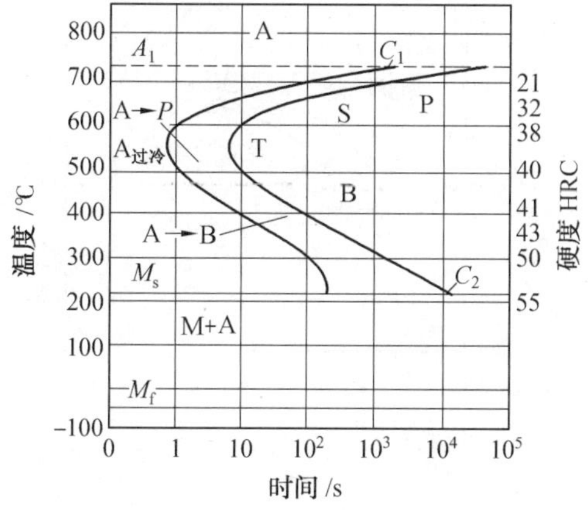

共析钢过冷奥氏体等温转变曲线

A_1— 钢的临界点;M_s— 马氏体转变开始温度;M_f— 马氏体转变终了温度;C_1— 过冷奥氏体转变开始线;C_2— 过冷奥氏体转变终了线;A— 奥氏体区;$A_{过冷}$— 过冷奥氏体区;P— 珠

光体区;S— 索氏体区;T— 屈氏体区;B— 贝氏体区;A → P— 过冷奥氏体向珠光体转变区;A → B— 过冷奥氏体向贝氏体转变区;M + A— 马氏体 + 残余奥氏体区。

(3) 共析钢过冷奥氏体连续冷却转变曲线及各条线、区及区域的金属学意义如下:

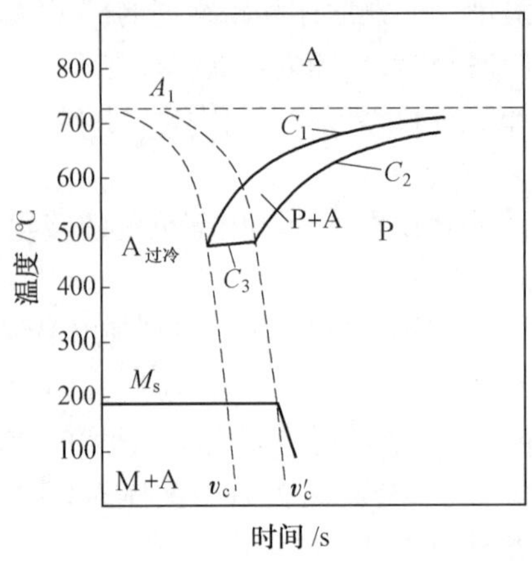

共析钢过冷奥氏体连续冷却转变曲线

A_1— 钢的临界点;M_s— 马氏体转变开始温度;C_1— 过冷奥氏体转变开始线;C_2— 过冷奥氏体转变终了线;C_3— 转变中止线;A— 奥氏体区;$A_{过冷}$— 过冷奥氏体区;P— 珠光体区;P + A— 过冷奥氏体向珠光体转变区;M + A— 马氏体 + 残余奥氏体区。

(4) 共析钢等温转变曲线与连续转变曲线比较示意图及比较结果如下:

相同点:都具有珠光体(P) 和马氏体(M) 转变区。

不同点:

① 连续转变曲线(CCT 曲线) 在等温转变曲线(TTT 曲线) 的右下方;

②CCT 曲线没有贝氏体(B) 转变区;

③ 二者转变产物不同。等温转变的产物是单一的组织,而连续转变的产物是不同温度下等温转变组织的混合组织。

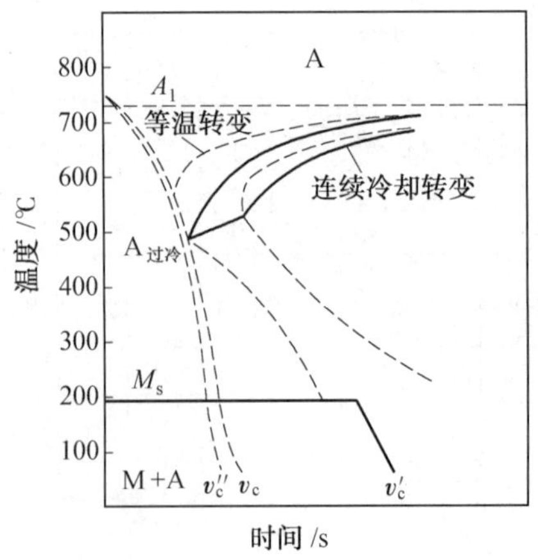

共析钢 TTT 曲线与 CCT 曲线比较示意图

2. (1) 马氏体组织形态主要有板条马氏体和片状马氏体两种。两种马氏体比较如下:

① 在显微组织上,板条马氏体为相互平行排列的板条;片状马氏体为针状或竹叶状。

② 在空间形态上，板条马氏体为扁条状；片状马氏体为凸透镜状。

③ 在亚结构上，板条马氏体为高密度的位错；片状马氏体为孪晶。

④ 在含碳量上，板条马氏体为低/中碳钢；片状马氏体为高碳钢。

⑤ 在性能上，板条马氏体具有强韧性；片状马氏体硬而脆。

(2) 马氏体的形态与含碳量有关。$w(C) < 0.2\%$，几乎全部为板条马氏体；含碳量越高，板条马氏体相对含量越少，片状马氏体相对含量越多；$w(C) > 1.0\%$ 时，几乎全部为片状马氏体。

(3) 在性能上，板条马氏体具有强韧性；片状马氏体硬而脆。

板条马氏体具有高强韧性的原因如下：

① 板条马氏体形成过程中，形成固溶强化：过饱和的间隙原子碳在 α 相晶格中造成晶格的正方畸变，形成一个很强的应力场，该应力场阻碍位错的运动，从而提高马氏体的强度和硬度。

② 板条马氏体形成过程中，形成相变强化：马氏体转变时，在晶体内造成晶格缺陷密度很高的亚结构。这些缺陷都将阻碍位错的运动，使马氏体得到强化。

③ 板条马氏体形成过程中，形成时效强化：马氏体形成以后，在随后的放置过程中，碳和合金元素的原子会向位错线等缺陷处扩散而产生偏聚，发生"自回火"，使位错难以运动，从而造成马氏体的强化。

④ 板条马氏体形成过程中，形成晶界强化：通常情况下，原始奥氏体晶粒越细小，所得到的马氏体板条束也越细小，而马氏体板条束阻碍位错的运动，使马氏体得到强化。

⑤ 形成的板条马氏体为高密度位错，而且胞状位错亚结构中存在低密度位错区，能缓和局部应力集中，且不存在显微裂纹；而且碳的质量分数低，晶格畸变小，淬火应力小，因而具有高塑韧性。

片状马氏体硬而脆的原因是：片状马氏体含碳量较高，因而硬度较高；形成的片状马氏体的亚结构为孪晶，为低密度位错，而且碳质量分数高，造成晶格畸变大，淬火应力大，存在显微裂纹，因此脆性较大。

3. 以共析钢为例，钢的贝氏体转变与珠光体转变、马氏体转变的异同点如下：

(1) 相同点：都是过冷奥氏体在 A_1 以下温度的相变。

(2) 不同点：

① 转变温度不同：珠光体转变为 550 ~ 720 ℃ 的高温相变；贝氏体转变为 550 ~ 230 ℃ 的中温相变；马氏体转变为 230 ℃ 以下的低温相变。

② 获得的组织形态不同：珠光体转变获得的组织为片层状珠光体；贝氏体转变获得的组织为羽毛状上贝氏体或颗粒状下贝氏体；马氏体转变获得的组织为条状的板条马氏体或针状的片状马氏体。

③ 发生固态相变的类型不同：珠光体转变为扩散型相变；马氏体转变为切变型相变；贝氏体转变为扩散型 + 切变型的过渡型相变。

④ 在温度 - 时间曲线的形状不同：珠光体转变和贝氏体转变呈 C 字形；马氏体转变不呈 C 字形。

4. (1) 片状珠光体和粒状珠光体的形成机制及形成过程具体如下：

① 片状珠光体的形成机制有两种，即片状形成机制和分枝形成机制。a. 片状形成机制认为如果 Fe_3C 为领先相在 $\gamma-Fe$ 中晶界上形成稳定的晶核，它依靠附近的奥氏体不断提供

C 原子逐渐长大,形成一小片 Fe_3C,使 γ - Fe 浓度 C 降低,形成贫碳区。当贫碳区碳浓度降低到相当于 α - Fe 平衡浓度时,就在 Fe_3C 两侧形成两小片 α - Fe,它随 Fe_3C 一起向前,横向长大,同时 α - Fe 附近又形成富碳区,促使新 Fe_3C 晶核形成,这样就形成了片状珠光体。b. 分枝形成机制认为,P 形成时基本上无侧向长大,Fe_3C 只以分枝方式纵向生长,使与之相邻的 γ - Fe 贫碳,从而促使 α - Fe 在 Fe_3C 枝间形成,因此一个 P 团中的 Fe_3C 是一个单晶体,Fe_3C 枝间的 α - Fe 也是一个单晶,即一个 P 团是由一个 α - Fe 晶粒和一个 Fe_3C 晶粒相互穿插而成,通过"搭桥" 形成的。

② 粒状珠光体形成机制及形成过程:片状珠光体在奥氏体化温度较低的情况下,形成成分不均匀的奥氏体使 γ 中存在大量未溶的 Fe_3C 和富碳区域,此时 Fe_3C 已不是完整的片状,而变得凹凸不平,厚薄不均,有的地方已溶解断开。保温时未溶的 Fe_3C 的夹角处相邻的 γ - Fe 有较高的碳含量,而与曲率半径较大的 Fe_3C 的平面处相邻的 γ - Fe 含碳量较低,从而 γ - Fe 的碳原子从 Fe_3C 的夹角处向平面处扩散,扩散结果破坏了相界平衡。为恢复平衡,夹角处的 Fe_3C 将溶解,使其曲率半径增大,而平面处将长大,使曲率半径减小,最终形成颗粒状 Fe_3C,然后缓冷至 A_1 以下,在较小过冷度时,加热时已经形成的颗粒状 Fe_3C 质点将成为非自发的晶核,促进 Fe_3C 的析出和长大,周围 γ - Fe 转变为 α - Fe,同时 γ - Fe 中的富碳微区也可以成为 Fe_3C 析出的核心。最终得到粒状珠光体组织,Fe_3C 颗粒大小与 γ - Fe 的冷却速度和转变温度有关。

(2) 对于共析钢来说,粒状珠光体比片状珠光体硬度稍低,但塑性增加很多。粒状珠光体硬度低是由于其 α - Fe 和 Fe_3C 的相界面比片状珠光体少,粒状珠光体塑性好是由于其中 α - Fe 连续分布 Fe_3C 呈颗粒颁布于 α - Fe 基体上,对位错阻碍较小。

5. (1) 过冷奥氏体以 v_1 的冷却速度冷却到室温时所得到的组织为:F + P。

因为,过冷奥氏体以 v_1 的冷却速度冷却时,当冷却曲线与先共析铁素体析出线相交时,过冷奥氏体便析出铁素体组织;当冷却曲线与珠光体转变线相交时,过冷奥氏体便开始向珠光体转变,与珠光体转变终了线相交时,则奥氏体转变完了,得到珠光体组织;继续冷却则不再发生奥氏体转变。因此,室温时所得到的组织为:铁素体 F + 珠光体 P。

(2) 过冷奥氏体以 v_2 的冷却速度冷却到室温时所得到的组织为:F + P。

因为,过冷奥氏体以 v_2 的冷却速度冷却时,当冷却曲线与先共析铁素体析出线相交时,奥氏体便析出少量铁素体组织;当冷却曲线与珠光体转变线相交时,奥氏体便开始向珠光体转变,与珠光体转变终了线相交时,则奥氏体转变完了,又得到珠光体组织;继续冷却则不再发生奥氏体转变。因此,室温时所得到的组织为:少量铁素体 F + 珠光体 P。

(3) 过冷奥氏体以 v_3 的冷却速度冷却到室温时所得到的组织为:F + P + M + B + Ar。

因为,过冷奥氏体以 v_3 的冷却速度冷却时,当冷却曲线与先共析铁素体析出线相交时,奥氏体便析出铁素体组织;当冷却曲线与珠光体转变线相交时,奥氏体便开始向珠光体转变,与珠光体转变终了线相交时,则奥氏体转变完了,又得到珠光体组织;继续冷却,奥氏体开始向贝氏体硅变,得到贝氏体组织;当冷却曲线与马氏体转变线相交时,奥氏体便开始向马氏体转变,又得到马氏体组织;由于马氏体转变终了线高于室温,则有少数奥氏体未发生马氏体转变,残留在组织中,又得到残余奥氏体组织。因此,室温时所得到的组织为:铁素体 F + 珠光体 P + 马氏体 M + 贝氏体 B + 残余奥氏体 Ar。

(4) 过冷奥氏体以 v_4 的冷却速度冷却到室温时所得到的组织为:M + Ar。

因为,过冷奥氏体以 v_4 的冷却速度冷却时,开始时过冷奥氏体不发生转变;当冷却曲线与马氏体转变线相交时,奥氏体便开始向马氏体转变,得到马氏体组织;由于马氏体转变终了线高于室温,则有少数奥氏体未发生马氏体转变,残留在组织中,又得到残余奥氏体组织。因此,室温时所得到的组织为:马氏体 M + 残余奥氏体 Ar。

(5) 过冷奥氏体以 v_k 的冷却速度冷却到室温时所得到的组织为:M + Ar。

因为,过冷奥氏体以 v_k 的冷却速度冷却时,开始时过冷奥氏体不发生转变。当冷却曲线与马氏体转变线相交时,奥氏体便开始向马氏体转变,得到马氏体组织。由于马氏体转变终了线高于室温,则有少数奥氏体未发生马氏体转变,残留在组织中,又得到残余奥氏体组织。因此,室温时所得到的组织为:马氏体 M + 残余奥氏体 Ar。

6. (1) 晶粒细小,可以提高金属与合金的强度、硬度、塑性和韧性,达到细晶强化。晶粒越细小,金属与合金的强度、硬度越高,塑性和韧性越好。

(2) 我们学过的细化晶粒的方法主要有:

① 对铸态使用的合金:增大过冷度,加入变质剂,进行搅拌和振动等。

② 对锻造后退火态使用的合金:控制锻造比,控制始锻温度和终锻温度。

③ 对热处理强化态使用的合金:控制加热和冷却工艺参数,利用相变重结晶来细化晶粒。

④ 对热轧或冷变形后退火态使用的合金:控制变形度,控制再结晶退火温度和时间。

第8章　钢的回火转变及合金时效

一、名词解释

钢的回火：将淬火钢加热到低于临界点 A_1 的某一温度，保温一定时间，使淬火组织转变为稳定的回火组织，然后以适当的方式冷却到室温的一种热处理工艺。

回火马氏体：高碳钢在350 ℃以下回火时，马氏体分解后形成的由有一定过饱和度的固溶体（α 相）和与其有共格关系的 ε 碳化物所组成的组织。

回火屈氏体：是指由饱和的针状 α 相和细小粒状渗碳体组成的组织。

回火索氏体：是指由等轴的 α 相和粗粒状渗碳体组成的组织。

钢的回火脆性：钢在一定的温度范围内回火时，其冲击韧性显著下降的脆化现象。

第一类回火脆性：钢在250～400 ℃出现的冲击韧性显著下降的脆化现象，称为第一类回火脆性，又称为低温回火脆性。

第二类回火脆性：钢在450～600 ℃出现的冲击韧性显著下降的脆化现象，称为第二类回火脆性，又称为高温回火脆性或可逆回火脆性。

脱溶：是指从过饱和的固溶体中析出第二相（沉淀相）或形成溶质原子偏聚区及亚稳定过渡相的过程。

局部脱溶：是指不均匀形核引起的析出相的核心优先在晶体缺陷处形成的脱溶方式。

连续脱溶：是指均匀形核引起的析出相附近的浓度变化是连续的。

不连续脱溶：是指脱溶物中的 α 相和母相 α 之间溶质原子浓度不连续。

时效：是指合金在脱溶过程中其机械性能、物理性能、化学性能等随之发生变化的现象。

冷时效：是指在较低温度下，时效硬度从一开始就迅速上升，达到一定值后保持不变的时效。

温时效：是指在较高温度下发生的，时效硬度开始迅速上升时有一个孕育期，达到极大值后又随时间延长而硬度下降的时效。

自然时效：是指在室温下放置产生的时效。

人工时效：是指加热到室温以上某一温度进行的时效。

欠时效：是指时效硬度达到极大值之前的时效。

峰时效：是指时效硬度达到极大值时的时效。

过时效：是指时效硬度达到极大值后又随时间延长硬度下降的时效。

时效硬化：是指在脱溶过程中，合金的硬度、强度会逐渐升高的现象。

GP区：是指原子的局部富集区。

调幅分解：是指由一种固溶体分解为两种结构相同而成分不同的固溶体的固态相变，是固溶体分解的一种特殊形式。

二、填空题

1. 马氏体中碳化物的偏聚；马氏体分解；残余奥氏体转变；碳化物转变；渗碳体的聚集长大和 α 相回复再结晶

2. 稳定组织；减小或消除淬火应力；获得工件所需匹配性能；低／差；高／好

3. 回火马氏体；强度；硬度；耐磨性；回火屈氏体；弹性；回火索氏体；强度；塑性

4. 低温回火脆性；第一类回火脆性

5. Sb；Sn；As；杂质元素量；高温回火后快冷；Mo；W；对亚共析钢在 A_{c1} ～ A_{c3} 区进行亚温淬火

6. 固溶度随温度降低而显著减小；合金中存在时效强化相；自然时效；人工时效

三、选择题

1. C　2. A　3. D　4. D　5. B、D

四、判断题

1. ×　2. ×　3. ×　4. ×　5. ×　6. ×

五、简答题

1. (1) 回火：是将淬火钢加热到低于临界点 A_{c1} 的某一温度，保温一定时间，使淬火组织转变为稳定的回火组织，然后以适当的方式冷却到室温的一种热处理工艺。

(2) 钢经淬火后，得到的马氏体组织不稳定；而且淬火时冷却速度较快，产生热应力和组织应力较大，钢件易产生变形和开裂。因此淬火钢件必须立即回火。

2. 共析钢在淬火后，组织中含有残余奥氏体。在不同温度区间回火时，残余奥氏体将发生分解。在550 ～ 700 ℃ 的珠光体形成温度范围内回火时，残余奥氏体先析出共析碳化物，随后分解为珠光体。在350 ～ 550 ℃ 贝氏体形成温度范围内回火时，残余奥氏体则转变为贝氏体。在200 ～ 300 ℃ 回火时，残余奥氏体分解为 α 相和碳化物的机械混合物（即回火马氏体）。

3. (1) 回火脆性：淬火钢回火时冲击韧性的变化规律总的趋势是随着回火温度的升高而增大，但有些钢在一定的温度范围内回火时，出现冲击韧性显著下降的脆化现象，称为回火脆性。钢在250 ～ 400 ℃ 出现的回火脆性称为第一类回火脆性；在450 ～ 600 ℃ 出现的回火脆性称为第二类回火脆性。

(2) 第一类回火脆性几乎所有钢中都会出现。第一类回火脆性产生原因是由于马氏体分解时沿马氏体条或片的边界析出断续的薄壳状碳化物，降低了晶界的断裂强度。这类回火脆性无法消除；抑制第一类回火脆性的方法是避免在脆化温度范围内回火和使用。

第二类回火脆性主要在合金结构钢中，碳素钢中一般不出现。第二类回火脆性产生的原因是由于回火时 Sn、As、P 等杂质元素在原奥氏体晶界上偏聚或以化合物形式析出，降低了晶界的断裂强度。消除第二类回火脆性的方法是：将脆化状态的钢重新回火，然后快速冷却。抑制第二类回火脆性的方法是：保温后快冷或加入 Mo、W 等合金元素。

4. (1) 合金的时效：合金在脱溶过程中其机械性能、物理性能、化学性能等随之发生变化的现象称为合金的时效。

(2) 影响时效动力学的因素有:

① 时效温度:温度越高,原子活动能力越强,使脱溶速度加快。欠时效时,随着温度的升高,原子活动能力增加,使合金时效速度加快;过时效时,随着温度升高,合金的过饱和度降低,使合金时效速度减慢。

② 合金成分:合金的熔点越低,原子间结合力越弱,原子活动能力越强,使脱溶沉淀速度越快。

③ 晶体缺陷:晶体缺陷越多,新相越易于形成,脱溶速度越快。

5. (1) 钢的回火分为三类:低温回火、中温回火和高温回火。

(2) 三类回火主要应用如下:

① 低温回火应用于工具、量具、滚动轴承、渗碳工件以及表面淬火工件等。目的是部分降低钢中残余应力和脆性,获得高强度、硬度和耐磨性。碳钢的低温回火选择温度为150 ~ 250 ℃。

② 中温回火应用于各种弹簧零件及热锻模具的处理;目的是基本消除工件的内应力,获得极高的弹性极限和良好的韧性。碳钢的中温回火选择温度为350 ~ 500 ℃。

③ 高温回火应用于中碳结构钢和低合金结构钢制造的各种重要的结构零件,特别是在交变载荷下工作的连杆、螺栓以及轴类等。目的是获得较高的综合机械性能。碳钢的高温回火选择温度为500 ~ 650 ℃。

(3) 调质:将淬火加高温回火相结合的热处理工艺称为调质处理,简称调质。

(4) 调质主要应用于零件的最终热处理工序中。

六、综合论述及计算题

1. (1) 共析钢淬火后在回火过程中的组织转变过程主要包括:

① 马氏体中碳的偏聚:当回火温度在20 ~ 100 ℃时,马氏体中过饱和的C、N原子向微观缺陷处偏聚。

② 马氏体分解:当回火温度超过80 ℃时,马氏体开始发生部分分解。

③ 残余奥氏体转变:在20 ~ 700 ℃,钢中的残余奥氏体也发生分解,转变为珠光体或贝氏体或回火马氏体。

④ 碳化物的转变:在250 ~ 400 ℃,由ε碳化物转变成与基体无共格关系的颗粒状渗碳体。

⑤ 碳化物的聚集长大和基体α相的回复、再结晶:当回火温度超过400 ℃以上后,α相发生回复和再结晶过程。α相由针状或板条状转变成无应变的、等轴状新晶粒。同时渗碳体发生聚集和长大,有一定程度的粗化。

(2) 三种典型的回火组织有:

① 回火马氏体:高碳钢在350 ℃以下回火时,马氏体分解后形成的由有一定过饱和度的固溶体(α相)和与其有共格关系的ε碳化物所组成的组织,称为回火马氏体。

② 回火屈氏体:由饱和的针状α相和细小粒状的渗碳体组成的回火组织,称为回火屈氏体。

③ 回火索氏体:由等轴的α相和粗粒状渗碳体组成的回火组织,称为回火索氏体。

2. 马氏体:是碳溶于α - Fe中的过饱和间隙固溶体,记为M,为单相组织。组织特征为板条束或针状。具有高强度、高硬度的性能特点。

回火马氏体:淬火后的高碳钢在350 ℃以下回火时,马氏体分解后形成的由有一定过饱和度的α相固溶体和与其有共格关系的ε碳化物所组成的复相组织。组织特征为针状或竹叶状。具有高强度、高硬度和高耐磨性的性能特点。

索氏体、屈氏体都是层片状铁素体加层片状碳化物的机械混合物组织。索氏体只在高倍光学显微镜下才可分辨铁素体和渗碳体片层形态,屈氏体片层间隙更小,在电子显微镜下才可以看清。索氏体和屈氏体一般由正火或退火获得。索氏体具有较好的强度和塑性。屈氏体片间距更小,强度与硬度较高,塑性也较好。

回火屈氏体:淬火后的碳钢中的碳化物转变完成后形成的,由饱和的针状α相和细小粒状的渗碳体组成的组织。具有较高强度、极高弹性的性能特点。

回火索氏体:淬火后的碳钢中的碳化物转变完成后形成的,由等轴α相和粒状的渗碳体组成的组织。回火索氏体具有综合性能较好的性能特点。

在索氏体和回火索氏体硬度相同时,两类组织的抗拉强度相近,但回火索氏体的屈服强度、延伸率、断面收缩率等性能均比索氏体高。

3. Cu的质量分数为4%的Al-Cu合金的过饱和固溶体在190 ℃时效脱溶过程中,组织和力学性能都会发生变化。具体如下:

①GPI区形成,硬度升高。即首先通过Cu原子的扩散形成薄片状Cu原子富聚区,即GPI区,造成弹性畸变,导致合金硬度升高。

②形成稳定的GPⅡ区,硬度进一步升高。即随着温度的升高或时间的延长,Cu原子进一步富聚,Cu、Al发生有序转变,形成稳定的GPⅡ区(θ″相),并在其周围产生更大的弹性畸变,对位错的阻碍更大,因而导致合金硬度进一步升高。

③形成θ′相,硬度达到最高后,开始下降。即随着脱溶过程进一步发展,片状θ″相周围与基体部分失去共格联系,转变为θ′相,导致合金硬度最高;随着θ′相进一步长大,导致合金硬度开始下降。

④形成平衡相,硬度不断下降。随着θ′相进一步长大,其周围基体中的应力、应变增加,θ′相变得不稳定;当θ′相长大到一定尺寸时,完全脱离α相,形成独立的平衡相(θ相),成分为$CuAl_2$;θ相长大,导致合金硬度不断下降。

第9章　钢的热处理工艺

一、名词解释

钢的热处理工艺：是指根据钢在加热和冷却过程中的组织转变规律制定的钢在热处理时的具体加热、保温和冷却的工艺参数。

退火：是指将组织偏离平衡状态的钢加热到适当温度，保温一定时间，然后缓慢冷却，以获得接近平衡状态组织的热处理工艺。

完全退火：是指将钢加热到 A_{c3} 温度以上，保温足够的时间，使组织完全奥氏体化后缓慢冷却，以获得接近平衡组织的热处理工艺。

不完全退火：不完全退火是将钢加热到 $A_{c1} \sim A_{c3}$（亚共析钢）或 $A_{c1} \sim A_{ccm}$（过共析钢），保温后缓慢冷却，以获得接近平衡组织的热处理工艺。

球化退火：是指将钢加热，使片状渗碳体转变为球状或粒状，以获得粒状珠光体的热处理工艺。

扩散退火：是指将钢加热到 A_{c3} 或 A_{ccm} 以上 150 ~ 300 ℃，长时间保温，然后随炉缓慢冷却的热处理工艺。

再结晶退火：是指将冷变形后的金属加热到再结晶温度以上，保温适当时间后，使变形晶粒转变为无应变的等轴新晶粒，从而消除加工硬化和残余内应力的热处理工艺。

去应力退火：是指将金属加热到再结晶温度以下，保温适当时间，然后缓慢冷却，从而消除机械工件中的残余内应力的热处理工艺。

正火：是将钢加热到 A_{c3}（亚共析钢）或 A_{ccm}（过共析钢）以上适当温度，保温一定时间，使之完全奥氏体化，然后在空气中冷却，以得到珠光体类型组织的热处理工艺。

淬火：是将钢加热到 A_{c3}（亚共析钢）或 A_{c1}（过共析钢）以上，保温一定时间，然后以大于临界淬火速度的速度冷却，以得到马氏体（或下贝氏体）组织的热处理工艺。

完全淬火：是将钢加热到 A_{c3}以上，保温一定时间，然后快速冷却，以得到马氏体组织的热处理工艺。

不完全淬火：是将钢加热到 $A_{c1} \sim A_{c3}$，保温一定时间，然后快速冷却，以得到马氏体组织的热处理工艺。

淬火应力：是指由于淬火所产生的内应力。

过热：是指工件在淬火加热时，温度过高或时间过长，造成奥氏体晶粒粗大的缺陷。

过烧：是指工件在淬火加热时，温度过高，使奥氏体晶界发生氧化或局部熔化的现象。

单液淬火法：是指将加热至奥氏体状态的工件，淬入某种淬火介质中，连续冷却至介质温度的淬火方法。

双液淬火法：是指将加热至奥氏体状态的工件先在冷却能力较强的淬火介质中快速冷却至 M_s 点，然后再转入冷却介质较弱的淬火介质中继续冷却的淬火方法。

分级淬火法：是指将加热至奥氏体状态的工件先淬入高于该钢 M_s 的热浴中停留一定时间，然后取出空冷至室温，在缓慢冷却条件下完成马氏体转变的热处理方法。

等温淬火法:是指将加热至奥氏体状态的工件淬入稍高于 M_s 温度的盐浴中保温足够长时间,使之转变为下贝氏体组织,然后取出再空冷的淬火方法。

钢的淬透性:是指钢在淬火时获得马氏体的能力。

钢的淬硬性:是指钢在淬火后形成的马氏体组织所能达到的硬度。

回火:是将淬火后的钢加热到临界点 A_1 以下某一温度,保温一定时间,使淬火组织转变为稳定的回火组织,然后以适当方式冷却下来的一种热处理工艺。

低温回火:是指碳钢在 150 ~ 250 ℃ 的回火。

中温回火:是指碳钢在 350 ~ 500 ℃ 的回火。

高温回火:是指碳钢在 500 ~ 650 ℃ 的回火。

二、填空题

1. 加热;保温;冷却;形状;性能
2. 球化渗碳体和珠光体;过共析钢
3. A_{c3} + (20 ~ 30)℃
4. A_{c3} + (30 ~ 50)℃;A_{c1} + (30 ~ 50)℃
5. 慢
6. 右移;小;端淬法
7. 热应力;组织应力
8. 分级淬火法
9. 过热;过烧;氧化;脱碳
10. 250 HB;正火;球化退火;完全退火

三、选择题

1. C　2. C、D　3. C　4. C　5. C　6. A　7. B　8. D　9. D　10. C　11. C　12. B

四、判断题

1. ×　2. ×　3. √　4. √　5. ×　6. ×　7. ×　8. ×　9. ×　10. ×　11. √
12. √　13. ×　14. √　15. √　16. ×　17. ×　18. √　19. ×　20. ×

五、简答题

1. 钢的退火是将组织偏离平衡状态的钢加热到适当温度,保温一定时间,然后缓慢冷却,以获得接近平衡状态组织的热处理工艺。

常用退火工艺如下:

(1) 完全退火。将钢加热到 A_{c3}(亚共析钢) 温度以上,保温足够的时间,使组织完全奥氏体化后缓慢冷却,以获得接近平衡组织的热处理工艺。

(2) 不完全退火。将钢加热到 A_{c1} ~ A_{c3}(亚共析钢) 或 A_{c1} ~ A_{ccm}(过共析钢),保温后缓慢冷却,以获得接近平衡组织的热处理工艺。

(3) 球化退火。将钢加热,使片状渗碳体转变为球状或粒状,以获得粒状珠光体的热处理工艺(是不完全退火的一种)。

(4) 扩散退火。将钢加热到 A_{c3}(亚共析钢) 或 A_{ccm}(过共析钢) 以上 150 ~ 300 ℃,长时间保温,然后随炉缓慢冷却的热处理工艺。

(5) 再结晶退火。将冷变形后的金属加热到再结晶温度以上,保温适当时间后,使变形晶粒转变为无应变的等轴新晶粒,从而消除加工硬化和残余内应力的热处理工艺。

(6) 去应力退火。将金属加热到再结晶温度以下,保温适当时间,然后缓慢冷却,从而消除机械工件中的残余内应力的热处理工艺。

2. 球化退火是使钢中的碳化物球化,获得粒状珠光体的一种热处理工艺。

共析钢及过共析工具钢进行球化退火是为了降低硬度,改善切削加工性能,并获得均匀的组织,改善热处理工艺性能,为以后淬火作组织准备。

3. 正火是将钢加热到 A_{c3}(亚共析钢) 或 A_{ccm}(过共析钢) 以上适当温度,保温一定时间,使之完全奥氏化,然后在空气中冷却,以得到珠光体类型组织的热处理工艺。

生产中,正火有如下应用:① 改善低碳钢的切削加工性能;② 消除中碳钢热加工缺陷,均匀组织;③ 消除过共析钢的网状碳化物;④ 提高普通结构件性能。

4. 钢的淬透性与淬硬性无关,两者没有必然的联系,有很大区别。

淬透性是指钢在淬火时获得马氏体的能力。它是钢的固有属性,主要取决于钢的临界冷却速度和过冷奥氏体的稳定性。在同样奥氏体化条件下,同一种钢的淬透性是相同的,不随工件形状、尺寸和介质冷却能力而变化。

淬硬性是指钢淬火后形成的马氏体组织所能达到的硬度,它取决于淬火所得到的马氏体中的碳的质量分数。

5. 合金元素对钢的淬透性有很大影响。除 Co 以外的所有合金元素溶入奥氏体中,都增加过冷奥氏体的稳定性,使过冷奥氏体转变曲线(C 曲线) 右移,从而使钢的淬透性增加。其中碳化物形成元素的影响最为显著。Co 降低过冷奥氏体的稳定性,使过冷奥氏体转变曲线左移,从而使钢的淬透性降低。

6. (1) 淬火:将钢加热到 A_{c3}(亚共析钢) 或 A_{c1}(过共析钢) 以上,保温一定时间,然后以大于临界淬火速度的速度冷却,以得到马氏体(或下贝氏体) 组织的热处理工艺。是热处理工艺中最重要的一种。

(2) 淬火的目的:结构钢通过淬火和高温回火后,可以获得较好的强度和塑性、韧性的配合。弹簧钢通过淬火和中温回火后,可以获得很高的弹性极限。工具钢、轴承钢通过淬火和低温回火后,可以获得高硬度和高耐磨性。

(3) 常用的淬火介质有:水和油。

① 水适用于尺寸不大、形状简单的碳素钢工件。

② 油适用于过冷奥氏体比较稳定的合金钢。

(4) 碳钢常用淬火方法如下:

① 单液淬火。将加热至奥氏体状态的工件,淬入某种淬火介质中,连续冷却至介质温度的淬火方法。

② 双液淬火。将加热至奥氏体状态的工件先在冷却能力较强的淬火介质中快速冷却至接近 M_s 点的温度,以避免过冷奥氏体发生珠光体和贝氏体转变,然后再转入冷却能力较弱的淬火介质中继续冷却,使过冷奥氏体在缓慢冷却条件下转变成马氏体的淬火方法。

③ 分级淬火。将加热至奥氏体状态的工件先淬入高于该钢点 M_s 的热浴中停留一定时间,待工件各部分与热浴的温度一致后,取出空冷至室温,在缓慢冷却条件下完成马氏体转变的淬火方法。

④ 等温淬火。将加热至奥氏体状态的工件先淬入高于该钢点 M_s 的盐浴中等温，保持足够长时间，使之转变为下贝氏体组织，然后取出在空气中冷却的淬火方法。

7. 亚共析钢、共析钢、过共析钢的淬火加热温度的选择应以得到均匀细小的奥氏体晶粒为原则，以便淬火后获得细小的马氏体组织。淬火加热温度主要根据钢的临界点来确定。具体选择温度如下：

(1) 亚共析钢淬火加热温度为 $A_{c3}+(30\sim50)$℃。因为如果亚共析钢在 $A_{c1}\sim A_{c3}$ 加热，加热组织为奥氏体和铁素体两相，淬火冷却以后，组织中除马氏体外，还保留一部分铁素体，将严重降低钢的强度和硬度。但如果 A_{c3} 以上温度过高，会引起奥氏体晶粒粗大，淬火后得到粗大的马氏体，使钢的韧性降低。所以亚共析钢淬火温度一般规定为$A_{c3}+(30\sim50)$℃。

(2) 共析钢和过共析钢淬火加热温度为 $A_{c1}+(30\sim50)$℃。过共析钢加热温度不能超过 A_{ccm} 线，因为它在淬火前要进行球化退火，得到粒状珠光体组织，淬火加热时组织为细小奥氏体晶粒，淬火后得到隐晶马氏体和均匀分布在马氏体上的细粒状碳化物组织。此组织具有高强度、高硬度、高耐磨性和较好的韧性；如淬火温度超过 A_{ccm}，碳化物将完全溶入奥氏体中，淬火后残余奥氏体量增加，降低了钢的硬度和耐磨性，增大钢的脆性。此外，淬火加热温度高于 A_{c1} 太多，则会使奥氏体晶粒粗大，并将使淬火应力增大，工件表面氧化、脱碳严重，也增加了钢的淬火变形开裂倾向。所以共析钢和过共析钢淬火加热温度一般都采用$A_{c1}+(30\sim50)$℃。

8. 碳钢分为亚共析钢($w(C)<0.77\%$)、共析钢($w(C)=0.77\%$)和过共析钢($0.77\%<w(C)<2.11\%$)三种。其中又可分为：低碳钢($w(C)<0.25\%$)、中碳钢($0.25\%\leqslant w(C)\leqslant0.60\%$)和高碳钢($0.6\%<w(C)<2.11\%$)。

亚共析钢退火的目的是细化晶粒、均匀组织、消除内应力和热加工缺陷、改善切削加工性能和冷塑性变形性能。共析钢和过共析钢退火的目的则为了降低硬度，均匀组织，改善切削加工性能，为淬火作好组织准备。

低碳钢正火的目的是改善切削加工性能；中碳钢正火的目的是消除热加工组织缺陷，细化晶粒，均匀组织；共析钢和过共析钢正火的目的是消除网状碳化物。

具体选择如下：

① 低碳钢进行正火。以较快的冷却速度可防止低碳钢沿晶界析出游离的三次渗碳体；提高硬度，改善低碳钢的切削加工性能。

② 中碳钢进行正火。硬度虽较高，但可切削加工。成本低，生产率高。

③$0.6\%<w(C)<0.77\%$ 的高碳钢进行完全退火。正火后硬度高，不利于切削加工。

④ 共析钢和过共析钢进行球化退火。获得粒状珠光体和粒状渗碳体，为淬火作好准备。

9. 将淬火和随后的高温回火相结合的热处理工艺称为调质处理。

经过调质处理的钢得到的组织为回火索氏体，具有强度、塑性和韧性都较好的综合机械性能，广泛用于中碳结构钢及低合金钢制造的各种重要结构零件。

10. 如果钢淬火时的冷却速度可以任意控制，那么它的理想的冷却曲线应如下页右图所示。

在800 ~ 600 ℃ 高温区间，奥氏体较稳定，应缓慢冷却，以减少淬火热应力；但冷却速度需大于临界冷却速度。

在 600 ~ 400 ℃ 中温区间，过冷奥氏体最不稳定，应当快速冷却，避免发生珠光体或贝氏体转变，保证得到马氏体。

在 400 ℃ 以下较低温度，过冷奥氏体也比较稳定，应缓慢冷却以减少组织应力，从而减小工件淬火变形和防止开裂。

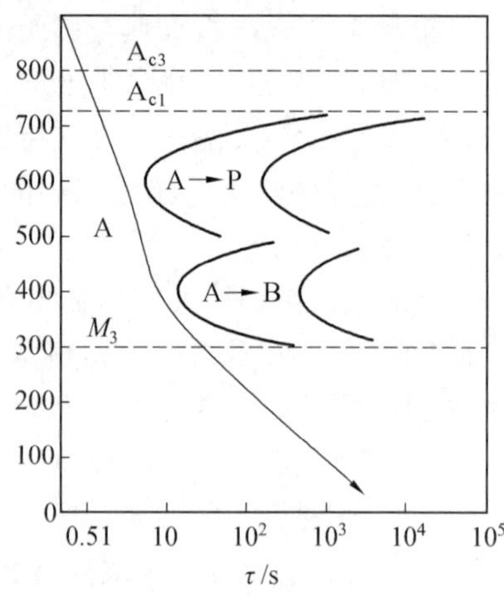

钢的理想的淬火冷却曲线示意图

11. 钢的回火分为低温回火、中温回火和高温回火三种。具体回火温度范围及回火组织名称如下：

① 低温回火：温度为 150 ~ 250 ℃；回火组织为回火马氏体；大量应用于工具、量具、滚动轴承、渗碳工件、表面淬火工件等。

② 中温回火：温度为 350 ~ 500 ℃；回火组织为回火屈氏体；主要用于各类弹簧零件及热锻模具。

③ 高温回火：温度为 500 ~ 650 ℃；回火组织为回火索氏体；广泛用于中碳结构钢及低合金钢制造的各种重要结构零件。

12. 等温球化退火：将钢加热到 A_{c1} 以上 20 ~ 30 ℃，保温 2 ~ 4 h 后，快冷至 A_{r1} 以下 20 ℃ 左右，等温 3 ~ 6 h，再随炉降至 600 ℃ 以下出炉空冷。

共析钢的 A_{c1} = 730 ℃，等温球化退火工艺应为：将共析钢加热到 750 ~ 760 ℃，保温 2 ~ 4 h 后，快冷至 710 ℃ 左右，等温 3 ~ 6 h，再随炉降至 600 ℃ 以下出炉空冷。

共析钢的等温球化退火原理是：将共析钢加热到奥氏体化临界温度 A_{c1} 以上 20 ~ 30 ℃，保温 2 ~ 4 h 后，会获得较细小的奥氏体；温度过高或时间过长，奥氏体晶粒都会变大，且大部分碳化物会溶解，使球化核心减少，球化不完全。快冷至 A_{r1} 以下 20 ℃ 左右，等温 3 ~ 6 h，会发生过冷奥氏体向珠光体等温转变，获得细小粒状珠光体；温度过低或时间过短，则珠光体转变不完全。再随炉冷却，在 600 ℃ 过冷奥氏体向珠光体转变已结束，因此 600 ℃ 以下出炉空冷，可以提高生产效率。

六、综合论述及计算题

1. 在共析钢过冷奥氏体等温转变图上常用淬火方法的冷却曲线示意图如右图所示。

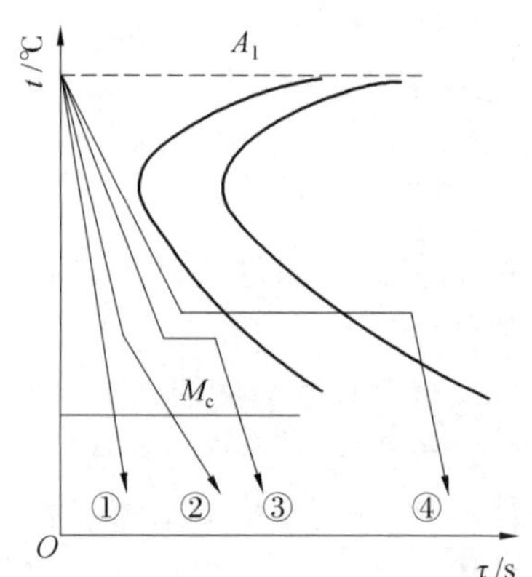

图中：

① 为单液淬火法：将加热至奥氏体状态的工件，淬入某种淬火介质中，连续冷却至介质温度的淬火方法。

② 为双液淬火法：将加热至奥氏体状态的工件先在冷却能力较强的淬火介质中快速冷却至接近 M_s 点温度，然后再转入冷却能力较弱的淬火介质中继续冷却的淬火方法。

③ 为分级淬火法：将加热至奥氏体状态的工件先淬

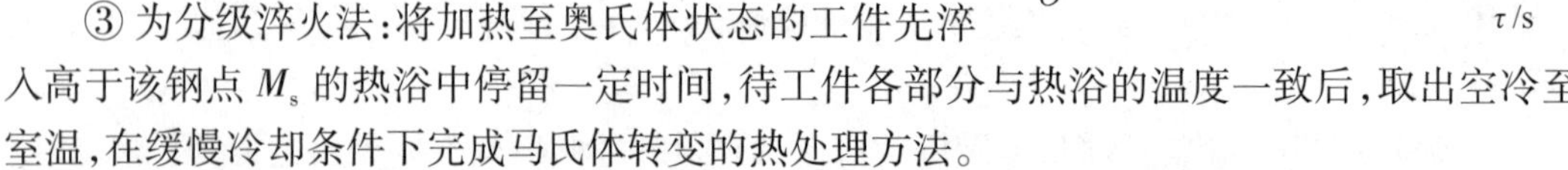
入高于该钢点 M_s 的热浴中停留一定时间，待工件各部分与热浴的温度一致后，取出空冷至室温，在缓慢冷却条件下完成马氏体转变的热处理方法。

④ 为等温淬火法：将加热至奥氏体状态的工件先淬入高于该钢点 M_s 的盐浴中保温足够长时间，使之转变为下贝氏体组织，然后取出在空气中冷却的淬火方法。

2. 淬透性是指钢在淬火时获得马氏体的能力。它是钢的固有属性，主要取决于钢的临界冷却速度和过冷奥氏体的稳定性。对于亚共析钢，含碳量越高，C 曲线越右移，淬透性越高。20 钢、45 钢、T8 钢的碳质量分数为 0.2%、0.45%、0.77%，在正常淬火条件下，因此 T8 钢的淬透性最好，20 钢的淬透性最差，45 钢的淬透性居中。

淬硬性指钢淬火后形成的马氏体组织所能达到的硬度。它取决于淬火所得到的马氏体中的碳质量分数。含碳量越高，淬硬性越高。20 钢、45 钢、T8 钢的碳质量分数分别为 0.2%、0.45%、0.77%，因此在正常淬火条件下，T8 钢的淬硬性最高，20 钢的淬硬性最低，45 钢的淬硬性居中。

3.（1）加热至 760 ℃，保温后随炉冷却，热处理工艺名称为球化退火；获得的组织为粒状珠光体 + 粒状渗碳体。

（2）加热至 760 ℃，保温后油冷，热处理工艺名称为淬火；获得的组织为片状马氏体组织 + 残余奥氏体 + 粒状渗碳体组织。

（3）加热至 760 ℃，保温后在 300 ℃ 硝盐中停留至组织转变结束，然后空冷，热处理工艺名称为等温淬火；获得的组织为下贝氏体。

4. 碳质量分数为 1.2% 的碳钢，其原始组织为片状珠光体加网状渗碳体，为了获得回火马氏体加粒状渗碳体组织，应采用如下热处理工艺：

① 正火：加热温度为 $T = A_{ccm} + (30 \sim 50)$ ℃ $= 850 \sim 870$ ℃，保温一定时间，然后空冷；获得珠光体组织。

② 球化退火：加热温度为 $T = A_{c1} + (20 \sim 30)$ ℃ $= 750 \sim 760$ ℃，保温一定时间，然后炉冷；获得粒状珠光体 + 粒状渗碳体组织。

③ 淬火：加热温度为 $T = A_{c1} + (30 \sim 50)$ ℃ $= 760 \sim 780$ ℃，保温一定时间，然后水冷；获得隐晶马氏体 + 粒状渗碳体 + 残余奥氏体组织。

④ 低温回火：加热温度为 150 ~ 250 ℃，保温一定时间，然后空冷；获得回火马氏体 + 粒状渗碳体组织。

5. 45 钢（$w(C) = 0.45\%$，$A_{c1} = 730$ ℃，$A_{c3} = 780$ ℃）制造的连杆，要求具有良好的综合机械性能，因此预备热处理和最终热处理工艺及所获得的组织如下：

（1）预备热处理。

正火：加热温度 $T = A_{c3} + (30 \sim 50)$ ℃ $= 810 \sim 830$ ℃；保温一定时间，$\tau = (1.5 \sim 2.0)D$；然后空冷；得到珠光体组织。

（2）最终热处理：调质处理。

① 淬火：加热温度 $T = A_{c3} + (30 \sim 50)$ ℃ $= 810 \sim 830$ ℃；进行保温一定时间，$\tau = (1.5 \sim 2.0)KD$，然后在水中冷却；得到板条马氏体 + 残余奥氏体组织。

② 高温回火：加热到 500 ~ 650 ℃，保温一定时间（一般小于 2 h），然后空冷；得到回火索氏体组织，具有良好的综合机械性能。

6. 用 T10A（$w(C) = 1.0\%$，$A_{c1} = 730$ ℃，$A_{c3} = 800$ ℃）制造冷冲模的冲头，冲头要求具有高硬度、高耐磨性，因此制定预备热处理和最终热处理工艺及其各阶段获得的组织如下：

（1）预备热处理。

球化退火：加热温度 $T = A_{c1} + (20 \sim 30)$ ℃ $= 750 \sim 760$ ℃，保温 2 ~ 4 h，然后炉冷；得到

粒状珠光体 + 粒状渗碳体组织。

(2) 最终热处理。

① 淬火：加热温度为 $T = A_{c1} + (30 \sim 50)$℃ = 760 ~ 780 ℃，保温一定时间，$\tau = (1.5 \sim 2.0)KD$；然后水冷；得到隐晶马氏体组织 + 粒状渗碳体 + 残余奥氏体组织。

② 低温回火：加热温度 150 ~ 250 ℃，保温一定时间 1 ~ 2 h，然后空冷；得到回火马氏体 + 粒状渗碳体组织，具有高硬度、高耐磨性。

7. 这时的组织已经是粗大的奥氏体晶粒，产生了过热的加热缺陷，因此必须采取措施进行补救，才能获得所需要的粒状组织，具体方法为：

① 将工件立即取出，放在空气中冷却，阻止过热缺陷的发展。

② 进行正火，消除过热组织。即将工件加热到 $T = A_{ccm} + (30 \sim 50)$℃ = 850 ~ 860 ℃；保温一定时间，$\tau = (1.5 \sim 2.0)D$，然后放在空气中冷却。

③ 进行球化退火，获得所需的粒状珠光体 + 粒状渗碳体组织。即将工件加热到 $T = A_{c1} + (20 \sim 30)$℃ = 750 ~ 760 ℃，进行保温 2 ~ 4 h，然后随炉冷却。

8. (1) 正常情况下，45 钢(w(C) = 0.45%，A_{c1} = 730 ℃，A_{c3} = 780 ℃) 制造的螺栓应采用完全退火和完全淬火 + 高温回火热处理工艺。完全退火加热温度应为 $A_{c3} + (20 \sim 30)$℃ = 780 ℃ + (20 ~ 30)℃ = 800 ~ 810 ℃；完全淬火加热温度应为 $A_{c3} + (30 \sim 50)$℃ = 780 ℃ + (30 ~ 50)℃ = 810 ~ 830 ℃；高温回火加热温度应为 500 ~ 650 ℃。

(2) 但是错用了 T12 钢(w(C) = 1.2%，A_{c1} = 730 ℃，A_{ccm} = 820 ℃)：① 退火时加热保温温度为 800 ~ 810 ℃，已经接近到了 T12 钢 A_{ccm} 下限，退火得到的组织将是粗大的珠光体 + 网状二次渗碳体组织。② 再进行淬火，加热保温温度为 810 ~ 830 ℃，正好是 T12 钢 A_{ccm} 温度附近，水冷后将会得到粗大的片状马氏体 + 网状二次渗碳体 + 残余奥氏体组织；③ 最后进行高温回火，加热温度约 600 ℃，空冷，将会得到粗大的回火索氏体 + 网状二次渗碳体组织。

(3) 得到的粗大的回火索氏体 + 网状二次渗碳体组织，其性能必然会：强度较低，硬度较高，塑性、韧性较差，易于脆断。

9. (1) 淬透性：是指钢在淬火时获得马氏体的能力，它是钢的固有属性，取决于钢的临界冷却速度、过冷奥氏体的稳定性。淬透性的大小用钢在一定条件下淬火所获得的淬透层深度来表示。

影响钢的淬透性的因素主要有：① 奥氏体的化学成分：含碳量越接近共析成分，奥氏体越稳定，临界冷速越小，钢的淬透性越大；合金元素越多，C 曲线大大右移，奥氏体稳定性增加，钢的淬透性越大；② 奥氏体的成分均匀性：奥氏体成分越均匀，越不易分解，钢的淬透性越大；③ 奥氏体的晶粒度：晶粒度越粗大，晶界减少，晶体缺陷密度减少，临界冷速越小，钢的淬透性越大；④ 未溶第二相：奥氏体中未溶第二相越多，越容易分解，钢的淬透性越小。

(2) 淬硬性：是指钢在淬火后形成的马氏体组织所能达到的硬度。取决于马氏体中的碳质量分数。

影响钢的淬硬性的因素是淬火后马氏体中的碳质量分数。马氏体中的碳质量分数越高，钢的淬硬性越大。

10. (1) 炮弹壳通常采用金属铜材料，常温下拉伸变形和旋压成型生产工艺都为冷加工，因此塑性变形对金属组织的影响如下：

① 形成纤维组织。金属经塑性变形时，沿着变形方向晶粒被拉长。当变形量很大时，

晶粒难以分辨,而呈现出一片如纤维丝状的纤维组织。

② 形成形变织构。随着变形的发生,还伴随着晶粒的转动。在拉伸时晶粒的滑移面转向平行于外力的方向,在压缩时转向垂直于外力方向。故在变形量很大时,金属中各晶粒的取向会大致趋于一致,而使晶粒形成具有择优取向的形变织构。

③ 亚结构细化:冷变形会增加晶粒中的位错密度。随着变形量的增加,位错交织缠结,在晶粒内形成胞状亚结构的形变胞。胞内位错密度较低,胞壁是由大量缠结位错组成。变形量越大,则形变胞数量越多,尺寸越小。

④ 点阵畸变严重:金属在塑性变形中产生大量点阵缺陷(空位、间隙原子、位错等),使点阵中的一部分原子偏离其平衡位置,而造成晶格畸变。在变形金属吸收的能量中绝大部分转变为点阵畸变能。点阵畸变引起的弹性应力的作用范围很小,一般为几十至几百纳米,称为第三类内应力。由于各晶粒之间的塑性变形不均匀而引起的内应力,其作用范围一般不超过几个晶粒,称为第二类内应力。第一、第二类内应力又称为微观内应力。而宏观内应力是由于金属工件各部分间的变形不均匀而引起的,其平衡范围是整个工件。

(2) 塑性变形对金属力学性能的影响主要有以下三方面:

① 呈现明显的各向异性。主要是由于形成了纤维组织和变形织构。

② 产生形变强化。变形过程中,位错密度升高,导致形变胞的形成和不断细化,对位错的滑移产生巨大的阻碍作用,可使金属的变形抗力显著升高。

③ 塑性变形对金属物理、化学性能的影响。经过冷塑性变形后,使金属的导电性、电阻温度系数和导热性下降;使导磁率、磁饱和度下降,但矫顽力增加;提高金属的内能,使化学活性提高,耐腐蚀性下降。

(3) 拉伸变形和旋压成型后会产生残余应力,在随后的存储和使用过程中可能产生变形或开裂。

(4) 采用去应力退火可以来规避该风险。去应力退火又称低温退火,也称回复退火。通过去应力退火,可以降低弹壳内应力,并使之硬度和强度基本保持不变。

11. (1) 正火。

加热温度为 810 + 30 ℃,得到奥氏体组织;保温一定时间,$\tau = (1.5 \sim 2.0)D$;然后空冷,得到珠光体类组织。

具有较高强度和较好塑性的性能。

(2) 调质处理:即淬火 + 高温回火工艺。具体参数为:

① 淬火:加热到 840 ℃,得到奥氏体组织;进行保温一定时间,$\tau = (1.5 \sim 2.0)KD$,然后在水中冷却;得到板条马氏体和残余奥氏体组织。

② 高温回火:加热到 500 ~ 650 ℃,保温一定时间(一般小于 2 h),然后空冷;得到回火索氏体组织。

调质处理后的 45 碳钢材料,具有高的强度和塑性。

12. 最终热处理工艺如下:

(1) 淬火。

加热到 830 ℃(A_{c3} + (30 ~ 50) ℃),得到单相奥氏体组织;塑性好;保温一定时间;然后水冷,得到马氏体和少量残余奥氏体组织。高强度,较高硬度,塑性稍差。

(2) 中温回火。

加热到 300 ~ 450 ℃;保温一定时间; 空气中冷却至室温,得回火屈氏体组织。高强度,较高硬度,弹性极限高。

13. (1) 汽车半轴铸态金属组织经锻造热加工后可以得到如下改善:

① 提高金属致密度:可使铸态组织中的气孔、疏松及微裂纹焊合;改善铸态组织缺陷,提高材料性能。

② 细化晶粒:可以使铸态的粗大树枝晶通过变形和再结晶的过程而变成较细的晶粒。

③ 打碎粗大组织,并均匀分布:某些高合金钢中的莱氏体和大块初生碳化物可被打碎并使其分布均匀等。

④ 消除偏析:热加工过程温度高,原子扩散速度快,元素分布均匀。

调质处理即为淬火加高温回火的热处理工艺。汽车半轴经调质处理后可以得到回火索氏体组织,具有强度和硬度较高,塑性和韧性较好的综合性能。

第 10 章　扩散

一、名词解释

扩散:扩散是物质中原子或分子的迁移现象,是物质传输的一种方式,是固体材料中的一个重要现象。

激活能:原子克服能垒所必须的能量称为激活能,用 Q 表示。原子间的结合力越大,排列得越紧密,Q 越大,原子迁移越困难。温度越高,原子迁移的几率越大。

自扩散:与浓度梯度无关的扩散,如晶粒自发长大、晶界的移动。

互扩散:伴有浓度变化的扩散。扩散主要是由浓度梯度或温度梯度引起。

下坡扩散:扩散从浓度较高处向较低处扩散,使浓度均匀化为止。

上坡扩散:沿着浓度升高的方向进行的扩散,即由低浓度向高浓度的扩散,使浓度发生两极分化。

原子扩散:在扩散过程中晶格类型始终不变,没有新相产生。

反应扩散/相变扩散:通过扩散使固溶体的溶质组元浓度超过固溶度极限而形成新相的过程。

稳态扩散:是指扩散过程中扩散物质的浓度分布不随时间变化,只随距离 x 变化的扩散过程。

二、填空题

1. 扩散;固体材料
2. 激活能;缺陷集中
3. 定向宏观的迁移
4. 一个位置迁移到另一个位置
5. 激活能;结合力
6. 空位扩散机制;间隙扩散机制
7. 足够驱动力;扩散原子有固溶度;温度要足够高;时间要足够长
8. 自扩散;互扩散
9. 下坡扩散;上坡扩散
10. 化学位
11. 原子扩散
12. 反应扩散/相变扩散
13. 在相界面处产生浓度突变
14. 稳态扩散
15. 间隙原子;置换原子
16. 温度、键能和晶体结构、固溶体类型、晶体缺陷、化学成分

三、选择题

1. B　2. A、C　3. A　4. B　5. A、B　6. A、B　7. A、B、C、D　8. A、B、C、D　9. A、D
10. B、C　11. B、C　12. A、B、C、D

四、判断题

1. ×　2. √　3. ×　4. ×　5. √　6. ×　7. √　8. ×　9. √　10. ×　11. √
12. ×　13. √　14. ×　15. √　16. ×　17. √　18. √　19. ×　20. ×　21. ×
22. √　23. ×

五、简答题

1. 扩散是物质中原子或分子的迁移现象，是物质传输的一种方式，是固体材料中的一个重要现象。例如：金属与合金的熔炼、金属铸件的凝固、均匀化退火、材料的固态相变、冷变形金属的回复和再结晶、钢及合金的热处理和焊接、加热过程中的氧化和脱碳、各种表面处理、高温蠕变、多边形化，以及陶瓷或粉末冶金的烧结等，都与扩散密切相关。

2. 扩散的现象是在扩散力的作用下，原子发生定向宏观的迁移。

扩散的本质是原子依靠热运动被从一个位置迁移到另一个位置。

原子产生振动跃迁的两个原因是：激活能和缺陷集中。

3. 原子克服能垒所必须的能量称为激活能，用 Q 表示。

影响激活能的因素主要有原子间的结合力和温度。原子间的结合力越大，排列得越紧密，Q 越大，原子迁移越困难。温度越高，原子迁移的几率越大。

4. 对于固态金属来说，扩散机制主要有：

(1) 空位扩散机制：在扩散过程中原子可以离开其点阵位置，“跳入”邻近的空位。温度越高，空位浓度越大，金属中的原子扩散越容易。

(2) 间隙扩散机制：间隙原子从一个间隙位置移动到另一个间隙位置。这种机制不需要空位。间隙原子尺寸越小，扩散越快。

5. 固态金属要发生扩散必须满足的条件有：

(1) 扩散要有驱动力：组元总是从化学位高的地方自发地迁移到化学位低的地方，以降低系统自由能。温度梯度、应力梯度、表面自由能差，以及电场和磁场的作用也可引起扩散。

(2) 扩散原子要固溶：扩散原子在基体金属中必须有一定的固溶度。

(3) 温度要足够高：温度越高，原子振动越激烈。达到一定高度，获得超高激活能 Q，原子被激活，才能跃迁。

(4) 时间要足够长：扩散原子在晶体中每次跃迁最多只能移动 0.4 nm，需要长时间。

6. 固态扩散分类：

(1) 根据扩散过程是否发生浓度变化，分为自扩散和互扩散。

(2) 根据扩散方向是否与浓度梯度相同，分为下坡扩散和上坡扩散。

(3) 根据扩散过程中是否出现新相，分为原子扩散和反应扩散／相变扩散。

7. 下坡扩散：即扩散从浓度较高处向较低处扩散，使浓度均匀化为止，如碳原子由高浓度向低浓度的扩散。

上坡扩散:即沿着浓度升高的方向进行的扩散,是由低浓度向高浓度的扩散,结果会使浓度发生两极分化。如在应力作用下,铜原子发生了由低浓度向高浓度的扩散。

8. 反应扩散的特点是在相界面处产生浓度突变,突变的浓度正好对应于相图中相的极限浓度。这可以用相律来解释:常压下,$f=c-p+1$。当扩散温度一定时,$f=c-p$。单相区,$f=1$;两相区,$f=0$。即每种组元的化学位在两相区的各点都相等。所以,二元系的扩散层不可能存在两相区。

9. 将均匀的 Al - Cu 合金方棒进行弹性弯曲,并在一定温度下加热,结果会发现直径较大的铝原子向受拉伸的一边扩散,而直径较小的铜原子向受压缩的一边扩散,即进行了上坡扩散。这种上坡扩散的驱动力是应力梯度。

10. 在单位时间内通过垂直于扩散方向的单位截面积的扩散物质流量与该截面处的浓度梯度成正比,即

$$J=-D\frac{dC}{dx}$$

式中,J 为扩散通量,表示单位时间内通过垂直于扩散方向的单位截面积的扩散物质流量,单位为 $kg/(m^2 \cdot s)$;D 为扩散系数,单位为 m^2/s;而 C 为扩散物质的体积浓度,单位为 kg/m^3;式中的负号表示物质的扩散方向与质量浓度梯度 dC/dx 方向相反,即表示物质从高的质量浓度区向低的质量浓度区方向迁移。

该方程称为菲克第一定律或扩散第一定律。

11. 扩散过程中扩散物质的浓度分布随时间和距离变化的非稳态扩散过程,即

$$\frac{\partial C}{\partial t}=D\frac{\partial^2 C}{\partial x^2}$$

式中,x 为距离,单位为 m;t 为时间,单位为 s;D 为扩散系数,单位为 m^2/s;而 C 为扩散物质的体积浓度,单位为 kg/m^3。

该方程称为菲克第二定律或扩散第二定律。

12. 扩散系数的一般表达式为:

$$D=D_0\exp\left(-\frac{Q}{RT}\right)$$

式中,D_0为扩散常数;R 为气体常数,$R=8.314\ J/(mol \cdot K)$,Q 为原子的扩散激活能;T 为绝对温度。

六、综合论述及计算题

1. 溶质原子沿距离 x 方向的分布,采用正弦曲线方程表示成:

$$C_x=C_p+A_0\sin\frac{\pi x}{\lambda}$$

均匀化退火时,浓度正弦波波幅降低,λ 不变。故有

$$C_{(x=0,t)}=C_p \cdot \frac{dC_{(x=\frac{\lambda}{2},t)}}{dt}=0$$

由扩散第二定律则有

$$C(x,t)-C_p=A_0\sin\left(\frac{\pi x}{\lambda}\right)\exp\left(-\frac{\pi^2 Dt}{\lambda^2}\right)$$

在浓度最大位置处:

$$x = \frac{\lambda}{2}, \sin\left(\frac{\pi x}{\lambda}\right) = 1$$

因而

$$C\left(\frac{\lambda}{2}, t\right) - C_p = A_0 \exp\left(-\frac{\pi^2 Dt}{\lambda^2}\right)$$

并且

$$A_0 = C_{\max} - C_p$$

所以

$$\exp\left(-\frac{\pi^2 Dt}{\lambda^2}\right) = \frac{\left[C\left(\frac{\lambda}{2}, t\right) - C_p\right]}{C_{\max} - C_p}$$

铸锭经均匀化退火后,成分偏析的振幅要求降低到原来的1% 时:

$$\frac{C\left(\frac{\lambda}{2} t\right) - C_p}{C_{\max} - C_p} = \frac{1}{100}$$

即

$$\exp\left(-\frac{\pi^2 Dt}{\lambda^2}\right) = \frac{1}{100}$$

解得

$$t = 0.467 \frac{\lambda^2}{D}$$

2. 在927 ℃时,碳在γ - Fe中的扩散常数为$D_0 = 0.20\ \text{cm}^2/\text{s}$, $Q = 140 \times 10^3\ \text{J/mol}$,而Ni的扩散常数为$D_0 = 0.44\ \text{cm}^2/\text{s}$, $Q = 283 \times 10^3\ \text{J/mol}$,则温度$T = 927 + 273 = 1\ 200$ K。

又扩散系数D为

$$D = D_0 \exp\left(-\frac{Q}{RT}\right)$$

故

$$D_{1\ 200}^{\text{C}} = 2.0 \times 10^{-5} \text{e}^{-\frac{140 \times 10^3}{8.314 \times 1\ 200}}\ \text{m}^2/\text{s} = 1.6 \times 10^{-11}\ \text{m}^2/\text{s}$$

$$D_{1\ 200}^{\text{Ni}} = 4.4 \times 10^{-5} \text{e}^{-\frac{283 \times 10^3}{8.314 \times 1\ 200}}\ \text{m}^2/\text{s} = 2.08 \times 10^{-17}\ \text{m}^2/\text{s}$$

3. 由于碳在γ - Fe中扩散时, $D_0 = 2.0 \times 10^{-5}\ \text{m}^2/\text{s}$, $Q = 140 \times 10^3\ \text{J/mol}$, $R = 8.314\ \text{J/(mol·K)}$;并且温度$T_1 = 927 + 273 = 1\ 200$ K, $T_2 = 1\ 027 + 273 = 1\ 300$ K。

又扩散系数D为

$$D = D_0 \exp\left(-\frac{Q}{RT}\right)$$

由此可以算出在927 ℃和1 027 ℃时碳的扩散系数分别为:

$$D_{1\ 200} = 2.0 \times 10^{-5} \text{e}^{-\frac{140 \times 10^3}{8.314 \times 1\ 200}} = 1.61 \times 10^{-11}\ \text{m}^2/\text{s}$$

$$D_{1\ 300} = 2.0 \times 10^{-5} \text{e}^{-\frac{140 \times 10^3}{8.314 \times 1\ 300}} = 4.74 \times 10^{-11}\ \text{m}^2/\text{s}$$

4. 铁在912 ℃时发生α - Fe向γ - Fe转变,转变温度$T = 912 + 273 = 1\ 185$ K。又扩散系数D为

$$D = D_0 \exp\left(-\frac{Q}{RT}\right)$$

所以

$$D_\alpha = 19 \times 10^{-5} e^{-\frac{239 \times 10^3}{8.314 \times 1\,185}}\ m^2/s = 5.47 \times 10^{-15}\ m^2/s$$

$$D_\gamma = 1.8 \times 10^{-5} e^{-\frac{270 \times 10^3}{8.314 \times 1\,185}}\ m^2/s = 2.22 \times 10^{-17}\ m^2/s$$

5. 扩散系数的物理意义是浓度梯度为 1 时的扩散通量。扩散系数越大,扩散速度越快。

影响扩散的因素有:温度、键能和晶体结构、固溶体类型、晶体缺陷、化学成分。

(1) 温度。温度是影响扩散速率的最主要因素。温度越高，原子热激活能量越大，越易发生迁移，扩散系数越大。

(2) 键能和晶体结构。由于原子间的扩散激活能取决于原子间的结合能,即键能,所以高熔点的纯金属的扩散激活能较高。

(3) 固溶体类型。不同类型的固溶体，溶质原子的扩散激活能是不同的。间隙原子的扩散激活能比置换原子的扩散激活能小。

(4) 晶体缺陷。扩散物质通常可以沿晶内扩散、晶界扩散和表面扩散。一般规律是表面扩散最快,晶界次之,亚晶界又次之,晶内最慢。在位错、空位等缺陷处的原子比完整晶格处的原子扩散容易得多。

(5) 化学成分。第三组元(或杂质) 对二元合金扩散原子的影响较为复杂，可能提高其扩散速率，也可能降低，或者几乎无作用。熔点高的金属的自扩散激活能必然大。

6. (1) 在 477 ℃ 时,温度 $T = 477 + 273 = 750$ K。

由于扩散系数 D 为

$$D = D_0 \exp\left(-\frac{Q}{RT}\right)$$

则铜在铝中的扩散系数为

$$D_{750} = 8.4 \times 10^{-6} e^{-\frac{136 \times 10^3}{8.314 \times 750}} = 2.83 \times 10^{-15}\ m^2/s$$

(2) 在 497 ℃ 时,温度 $T = 497 + 273 = 770$ K。

由于扩散系数 D 为

$$D = D_0 \exp\left(-\frac{Q}{RT}\right)$$

则铜在铝中的扩散系数为

$$D_{770} = 8.4 \times 10^{-6} e^{-\frac{136 \times 10^3}{8.314 \times 770}} = 5.94 \times 10^{-15}\ m^2/s$$

7. 根据本章综合论述题 1 中结果,有

$$t = 0.467 \frac{\lambda^2}{D}$$

又在 477 ℃ 时,温度 $T = 477 + 273 = 750$ K,故

$$t_{750} = 0.467 \times \frac{(10^{-4}/2)^2}{2.83 \times 10^{-15}} = 4.13 \times 10^5\ s$$

在 497 ℃ 时,温度 $T = 497 + 273 = 770$ K,故

$$t_{770} = 0.467 \times \frac{(10^{-4}/2)^2}{5.94 \times 10^{-15}} = 1.97 \times 10^5\ s$$

8. (1) 温度高低对渗碳速度有很大影响。因为扩散系数随温度的升高而急剧长大。温

度越高,渗碳速度越快。

(2) 渗碳应该在 γ - Fe 中进行。因为虽然室温下碳在 α - Fe 中的扩散系数比在 γ - Fe 中大,但是当把碳钢加热到奥氏体化温度时,一方面碳在 γ - Fe 中的扩散系数急剧增加;另一方面,碳在 γ - Fe 中的溶碳能力急剧增大,从而增加渗层深度。

(3) 空位密度、位错密度和晶粒大小对渗碳速度都有影响。空位密度和位错密度越多,渗碳速度越快,因为缺陷处能量较高,扩散激活能降低,从而增大扩散系数。晶粒越小,渗碳速度越快,因为晶粒越小,晶界面积越大,从而原子沿晶界的扩散速度越快。

9. 若将质量相同的一块纯铜板和一块纯银板紧密地压合在一起,则压力会使两块板实现分子间粘合;再高温长时间加热,则会发生扩散现象,因此两块板会焊合在一起。根据相图,冷至室温后,纯铜板结合处室温下组织为 α + (α + β),纯银板结合处室温下组织为 β + (α + β),由此可见,内部会出现共晶组织。共晶组织的熔点低(800 ℃ 左右),则会有共晶组织分布在晶界处,易熔化而出现过烧现象。因此在生产中要控制温度和时间,从而控制相互溶解度量,从而避免共晶组织出现。

附录　综合练习

综合练习一

一、判断题（对的，题前用字母 T 标注；错的，题前用字母 F 标注。每题 1 分，共 20 分）

1. F	2. T	3. F	4. F	5. F
6. T	7. T	8. F	9. T	10. F
11. F	12. T	13. T	14. F	15. T
16. F	17. F	18. F	19. F	20. F

二、选择题（有 1 ～ 4 个正确答案。每题 1 分，错选或选不全的不得分，共 20 分）

1. A、B	2. C	3. D	4. A、B、C
5. A、B	6. D	7. D	8. B
9. A、C、D	10. C	11. B	12. D
13. B	14. A	15. E	16. A、C
17. D	18. A、D	19. A、B	20. B

三、简答题（每题 5 分，共 30 分）

1. 当外部条件（温度或压强等）改变时，金属内部由一种晶体结构向另一种晶体结构的转变称为多晶型转变或同素异构转变。

例如，铁在 912 ℃ 以下为体心立方晶格，称为 α − Fe；当加热到 912 ℃ 时，则晶格结构转变为面心立方晶格，称为 γ − Fe；当加热到 1 394 ℃ 时，晶格结构又转变为体心立方晶格，称为 δ − Fe。

2. ① 在显微组织上，板条马氏体为相互平行排列的板条；片状马氏体为针状或竹叶状。

② 在空间形态上，板条马氏体为扁条状；片状马氏体为凸透镜状。

③ 在亚结构上，板条马氏体为高密度的位错；片状马氏体为孪晶。

④ 在含碳量上，板条马氏体为低、中碳钢；片状马氏体为高碳钢。

⑤ 在性能上，板条马氏体具有强韧性；片状马氏体硬而脆。

3. （1）冷塑性变形对金属组织的影响如下：

① 形成纤维组织。金属经塑性变形时，沿着变形方向晶粒被拉长。当变形量很大时，晶粒难以分辨，而呈现出一片如纤维丝状的纤维组织。

② 形成形变织构。随着变形的发生,还伴随着晶粒的转动。在拉伸时晶粒的滑移面转向平行于外力的方向,在压缩时转向垂直于外力方向。故在变形量很大时,金属中各晶粒的取向会大致趋于一致,而使晶粒形成具有择优取向的形变织构。

③ 亚结构细化。冷变形会增加晶粒中的位错密度。随着变形量的增加,位错交织缠结,在晶粒内形成胞状亚结构的形变胞。胞内位错密度较低,胞壁是由大量缠结位错组成。变形量越大,则形变胞数量越多,尺寸越小。

④ 点阵畸变严重。金属在塑性变形中产生大量点阵缺陷(空位、间隙原子、位错等),使点阵中的一部分原子偏离其平衡位置,而造成晶格畸变。在变形金属吸收的能量中绝大部分转变为点阵畸变能。点阵畸变引起的弹性应力的作用范围很小,一般为几十至几百纳米,称为第三类内应力。由于各晶粒之间的塑性变形不均匀而引起的内应力,其作用范围一般不超过几个晶粒,称为第二类内应力。而第一类内应力又称宏观内应力,是由金属工件或材料各部分间的变形不均匀而引起的,其平衡范围是整个工件。

(2) 塑性变形对金属力学性能的影响主要有下面三个方面:

① 呈现明显的各向异性。主要是由于形成了纤维组织和变形织构。

② 产生形变强化。变形过程中,位错密度升高,导致形变胞的形成和不断细化,对位错的滑移产生巨大的阻碍作用,可使金属的变形抗力显著升高。

③ 塑性变形对金属物理、化学性能的影响。经过冷塑性变形后,金属的导电性、电阻温度系数和导热性下降;导磁率、磁饱和度下降,但矫顽力增加;金属的内能提高,化学活性提高,耐腐蚀性下降。

4. 钢的淬火加热温度的选择应以得到均匀细小的奥氏体晶粒为原则,以便淬火后获得细小的马氏体组织。淬火加热温度主要根据钢的临界点确定。高碳钢的碳质量分数为0.6% ~1.3%,具体选择温度如下:

(1) 碳的质量分数为0.6% ~ 0.76% 的高碳钢,为亚共析钢,淬火加热温度为 A_{c3} + (30 ~50)℃。因为如果亚共析钢在 A_{c1} ~ A_{c3} 温度之间加热,加热组织为奥氏体和铁素体两相,淬火冷却以后,组织中除马氏体外,还保留一部分铁素体,将严重降低钢的强度和硬度。但如果 A_{c3} 以上温度过高,会引起奥氏体晶粒粗大,淬火后得到粗大的马氏体,使钢的韧性降低。所以亚共析钢淬火温度一般规定为 A_{c3} + (30 ~ 50)℃。

(2) 碳的质量分数为0.77% ~ 1.3% 的高碳钢,为共析钢和过共析钢,淬火加热温度为 A_{c1} + (30 ~ 50)℃。过共析钢加热温度不能超过 A_{ccm} 线,因为它在淬火前要进行球化退火,得到粒状珠光体组织,淬火加热时组织为细小奥氏体晶粒,淬火后得到隐晶马氏体和均匀分布在马氏体上的细粒状碳化物组织。此组织具有高强度、高硬度、高耐磨性和较好的韧性;如淬火温度超过 A_{ccm},碳化物将完全溶入奥氏体中,淬火后残余奥氏体量增加,降低了钢的硬度和耐磨性,增大钢的脆性。此外,淬火加热温度高于 A_{c1} 太多,则会使奥氏体晶粒粗大,并将使淬火应力增大,工件表面氧化、脱碳严重,也增加了钢的淬火变形开裂倾向。所以共析钢和过共析钢淬火加热温度一般都采用 A_{c1} + (30 ~ 50)℃。

5. 强化金属材料的方法有 5 种,具体如下:

(1) 固溶强化。溶质原子溶入金属基体而形成固溶体使金属的强度、硬度升高,塑性、韧性有所下降的现象。

(2) 细晶强化。金属的晶粒越细小,则强度和硬度越高,塑性和韧性越好。

(3) 形变强化。金属材料经塑性变形后,其强度和硬度升高,塑性和韧性下降。

（4）第二相强化。当第二相以细小弥散的微粒均匀分布于基体相中时，将阻碍位错运动，产生显著的强化作用。

（5）马氏体相变强化。通过钢中的相变获得的马氏体，具有高强度和高硬度。

6. 答：（1）以共析钢为例，淬火态钢在回火加热时的组织转变过程主要包括：

① 马氏体中碳的偏聚。当回火温度在20 ~ 100 ℃时，马氏体中过饱和的C、N原子向微观缺陷处偏聚。

② 马氏体分解。当回火温度超过80 ℃时，马氏体开始发生部分分解。得到回火马氏体组织。

③ 残余奥氏体转变。在20 ~ 700 ℃，钢中的残余奥氏体也发生分解，转变为珠光体或贝氏体或回火马氏体。

④ 碳化物的转变。在250 ~ 400 ℃，由ε碳化物转变成与基体无共格关系的颗粒状渗碳体。得到回火屈氏体组织。

⑤ 碳化物的聚集长大和基体α相的回复、再结晶。当回火温度超过400 ℃后，α相发生回复和再结晶过程。α相由针状或板条状转变成无应变的、等轴状新晶粒。同时渗碳体发生聚集和长大，有一定程度的粗化。得到回火索氏体组织。

（2）所得三种典型的回火组织的性能特点如下：

① 回火马氏体。高碳钢在350 ℃以下回火时，马氏体分解后形成的由有一定过饱和度的固溶体（α相）和与其有共格关系的ε碳化物所组成的组织，称为回火马氏体。具有高强度、高硬度和高耐磨性的性能特点。

② 回火屈氏体。由饱和的针状α相和细小粒状的渗碳体组成的回火组织，称为回火屈氏体。具有较高强度、极高弹性的性能特点。

③ 回火索氏体。由等轴的α相和粗粒状渗碳体组成的回火组织，称为回火索氏体。具有综合性能较好的性能特点。

四、综合题（每题10分，共30分）

1.（1）

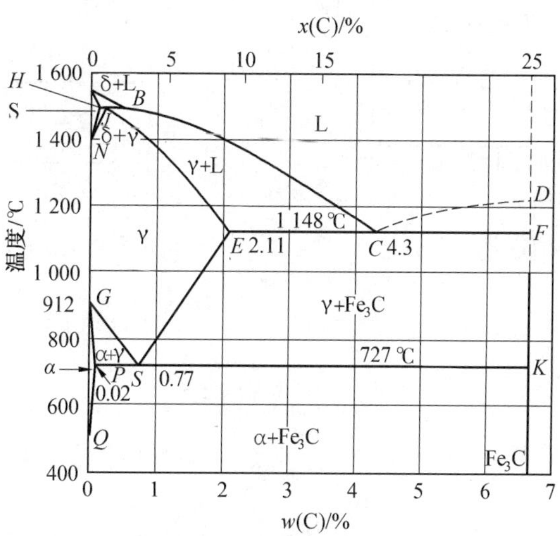

（2）*HJB* 水平线上：在1 495 ℃下发生包晶转变，其反应式为：$L_B + \delta_H \xrightleftharpoons{1\,495\ ℃} \gamma_J$，得到

的组织为奥氏体。

ECF 水平线上：在1 148 ℃下发生共晶转变，其反应式为：$L_C \xrightleftharpoons{1\ 148\ ℃} \gamma_E + Fe_3C$，得到的组织为莱氏体。

PSK 水平线上：在727 ℃温度下发生共析转变，其反应式为：$\gamma_S \xrightleftharpoons{727\ ℃} \alpha_P + Fe_3C$，得到的组织为珠光体。

(3)

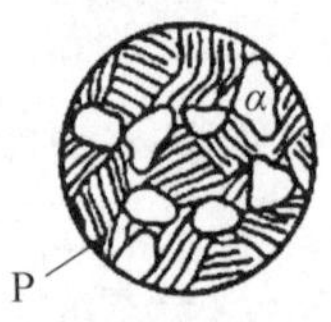

亚共析钢室温平衡组织的示意图

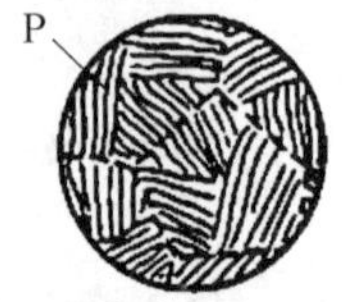

共析钢室温平衡组织的示意图

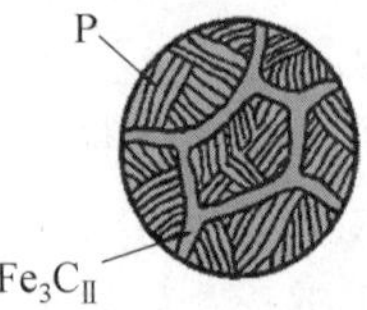

过共析钢室温平衡组织的示意图

(4) $w(C)=0.6\%$ 的铁碳合金组织组成物为珠光体P和先共析铁素体F，其相对含量计算如下：

$$w(P)=\frac{0.6-0.021\ 8}{0.77-0.021\ 8}\times 100\% = 77.3\%$$

$$w(F)=1-w(P)=1-77.3\% = 22.7\%$$

$$w(F)=\frac{0.60-0.021\ 8}{0.77-0.021\ 8}\times 100\% = 77.3\% w(P)=1-w(F)=1-77.3\% = 22.7\%$$

2.

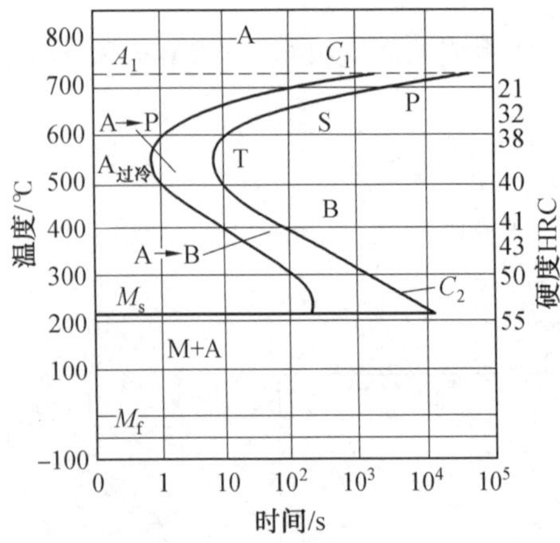

共析钢过冷奥氏体等温转变曲线

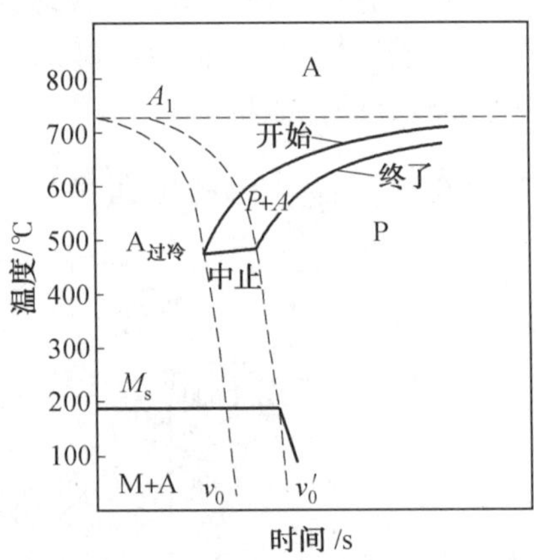

共析钢过冷奥氏体连续冷却转变曲线

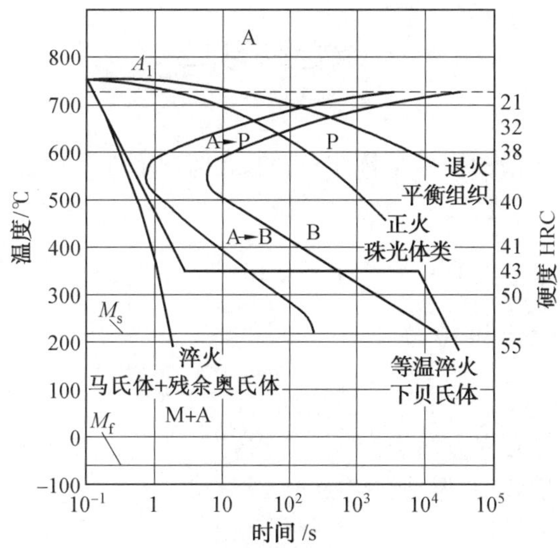

共析钢过冷奥氏体等温转变曲线中相当于退火、正火、淬火、等温淬火的冷却曲线及所得组织名称示意图

3. 制造汽车后桥半轴要求具有良好的强度、硬度和塑性、韧性，应选用中碳钢，常选用45钢（$w(C)=0.45\%$，$A_{c1}=730$ ℃，$A_{c3}=780$ ℃）制造，由于要求具有良好的综合机械性能，因此预备热处理和最终热处理工艺及所获得的组织如下：

（1）预备热处理。进行正火处理。加热温度 $T=A_{c3}+(30\sim50)$℃$=(810\sim830)$℃；保温一定时间，$\tau=(1.5\sim2.0)D$，D 为工件有效厚度；然后空冷。得到珠光体类组织，具有较高强度和较好塑性。

（2）最终热处理。进行淬火＋高温回火的调质处理。

① 淬火。加热温度 $T=A_{c3}+(30\sim50)$℃$=(810\sim830)$℃；进行保温一定时间，$\tau=(1.5\sim2.0)KD$，K 为装炉系数，D 为工件有效厚度；然后在水中冷却。得到板条马氏体＋残余奥氏体组织，具有高强度、高硬度的性能。

② 高温回火。加热到 500 ~ 650 ℃，保温一定时间（一般小于 2 h）；然后空冷。得到回火索氏体组织，具有良好的综合机械性能。

综合练习二

一、判断题(对的,题前用字母 T 标注;错的,题前用字母 F 标注。每题 1 分,共 10 分)

1. F　　2. F　　3. F　　4. F　　5. T
6. T　　7. F　　8. T　　9. T　　10. T

二、填空题(每题 1 分,共 10 分)

1. 形核;长大
2. 面心立方结构;体心立方结构;密排六方结构
3. 控制过冷度;变质处理;振动或搅拌
4. 溶剂
5. 空位、间隙原子、置换原子;位错;外表面、晶界、亚晶界、孪晶界、堆垛层错、相界;缩孔、白点、气泡等
6. $T_m - T_0$;大
7. 0.68;8;2
8. 滑移面上位错的逐步运动
9. 高;好
10. 正火

三、选择题(1 ~ 4 个正确答案,每题 1 分,错选或选不全的不得分,共 20 分)

1. C	2. B、C	3. C、D	4. D	5. A、B、C、D
6. C	7. C	8. D	9. C	10. B
11. B	12. C、D	13. A、B、C、D	14. A、B、C、D	15. D
16. B	17. B、C	18. B	19. B	20. B

四、简答题(每题 5 分,共 30 分)

1. 马氏体组织形态主要有板条马氏体和片状马氏体两种。板条马氏体亚结构主要为高密度的位错且分布不均,相互缠结形成位错胞;片状马氏体亚结构主要是孪晶。

在性能上,板条马氏体具有强韧性;片状马氏体硬而脆。影响马氏体性能的因素有碳和合金元素的质量分数。马氏体的硬度主要取决于含碳量,对碳钢来说,随着碳质量分数的增加,板条马氏体数量相对减少,片状马氏体数量相对增加。合金元素对马氏体的硬度影响不大,但可以提高强度。

2. 当变形金属的变形量达到某一数值时,再结晶的晶粒特别粗大时的变形度称为临界变形度。

在临界变形度附近的变形量较小,形成的再结晶核心较少,而长大速度较快,因此造成金属再结晶后的组织粗大。从而使金属的强度、硬度降低,并且塑性、韧性也下降。在生产中应避免在临界变形度范围内进行加工,以免再结晶晶粒粗大。

3. 共析钢加热时,珠光体向奥氏体转变的过程,即奥氏体化过程。共析钢的原始组织

为片状珠光体。当加热到 A_{c1} 以上温度保温时,将全部转变为奥氏体。共析钢奥氏体的形成过程包括四个阶段,具体如下:

① 奥氏体的形核。奥氏体晶核优先在铁素体与渗碳体的相界面上形成。因为在相界上碳浓度分布不均,位错密度较高、原子排列不规则,处于能量较高的状态,易获得形成奥氏体形核所需的浓度起伏、结构起伏和能量起伏。

② 奥氏体长大。奥氏体晶核形成之后,它一面与渗碳体相邻,另一面与铁素体相邻。这使得在奥氏体中出现了碳的浓度梯度,即奥氏体中靠近铁素体一侧含碳量较低,而靠近渗碳体一侧含碳量较高,引起碳在奥氏体中由高浓度一侧向低浓度一侧扩散。碳在奥氏体中的扩散,破坏了原先相界面处碳浓度的平衡,即造成奥氏体中靠近铁素体一侧的碳浓度增高,靠近渗碳体一侧碳浓度降低。为了恢复原先碳浓度的平衡,势必促使铁素体向奥氏体转变以及渗碳体的溶解。这样,奥氏体中与铁素体和渗碳体相界面处碳平衡浓度的破坏与恢复的反复循环过程,就使奥氏体逐渐向铁素体和渗碳体两方向长大,直至铁素体全部转变为奥氏体为止。

③ 剩余渗碳体溶解。铁素体消失以后,随着保温时间延长或继续升温,剩余在奥氏体中的渗碳体通过碳原子的扩散,不断溶入奥氏体中,使奥氏体的碳浓度逐渐接近共析成分。这一阶段一直进行到渗碳体全部消失为止。

④ 奥氏体成分均匀化。当剩余渗碳体全部溶解时,奥氏体中的碳浓度仍是不均匀的,原来存在渗碳体的区域碳浓度较高,继续延长保温时间或继续升温,通过碳原子扩散,奥氏体的碳浓度会逐渐趋于均匀化,最后得到成分均匀的单相奥氏体。

4. 钢的淬透性与淬硬性无关,两者没有必然的联系,有很大区别。

淬透性是指钢在淬火时获得马氏体的能力,它是钢的固有属性,主要取决于钢的临界冷却速度和过冷奥氏体的稳定性。在同样奥氏体化条件下,同一种钢的淬透性是相同的,不随工件形状、尺寸和介质冷却能力而变化。

淬硬性是指钢淬火后形成的马氏体组织所能达到的硬度,它取决于淬火所得到的马氏体中的碳质量分数。

生产中,淬火是热处理工艺中最重要的一种。即要将钢件加热到 A_{c3}(亚共析钢)或 A_{c1}(过共析钢)以上,保温一定时间,然后以大于临界淬火速度的速度冷却,以得到马氏体(或下贝氏体)组织。淬火时会产生热应力和组织应力。选择淬透性好的钢,可以有较小的临界淬火速度,从而降低淬火时产生的热应力和组织应力。

5. (1) 魏氏组织。$w(C) < 0.6\%$ 的亚共析钢或 $w(C) > 1.2\%$ 过共析钢由高温以较快速度冷却时,从奥氏体晶界上生长出来的铁素体或渗碳体近乎平行的呈羽毛状或三角形的、其间分布着珠光体的组织。

(2) 形成条件。① $w(C) < 0.6\%$ 或 $w(C) > 1.2\%$;② 奥氏体晶粒粗大;③ 冷却速度较快。

(3) 危害。机械性能严重下降,且脆性转折温度(FATT)升高。

(4) 消除。① 正火或退火,重新奥氏体化,细化晶粒;② 控制轧制。重新轧制、锻造,细化晶粒。

6. (1) 淬火钢回火时冲击韧性的变化规律总的趋势是随着回火温度的升高而增大,但有些钢在一定的温度范围内回火时,出现冲击韧性显著下降的脆化现象,称为回火脆性。碳钢在 250 ~ 400 ℃ 出现的回火脆性称为第一类回火脆性;在 450 ~ 600 ℃ 出现的回火脆性称为第二类回火脆性。

(2) 第一类回火脆性几乎所有钢中都会出现。第一类回火脆性产生原因是由于马氏体分解时沿马氏体条或片的边界析出断续的薄壳状碳化物,降低了晶界的断裂强度。这类回火脆性无法消除;抑制第一类回火脆性的方法是避免在脆化温度范围内回火和使用。

第二类回火脆性主要在合金结构钢中,碳素钢中一般不出现。第二类回火脆性产生的原因是由于回火时 Sn、As、P 等杂质元素在原奥氏体晶界上偏聚或以化合物形式析出,降低了晶界的断裂强度。消除第二类回火脆性的方法是:将脆化状态的钢重新回火,然后快速冷却。抑制第二类回火脆性的方法是:保温后快冷或加入 Mo、W 等合金元素。

五、综合题(每题 10 分,共 30 分)

1. (1)

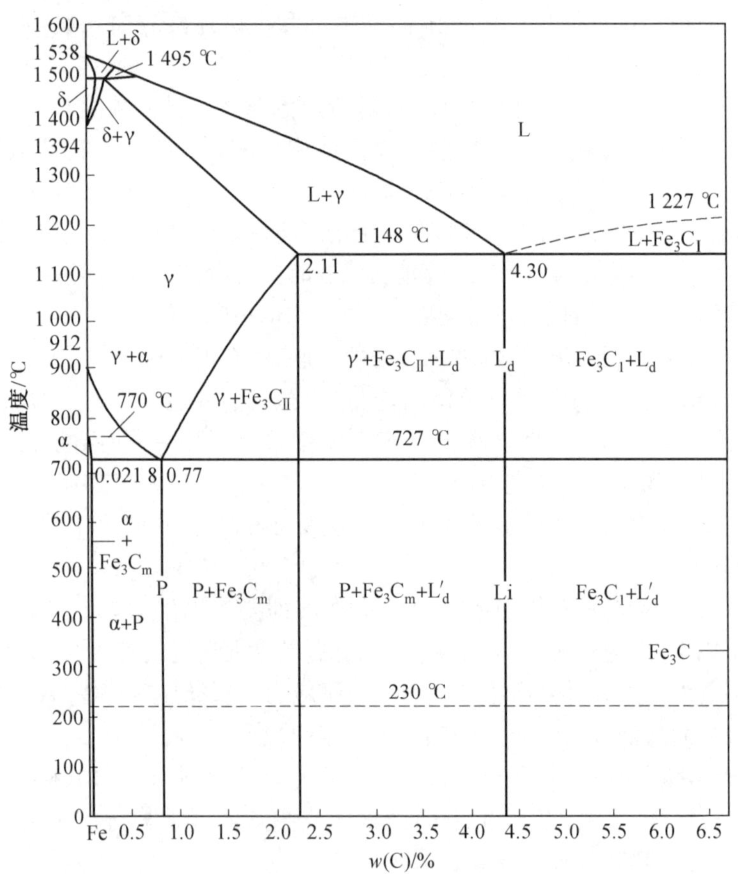

(2) 下图是该合金在冷却过程中的组织变化和冷却曲线示意图。当合金温度高于 1 点时,合金全部为液态。在结晶过程中,合金温度缓慢冷却至 1 点时,开始结晶出 δ 固溶体。在1 ~ 2 温度范围内,合金按匀晶转变结晶;随着温度继续降低,δ 相的浓度沿固相线变化,L 相浓度沿液相线变化,δ 固溶体的数量不断增多。当合金冷却到 2 点时,δ 固溶体的碳质量分数为0. 09%,液相的碳质量分数为0. 53%,于是液相和δ 固溶体于1 495 ℃ 下发生包晶转变,形成奥氏体 γ。合金自 2 点温度冷至 3 点过程中,自液相中会继续结晶出奥氏体 γ,此时液相的成分沿 *BC* 线变化,奥氏体的成分则沿 *JE* 线变化。当合金缓慢冷却至 3 点时,合金全部由碳质量分数为 0. 45% 的奥氏体 γ 所组成。单相的奥氏体 γ 冷却到点 4 时,在晶界上开

始析出铁素体 α。随着温度的降低，铁素体 α 的数量不断增加，此时铁素体的成分沿 *GP* 线变化，而奥氏体的成分则沿 *GS* 线变化。当合金冷却到 5 点与共析线相遇时，奥氏体的成分已达到 *S* 点，即碳质量分数达到了 0.77%，于 727 ℃ 恒温下发生共析反应，形成珠光体 P。在点 5 以下，先共析铁素体和珠光体中的铁素体都将析出三次渗碳体，但其数量很少，忽略不计。故该合金在室温下的显微组织为 α + P。

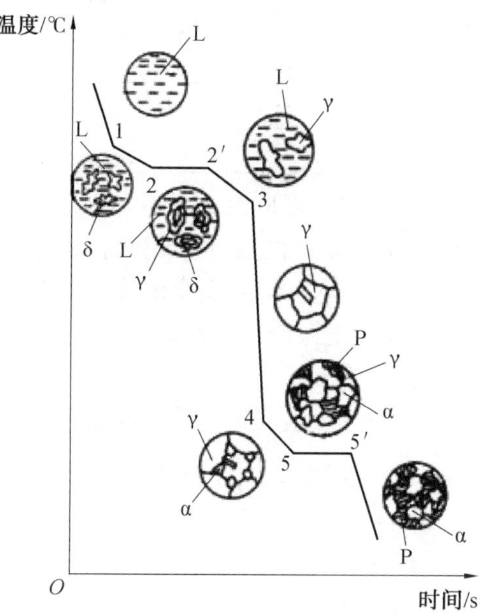

(3) 室温组织组成物相对含量为

$$w(\mathrm{F})=\frac{0.77-0.45}{0.77-0.0218}\times 100\%=42.8\%$$

$$w(\mathrm{P})=100\%-w(\mathrm{F})=57.2\%$$

室温相组成物相对含量为

$$w(\mathrm{F})=\frac{6.69-0.45}{6.69-0.0218}\times 100\%=93.6\%$$

$$w(\mathrm{Fe_3C})=100\%-w(\mathrm{F})=6.4\%$$

2. 用 T12A($w(\mathrm{C})=1.2\%$，$A_{c1}=730$ ℃，$A_{ccm}=810$ ℃）制造冷冲模的冲头，冲头要求具有高硬度、高耐磨性，因此制定预备热处理和最终热处理工艺及其各阶段获得的组织及性能特点如下。

(1) 预备热处理：球化退火。

加热温度 $T=A_{c1}+(20\sim30)$℃ $=(750\sim760)$℃，保温 2 ~ 4 h；然后炉冷。得到粒状珠光体 + 粒状渗碳体组织。具有较好的强度和硬度。

(2) 最终热处理：淬火 + 低温回火。

① 淬火。加热温度为 $T=A_{c1}+(30\sim50)$℃ $=(760\sim780)$℃，保温一定时间，$\tau=(1.5\sim2.0)KD$；然后水冷。得到隐晶马氏体组织 + 粒状渗碳体 + 残余奥氏体组织。具有较高的强度，但较脆。

② 低温回火。加热温度 150 ~ 250 ℃，保温一定时间 1 ~ 2 h，然后空冷。得到回火马氏体 + 粒状渗碳体组织。具有高硬度、高耐磨性。

3. (1)

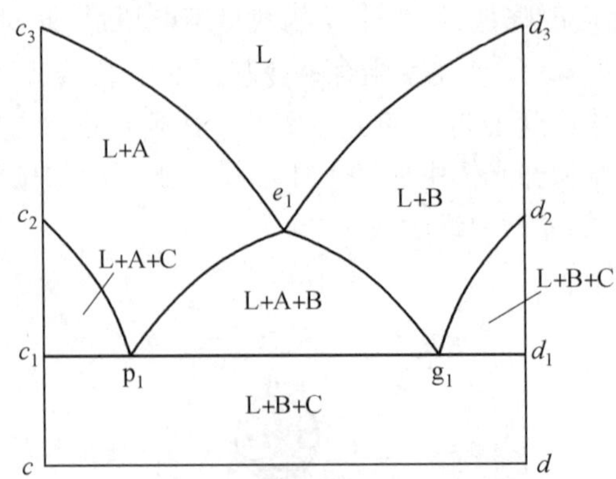

(2) 合金 O 结晶过程。合金 O 在 t_A 温度以上全部为液态 L；冷却到液相面时开始结晶，析出初晶 A；随着温度的不断降低，A 晶体的数量不断增加，液相的数量不断减少；当温度降至三元共晶温度 t_E 时，A 晶体的成分固定不变，剩余的液相发生三元共晶转变：$L \rightleftharpoons A + B + C$，直到液相全部消失为止；之后温度继续降低，组织不再发生变化。故合金 O 在室温下的平衡组织是：初晶 A + 三元共晶体(A + B + C)。

(3) 合金 O 的室温组织组成物和相组成物的相对含量为

$$\omega(\mathrm{A}) = \frac{OE}{AE} \times 100\%$$

$$\omega(\mathrm{A + B + C}) = \frac{AO}{AE} \times 100\%$$

合金 O 的相组成物的相对含量为

$$\omega(\mathrm{A}) = \frac{Om}{Am} \times 100\%$$

$$\omega(\mathrm{B}) = \frac{Og}{Bg} \times 100\%$$

$$\omega(\mathrm{C}) = \frac{Of}{Cf} \times 100\%$$

综合练习三

一、判断题(对的,题前用字母T标注;错的,题前用字母F标注。每题1分,共20分)

1.T	2.F	3.T	4.T	5.F
6.T	7.T	8.T	9.F	10.T
11.F	12.T	13.F	14.F	15.F
16.F	17.T	18.T	19.F	20.F

二、选择题(有1～4个正确答案,每题1分,错选或选不全的不得分,共20分)

1.A、C、D	2.B、D	3.C	4.B	5.D
6.C	7.C	8.D	9.D	10.A、B
11. A	12.A、B、C	13.B	14.A	15.D
16.D	17.A	18.A	19.C	20.C

三、简答题(每题5分,共30分)

1.(1)弹簧钢丝冷拔过程中,随着变形量的增大,加工硬化明显增加,难以继续变形,中间采用较高温度退火即再结晶退火,可以使金属的内应力完全消除,使金属的强度、硬度和塑性、韧性重新复原到冷变形之前的状态,以继续进行冷拔。

(2)弹簧冷卷后会产生加工硬化,采用低温退火即回复退火(又称去应力退火)可以降低内应力,并使之定型,而弹簧硬度和强度基本保持不变。

2.金属锻件的机械性能一般优于其铸件。这是由于通过锻造可使铸态组织中的气孔、疏松及微裂纹焊合,提高金属致密度;某些高合金钢中的莱氏体和大块初生碳化物可被打碎并使其分布均匀;并且通过锻造可使晶粒细化,消除偏析。

3.(1)金属的再结晶温度由下式确定:

$$T_{再}(\mathrm{K}) = (0.35 \sim 0.4)\ T_{熔}(\mathrm{K})$$

金属的再结晶退火温度为 $T(℃) = T_{再}(℃)$ + 适当温度

(2)影响金属的再结晶晶粒大小的因素有:

① 冷变形程度:变形度越大,晶粒越细小;

② 原始晶粒尺寸:原始晶粒越细,再结晶晶粒越细;

③ 杂质与合金元素:杂质与合金元素越多,晶粒越细;

④ 变形温度:变形温度越高,再结晶晶粒越粗;

⑤ 退火温度:退火温度越高,再结晶晶粒越粗。

4.在塑性变形过程中,随着变形程度的增加,金属的强度、硬度显著升高,塑性、韧性则显著下降的现象,称为加工硬化,又称形变强化。

金属材料产生加工硬化的原因是随着塑性变形程度的增加,位错的密度不断增加,位错运动时的相互交割加剧,产生位错塞积群、割阶、缠结网等障碍,阻碍位错的进一步运动,引起变形抗力增加,因此提高了金属的强度。

生产中,采用去应力退火或再结晶退火来消除加工硬化。

5. 当变形金属的变形量达到某一数值时，再结晶的晶粒特别粗大时的变形度称为临界变形度。在临界变形度附近时的变形量较小，形成的再结晶核心较少，而长大速度较快，因此造成金属再结晶后的组织粗大。从而使金属的强度、硬度降低，并且塑性、韧性也下降。在生产中应避免在临界变形度范围内进行加工，以免再结晶晶粒粗大。

6. (1) 冷塑性变形对金属组织的影响如下：

① 形成纤维组织。金属经塑性变形时，沿着变形方向晶粒被拉长。当变形量很大时，晶粒难以分辨，而呈现出一片如纤维丝状的纤维组织。

② 形成形变织构。随着变形的发生，还伴随着晶粒的转动。在拉伸时晶粒的滑移面转向平行于外力的方向，在压缩时转向垂直于外力方向。故在变形量很大时，金属中各晶粒的取向会大致趋于一致，而使晶粒形成具有择优取向的形变织构。

③ 亚结构细化。冷变形会增加晶粒中的位错密度。随着变形量的增加，位错交织缠结，在晶粒内形成胞状亚结构的形变胞。胞内位错密度较低，胞壁是由大量缠结位错组成。变形量越大，则形变胞数量越多，尺寸越小。

④ 点阵畸变严重。金属在塑性变形中产生大量点阵缺陷（空位、间隙原子、位错等），使点阵中的一部分原子偏离其平衡位置，而造成的晶格畸变。在变形金属吸收的能量中绝大部分转变为点阵畸变能。点阵畸变引起的弹性应力的作用范围很小，一般为几十至几百纳米，称为第三类内应力。由于各晶粒之间的塑性变形不均匀而引起的内应力，其作用范围一般不超过几个晶粒，称为第二类内应力。而第一类内应力又称宏观内应力，是由金属工件各部分间的变形不均匀而引起的，其平衡范围是整个工件。

(2) 塑性变形对金属力学性能的影响主要有下面三个方面：

① 呈现明显的各向异性。主要是由于形成了纤维组织和变形织构。

② 产生形变强化。变形过程中，位错密度升高，导致形变胞的形成和不断细化，对位错的滑移产生巨大的阻碍作用，可使金属的变形抗力显著升高。

③ 塑性变形对金属物理、化学性能的影响。经过冷塑性变形后，金属的导电性、电阻温度系数和导热性下降；导磁率、磁饱和度下降，但矫顽力增加；金属的内能提高，化学活性提高，耐腐蚀性下降。

四、综合题（每题 10 分，共 30 分）

1. 马氏体是碳在 α - Fe 中的过饱和固溶体，记为 M。

板条马氏体具有高强韧性的原因如下：

① 板条马氏体形成过程中，形成固溶强化。过饱和的间隙原子碳在 α 相晶格中造成晶格的正方畸变，形成一个很强的应力场，该应力场阻碍位错的运动，从而提高马氏体的强度和硬度。

② 板条马氏体形成过程中，形成相变强化。马氏体转变时，在晶体内造成晶格缺陷密度很高的亚结构。这些缺陷都将阻碍位错的运动，使马氏体得到强化。

③ 板条马氏体形成过程中，形成时效强化。马氏体形成以后，在随后的放置过程中，碳和合金元素的原子会向位错线等缺陷处扩散而产生偏聚，发生"自回火"，使位错难以运动，从而造成马氏体的强化。

④ 板条马氏体形成过程中，形成晶界强化。通常情况下，原始奥氏体晶粒越细小，所得到的马氏体板条束也越细小，而马氏体板条束阻碍位错的运动，使马氏体得到强化。

⑤ 形成的板条马氏体为高密度位错，而且胞状位错亚结构中存在低密度位错区，能缓和局部应力集中，且不存在显微裂纹；而且碳的质量分数低，晶格畸变小，淬火应力小，因而具有高塑韧性。

2.（1）共析钢过冷奥氏体等温转变曲线及各条线、区及区域的金属学意义如下：

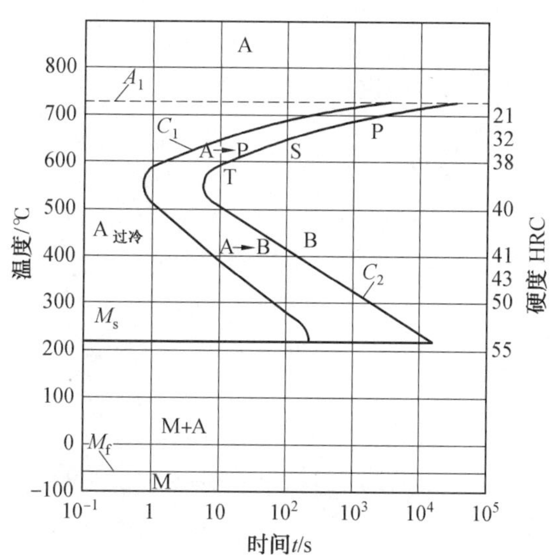

共析钢过冷奥氏体等温转变曲线

A_1— 钢的临界点；

M_s— 马氏体转变开始温度；

M_f— 马氏体转变终了温度；

C_1— 过冷奥氏体转变开始线；

C_2— 过冷奥氏体转变终了线；

A— 奥氏体区；

$A_{过冷}$— 过冷奥氏体区；

P— 珠光体区；

S— 索氏体区；

T— 屈氏体区；

B— 贝氏体区；

A → P— 过冷奥氏体向珠光体转变区；

A → B— 过冷奥氏体向贝氏体转变区；

M + A— 马氏体 + 残余奥氏体区。

（2）影响共析钢过冷奥氏体等温转变曲线的因素有：

① 含碳量的影响。亚共析钢的 *C* 曲线随着含碳量的增加右移，过共析钢的 *C* 曲线随着含碳量增加左移。

② 合金元素的影响。除钴以外所有的合金元素溶入奥氏体中都能增加奥氏体的稳定性，使 *C* 曲线右移。

③ 奥氏体晶粒度。A 晶粒细小，晶界总面积增加，有利于新相形核和原子扩散，因此有利于先共析转变和珠光体转变，使 *C* 曲线左移。

④ 奥氏体均匀性。A 成分越均匀，则越稳定，新相形核和长大过程中所需时间就越长，*C* 曲线越向右移。

⑤ 加热条件。加热速度越快，成分越不均匀，形成的晶粒越细小，从而降低 A 的稳定性，使 *C* 曲线向左移。

⑥ 应力和塑性变形的影响。受拉应力将加速转变，*C* 曲线左移；而等向压应力下，原子迁移阻力大，减慢 A 转变，*C* 曲线右移。 塑性变形使点阵畸变加剧，位错密度增加，有利于 Fe 、C 扩散和晶格改组，可促进 A 转变，*C* 曲线左移。

3. 最终热处理工艺为：淬火 + 中温回火。具体工艺如下：

（1）淬火。加热到830 ℃（A_{c3} +（30 ~ 50）℃），得到单相奥氏体组织，塑性好；保温一定时间 $\tau = KD$；然后水冷。

得到马氏体和少量残余奥氏体组织。

高强度，较高硬度，塑性稍差。

（2）中温回火。加热到400 ℃（300 ~ 450 ℃）；保温一定时间 $\tau = KD$；在空气中冷却至室温。

得到回火屈氏体组织。

高强度,较高硬度,弹性极限高。

综合练习四

一、判断题(对的,题前用字母 T 标注;错的,题前用字母 F 标注。每题 1 分,共 20 分)

1. F	2. F	3. F	4. F	5. T
6. F	7. F	8. F	9. T	10. F
11. T	12. F	13. T	14. T	15. T
16. F	17. T	18. T	19. F	20. T

二、选择题(1 ~ 4 个正确答案, 每题 1 分,错选或选不全的不得分,共 20 分)

1. D	2. B、D	3. B	4. B、D	5. C
6. B、D	7. A	8. B	9. D	10. D
11. D	12. A、C	13. A、B、C、D	14. A、C、D	15. B
16. A、B、C、D	17. C	18. A、C、D	19. A	20. C

三、简答题(每题 5 分,共 30 分)

1. 共析钢在加热过程中的组织转变过程即奥氏体化过程。共析钢的原始组织为片状珠光体。当加热到 A_{c1} 以上温度保温时,将全部转变为奥氏体。共析钢奥氏体的形成过程包括四个阶段:

① 奥氏体的形核。奥氏体晶核优先在铁素体与渗碳体的相界面上形成。因为在相界上碳浓度分布不均,位错密度较高、原子排列不规则,处于能量较高的状态,易获得形成奥氏体形核所需的浓度起伏、结构起伏和能量起伏。

② 奥氏体长大。奥氏体晶核形成之后,它一面与渗碳体相邻,另一面与铁素体相邻。这使得在奥氏体中出现了碳的浓度梯度,即奥氏体中靠近铁素体一侧含碳量较低,而靠近渗碳体一侧含碳量较高,引起碳在奥氏体中由高浓度一侧向低浓度一侧扩散。碳在奥氏体中的扩散,破坏了原先相界面处碳浓度的平衡,即造成奥氏体中靠近铁素体一侧的碳浓度增高,靠近渗碳体一侧碳浓度降低。为了恢复原先碳浓度的平衡,势必促使铁素体向奥氏体转变以及渗碳体的溶解。这样,奥氏体中与铁素体和渗碳体相界面处碳平衡浓度的破坏与恢复的反复循环过程,就使奥氏体逐渐向铁素体和渗碳体两方向长大,直至铁素体全部转变为奥氏体为止。

③ 剩余渗碳体溶解。铁素体消失以后,随着保温时间延长或继续升温,剩余在奥氏体中的渗碳体通过碳原子的扩散,不断溶入奥氏体中,使奥氏体的碳浓度逐渐接近共析成分。这一阶段一直进行到渗碳体全部消失为止。

④ 奥氏体成分均匀化。当剩余渗碳体全部溶解时,奥氏体中的碳浓度仍是不均匀的,原来存在渗碳体的区域碳浓度较高,继续延长保温时间或继续升温,通过碳原子扩散,奥氏体的碳浓度会逐渐趋于均匀化,最后得到成分均匀的单相奥氏体。

2. ① 在显微组织上,下贝氏体和片状马氏体都呈针状或竹叶状。

② 在空间形态上,下贝氏体和片状马氏体都呈凸透镜状。

③ 在亚结构上,下贝氏体的竹叶有分支,而片状马氏体的竹叶平行。

④ 在相组成上,下贝氏体为两相,而片状马氏体为单相。

⑤ 在获得方法上,下贝氏体通过等温淬火获得,而片状马氏体通过普通淬火获得。

3. 钢在 450 ~ 600 ℃ 出现的、冲击韧性显著下降的脆化现象,称为第二类回火脆性,又称为高温回火脆性,或可逆回火脆性。

第二类回火脆性主要在合金结构钢中,碳素钢中一般不出现。第二类回火脆性产生的原因是由于回火时 Sn、As、P 等杂质元素在原奥氏体晶界上偏聚或以化合物形式析出,降低了晶界的断裂强度。

消除第二类回火脆性的方法是:将脆化状态的钢重新回火,然后快速冷却。抑制第二类回火脆性的方法是:保温后快冷或加入 Mo、W 等合金元素。

4. (1) 相同点。一次渗碳体、二次渗碳体和三次渗碳体的化学成分和晶体结构完全相同;都是由碳的质量分数为 6.69% 的复杂斜方晶体结构的渗碳体组成。

(2) 不同点。一次渗碳体、二次渗碳体和三次渗碳体的形成条件及组织形态上不同,所以它们对合金性能的影响也不同。具体如下:

① 一次渗碳体是在 Fe - Fe_3C 相图中从液态中析出的渗碳体,记为 $Fe_3C_{Ⅰ}$;组织形态为规则的长条状;长条状的一次渗碳体硬而脆,会使钢的强度和硬度增加,塑性和韧性下降。

② 二次渗碳体是当温度低于 *ES* 线时从奥氏体中析出的次生渗碳体,记为 $Fe_3C_{Ⅱ}$;它以网络状分布于奥氏体晶界;脆性的二次渗碳体沿奥氏体晶界呈网状组织形态析出;二次渗碳体会使钢的脆性大大增加,而使钢的强度下降。

③ 三次渗碳体是铁碳合金于 727 ℃ 冷却下来时,从铁素体中析出的渗碳体,记为 $Fe_3C_{Ⅲ}$;三次渗碳体沿晶界呈小片状分布,量非常少,对钢的性能影响较小。

5. 共析钢等温转变曲线示意图如下:

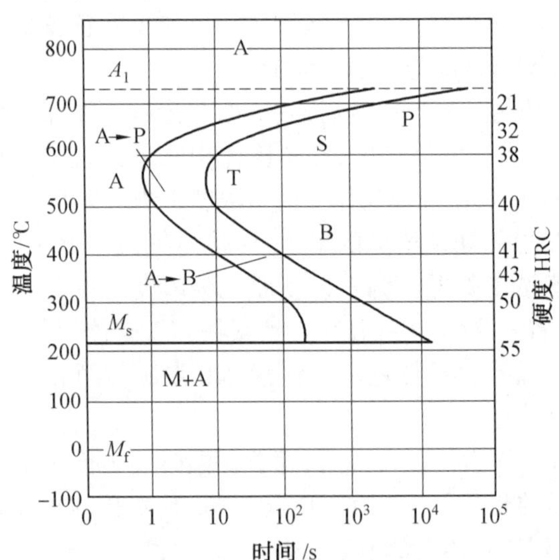

共析钢奥氏体化后在随后冷却过程中,可能发生珠光体转变、贝氏体转变和马氏体转变。

珠光体转变为 550 ~ 720 ℃ 的高温相变;获得的组织为片层状珠光体。

贝氏体转变为 550 ~ 230 ℃ 的中温相变;获得的组织为羽毛状上贝氏体或颗粒状下贝氏体。

马氏体转变为 230 ℃ 以下的低温相变;获得的组织为针状或片状马氏体。

6. 球化退火是将钢加热，使片状渗碳体转变为球状或粒状，以获得粒状珠光体的热处理工艺。过共析钢含碳量高，锻后硬度很高，且不易切削。进行球化退火是为了降低硬度，改善切削加工性能，并获得均匀的组织，改善热处理工艺性能，并为以后淬火做组织准备。

过共析钢淬火加热温度采用$A_{c1}+(30\sim50)$℃，而不是采用$A_{ccm}+(30\sim50)$℃。因为它在淬火前必须要进行球化退火，得到粒状珠光体组织，淬火加热时组织为细小奥氏体晶粒，淬火后得到隐晶马氏体和均匀分布在马氏体上的细粒状碳化物组织。此组织具有高强度、高硬度、高耐磨性和较好的韧性；如淬火温度超过A_{ccm}，碳化物将完全溶入奥氏体中，淬火后残余奥氏体量增加，降低了钢的硬度和耐磨性，增大钢的脆性。此外，淬火加热温度高于A_{c1}太多，则会使奥氏体晶粒粗大，并将使淬火应力增大，工件表面氧化、脱碳严重，也增加了钢的淬火变形开裂倾向。

四、综合题（每题 10 分，共 30 分）

1.（1）从图中可以看出，纯铝在 400 ℃ 拉伸时，当外加应力小于弹性极限时，纯铝只产生弹性变形；当外加应力大于弹性极限时，纯铝则产生稳态流变。

纯铝拉伸过程中产生稳态流变，是因为：纯铝为面心立方结构，具有 12 个滑移系，并且具有 4 个滑移方向。这些滑移系相互协调，使得纯铝拉伸过程中具有非常好的塑性，同时产生稳态流变。

（2）若纯铝拉伸过程中产生稳态流变后在 400 ℃ 停留 1 h，则其组织将发生回复、再结晶和晶粒长大过程。具体如下：

① 回复阶段。在这一阶段低倍显微组织没有变化，晶粒仍是冷变形后的纤维状。

② 再结晶阶段。在这一阶段开始在变形组织的基体上产生新的无畸变的晶核，并迅速长大形成等轴晶粒，逐渐取代全部变形组织。

③ 晶粒长大阶段。变形金属在再结晶刚完成时，一般得到细小的等轴晶粒组织。如果继续提高加热温度或延长保温时间，将引起晶粒进一步长大，它能减少晶界的总面积，从而降低总的界面能，使组织变得更稳定。

2.（1）mn 变温截面图为：

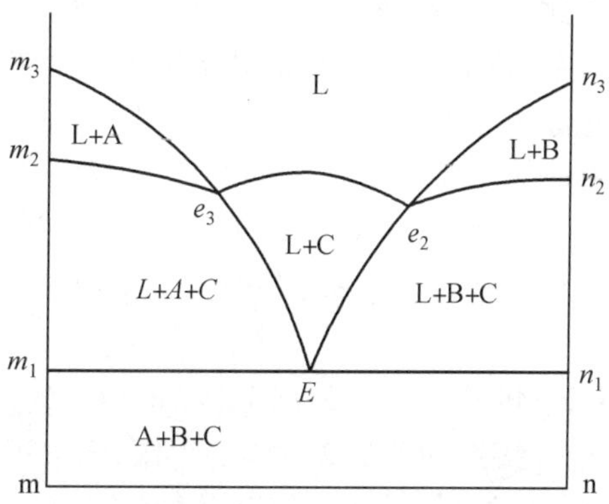

（2）O_1 点成分合金室温下的相组成物为 A + B + C，各相的相对含量表达式为

$$w(\mathrm{A})=\frac{O_1a_1}{Aa_1}\times100\%$$

$$w(\mathrm{B})=\frac{O_1b_1}{Bb_1}\times 100\%$$

$$w(\mathrm{C})=\frac{O_1c_1}{Cc_1}\times 100\%$$

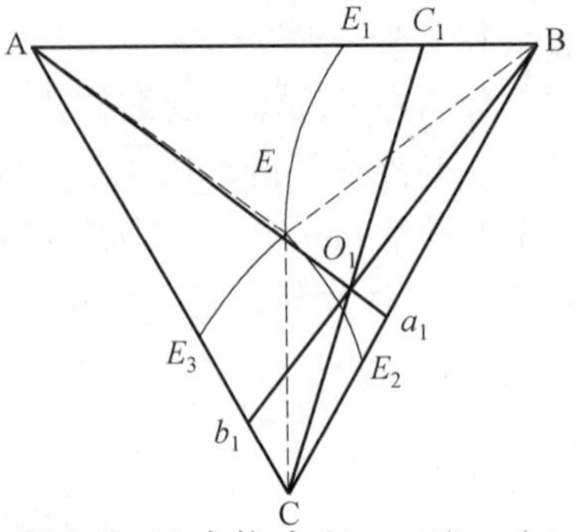

(3) O_1 点成分合金室温下的组织组成物为(B + C) +(A + B + C),各组织组成物的相对含量表达式为

$$w\ (\mathrm{A+B+C})=\frac{O_1g}{Eg}\times 100\%$$

$$w\ (\mathrm{A+B})=1-w\ (\mathrm{A+B+C})$$

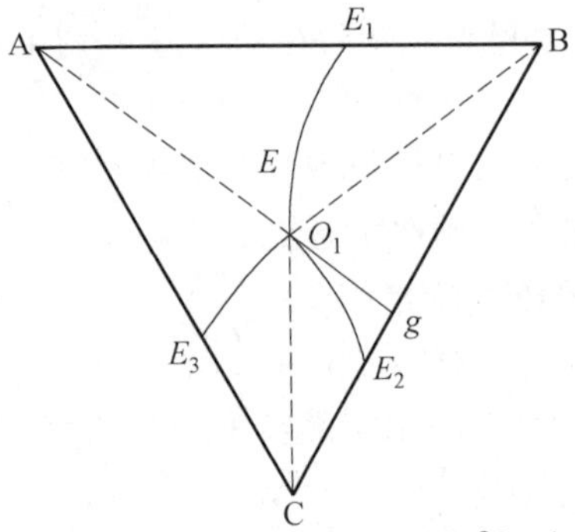

3. (1) 正常情况下,45 钢($w(\mathrm{C})=0.45\%$,$A_{c1}=730$ ℃,$A_{c3}=780$ ℃)制造的连杆预备热处理应采用完全退火工艺;完全退火加热温度应为 A_{c3} + (20 ~ 30)℃ = 780 ℃ + (20 ~ 30)℃ = (800 ~ 810)℃;保温一定时间,炉冷;获得珠光体 + 铁素体组织;具有较好塑性,但强度较低。最终热处理应进行完全淬火 + 高温回火工艺。完全淬火加热温度应为 A_{c3} + (30 ~50)℃ = 780 ℃ + (30 ~ 50)℃ = (810 ~ 830)℃;保温一定时间,水冷;获得珠光体 + 铁素体组织;具有较高强度,但塑性较低,且存在淬火应力,必须立即回火。高温回火加热温度应为 500 ~ 650 ℃;保温一定时间,空冷;获得回火索氏体组织;具有良好的综合机械性能。

(2) 但是如果错用了 T12 钢($w(\mathrm{C})=1.2\%$,$A_{c1}=730$ ℃,$A_{ccm}=820$ ℃):① 退火时加热保温温度为 800 ~ 810 ℃,已经接近到了 T12 钢 A_{ccm} 下限,退火得到的组织将是粗大的珠光体 + 网状二次渗碳体组织;② 再进行淬火,加热保温温度为810 ~ 830 ℃,正好是 T12 钢 A_{ccm} 温度附近,水冷后将会得到粗大的片状马氏体 + 网状二次渗碳体 + 残余奥氏体组织;③ 最后进行高温回火,加热温度约 600 ℃,空冷,将会得到粗大的回火索氏体 + 网状二次渗碳体组织。得到的粗大的回火索氏体 + 网状二次渗碳体组织,其必然会强度较低,硬度较高,塑性、韧性较差,易于脆断。

综合练习五

一、判断题(对的,题前用字母T标注;错的,题前用字母F标注。每题1分,共20分)

1. T	2. F	3. T	4. F	5. F
6. F	7. T	8. T	9. T	10. F
11. T	12. F	13. T	14. T	15. T
16. T	17. F	18. F	19. F	20. T

二、选择题(有1 ~ 4个正确答案, 每题1分,错选或选不全的不得分,共20分)

1. B、D	2. A、B、C、D	3. A、B、C、D	4. C	5. B
6. A、B、C、D	7. A、B	8. B	9. B、C	10. A
11. D	12. D	13. B	14. C	15. A
16. C	17. B	18. A、B、D	19. D	20. C

三、简答题(每题5分,共30分)

1. 奥氏体晶粒大小用奥氏体晶粒度来表示。

晶粒细小,可以提高金属与合金的强度、硬度、塑性和韧性,达到细晶强化。晶粒越细小,金属与合金的强度、硬度越高,塑性和韧性越好。

影响奥氏体晶粒大小的因素主要如下:

(1) 加热温度和保温时间。随着加热温度的升高,奥氏体晶粒急剧长大;在温度一定条件下,随着保温时间延长,奥氏体晶粒不断长大,长大到一定程度后,就不再长大。

(2) 加热速度。加热速度越大,奥氏体转变时的过热度越大,奥氏体的实际形成温度越高,奥氏体的形核率越高,起始晶粒越细。

(3) 化学成分。

① 含碳量。对于亚共析钢,随着含碳量的增加,初晶铁素体数量减少,奥氏体晶粒越粗大;对于过共析钢,随着含碳量的增加,二次渗碳体含量增加,则奥氏体晶粒越细小。

② 合金元素。对于形成难熔碳化物的合金元素,会阻碍晶粒长大;对于不形成化合物的合金元素,则不影响奥氏体晶粒度;对于Mn、P、N元素,则促进奥氏体晶粒长大。

2. Cu的质量分数为4.5%的Al-Cu合金的过饱和固溶体在190 ℃时效脱溶过程中,组织和力学性能都会发生变化。具体如下:

①GPI区形成,硬度升高。首先通过Cu原子的扩散形成薄片状Cu原子富聚区,即GPI区,造成弹性畸变,导致合金硬度升高。

②形成稳定的GPⅡ区,硬度进一步升高。随着温度的升高或时间的延长,Cu原子进一步富集,Cu、Al发生有序转变,形成稳定的GPⅡ区(θ″相),并在其周围产生更大的弹性畸变,对位错的阻碍更大,因而导致合金硬度进一步升高。

③形成θ′相,硬度达到最高后,开始下降。随着脱溶过程进一步发展,片状θ″相周围与基体部分失去共格联系,转变为θ′相,合金硬度最高;随着θ′相进一步长大,合金硬度开始下降。

④ 形成平衡相，硬度不断下降。随着 θ′ 相进一步长大，其周围基体中的应力、应变增加，θ′ 相变得不稳定；当 θ′ 相长大到一定尺寸时，完全脱离 α 相，形成独立的平衡相（θ 相），成分为 $CuAl_2$；θ 相长大，导致合金硬度不断下降。

3.（1）钢的低温韧性剧烈地降低的现象称为冷脆。

它是由于在炼钢时由矿石和生铁等原料带到钢中的杂质元素磷 P 在固态铁中具有较大溶解度，固溶于铁中而引起严重偏析而产生的。

磷具有很强的固溶强化作用，它使钢的强度和硬度显著提高，同时剧烈地降低钢的韧性。但 P 与铜共存时可以提高钢的抗大气腐蚀能力。

冷脆很难用热处理的方法予以消除，只能在炼钢时选择较低 P 的矿石和生铁等原料进行防止。

（2）钢在热加工时发生的开裂现象称为热脆。

它是由于在炼钢时由矿石和燃料带到钢中的杂质元素硫（S）在固态铁中不能溶解，以 FeS 夹杂的形式存在，形成离异共晶，从而引起严重偏析而产生的。

S 使钢在热加工时的韧性下降，易使焊缝产生气孔和缩松；但 S 可以提高切削加工性能。

防止热脆的方法是往钢中加入适量的 Mn。

4. 亚共析钢的淬火加热温度的选择应以得到均匀细小的奥氏体晶粒为原则，以便淬火后获得更多的细小的板条马氏体组织。淬火加热温度主要根据钢的临界点来确定。亚共析钢淬火加热温度为 $A_{c3}+(30\sim50)$℃。因为如果亚共析钢在 $A_{c1}\sim A_{c3}$ 温度间加热，加热组织为奥氏体和铁素体两相，淬火冷却以后，组织中除马氏体外，还保留一部分铁素体，将严重降低钢的强度和硬度。但如果 A_{c3} 以上温度过高，会引起奥氏体晶粒粗大，淬火后得到粗大的马氏体，使钢的韧性降低。所以亚共析钢淬火温度一般规定为 $A_{c3}+(30\sim50)$℃。

5. 回火是将淬火后的钢加热到临界点 A_1 以下某一温度，保温一定时间，使淬火组织转变为稳定的回火组织，然后以适当方式冷却下来的一种热处理工艺。

钢经淬火后，一定要进行回火，而且必须立即回火。因为钢经淬火后，得到的马氏体组织不稳定。而且淬火时冷却速度较快，产生热应力和组织应力较大，钢件易产生变形和开裂。因此淬火钢件必须立即回火。

对于工具、量具、滚动轴承、渗碳工件以及表面淬火工件等，淬火后需要进行低温回火。目的是部分降低钢中残余应力和脆性，获得高强度、硬度和耐磨性。

对于各种弹簧零件及热锻模具，淬火后需要进行中温回火。目的是基本消除工件的内应力，获得极高的弹性极限和良好的韧性。

对于中碳结构钢和低合金结构钢制造的各种重要的结构零件，特别是在交变载荷下工作的连杆、螺栓以及轴类等，淬火后需要进行高温回火。目的是获得较高的综合机械性能。

6. 铁加热至 912 ℃ 时发生了多晶型转变：由体心立方（bcc）转变为面心立方（fcc）。

设单位质量铁的总原子数为 m，bcc 晶胞体积 V_{bcc}；fcc 晶胞体积 V_{bcc}，则 fcc 晶格常数 $a_{fcc}=2\sqrt{2}r_{fcc}$；bcc 晶格常数 $a_{bcc}=4/3\sqrt{3}r_{bcc}$。

又由于 $r_{fcc}=1.02r_{bcc}$。所以单位质量的铁 912 ℃ 时发生了多晶型转变后的体积变化率为

$$\Delta V\% = \frac{\frac{m}{4}V_{fcc} - \frac{m}{2}V_{bcc}}{\frac{m}{2}V_{bcc}}$$

$$= \frac{1}{2}\cdot\frac{V_{fcc}}{V_{bcc}} - 1$$

$$= \frac{1}{2}\cdot\frac{a_{fcc}^3}{a_{bcc}^3} - 1$$

$$= \frac{1}{2}\cdot\left(\frac{2\sqrt{2}\cdot r_{fcc}}{\frac{4}{3}\sqrt{3}\cdot r_{bcc}}\right)^3 - 1$$

$$= \frac{1}{2}\cdot\left(\frac{\sqrt{6}}{2}\times 1.02\right)^3 - 1$$

$$= -2.52\%$$

四、综合题（每小题 10 分，共 30 分）

1.（1）由于

$$\Delta G = -V\Delta G_V + \sigma S$$
$$= -a^3\Delta G_V + 6a^2\sigma$$

对之求导并令其等于零，得

$$-3a^2\Delta G_V + 12a\sigma = 0$$

所以临界晶核半径边长为

$$a_k = \frac{4\sigma}{\Delta G_V}$$

（2）临界形核功

$$\Delta G_k = -V_k\Delta G_V + S_k\sigma$$
$$= -a_k^3\Delta G_V + 6a_k^2\sigma$$
$$= -\left(\frac{4\sigma}{\Delta G_V}\right)^3\Delta G_V + 6\left(\frac{4\sigma}{\Delta G_V}\right)^2\sigma$$
$$= -\frac{64\sigma^3}{\Delta G_V^3}\Delta G_V + 6\times\frac{16\sigma^2}{\Delta G_V^2}\sigma$$
$$= \frac{32\sigma^3}{\Delta G_V^2}$$

2.（1）加热至 760 ℃，保温后随炉冷却，热处理工艺名称为球化退火；获得的组织为粒状珠光体 + 粒状渗碳体；具有高硬度，较好韧性。

（2）加热至 760 ℃，保温后油冷，热处理工艺名称为淬火；获得的组织为片状马氏体组织 + 残余奥氏体 + 粒状渗碳体组织；具有高强度，高硬度，但韧性差。

（3）加热至 760 ℃，保温后在 300 ℃ 硝盐中停留至组织转变结束，然后空冷，热处理工艺名称为等温淬火；获得的组织为下贝氏体；具有较好的综合性能。

3.(1)

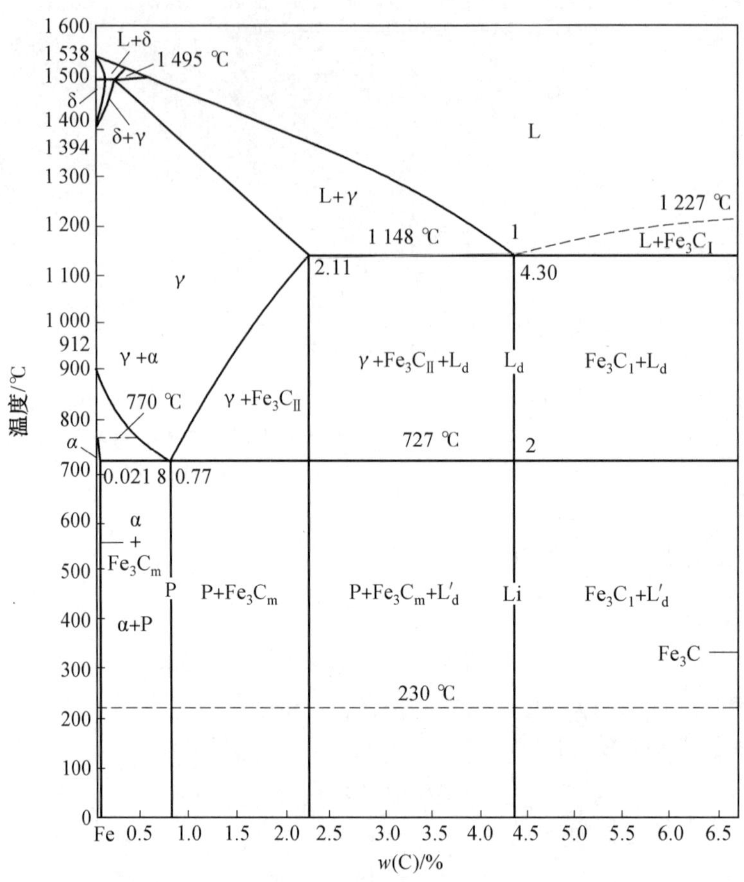

按组织区分的铁碳合金相图

(2) 在 1 495 ℃ 的恒温下的 *HJB* 水平线上：由 $w(C)=0.53\%$ 的液相与 $w(C)=0.09\%$ 的 δ － 铁素体发生包晶反应，形成 $w(C)=0.17\%$ 的奥氏体，其反应表达式为：$L_B+\delta_H \xrightleftharpoons{1\ 495\ ℃} \gamma_J$

在 1 148 ℃ 的恒温下的 *ECF* 水平线上发生共晶转变，由 $w(C)=4.3\%$ 的液相转变为 $w(C)=2.11\%$ 的奥氏体和 $w(C)=6.69\%$ 的渗碳体的机械混合物，称为莱氏体。其反应表达式为：$L_C \xrightleftharpoons{1\ 148\ ℃} \gamma_E+Fe_3C$

在 727 ℃ 的恒温下下的 *PSK* 水平线发生共析转变，由 $w(C)=0.77\%$ 的奥氏体转变为 $w(C)=0.021\ 8\%$ 的铁素体和 $w(C)=6.69\%$ 的渗碳体的机械混合物，称为珠光体。其反应表达式为：$\gamma_S \xrightleftharpoons{727\ ℃} \alpha_P+Fe_3C$

(3) $w(C)=4.3\%$ 的铁碳合金为共晶白口铁，其平衡结晶过程为：在 1 点以上，合金全部为液相；当温度降至 1 点时，液相成分达到共晶点 *C*，于 1 148 ℃ 的恒温下发生共晶转变，形成莱氏体；当温度冷却至 1 ~ 2 点温度区间时，碳在奥氏体中溶解度不断下降，从共晶奥氏体中不断析出二次渗碳体。但由于它依附在共晶渗碳体上析出并长大，非常难以分辨；当温度降至 2 点时，共晶奥氏体的含碳量降至 0.77%，于 727 ℃ 的恒温下发生共析转变，所有的奥氏体都转变为珠光体。室温下得到的组织为珠光体分布在共晶渗碳体基体上的低温莱氏体。其结晶过程示意图为：

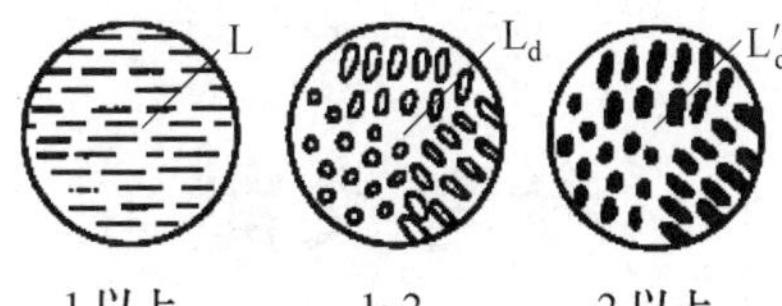

室温组织组成物相对含量为

$$w(L'_d) = 100\%$$

室温相组成物相对含量为：

$$w(F) = \frac{6.69 - 4.3}{6.69 - 0.0218} \times 100\% = 35.8\%$$

$$w(Fe_3C) = 100\% - w(F) = 64.2\%$$

(4)$w(C) = 4.3\%$ 的铁碳合金室温组织为莱氏体。莱氏体中含共晶渗碳体，二次渗碳体，共析渗碳体的相对含量分别为

$$w(Fe_3C_{共晶}) = \frac{4.3 - 2.11}{6.69 - 2.11} \times 100\% = 47.82\%$$

$$w(Fe_3C_{\text{II}}) = \frac{2.11 - 0.77}{6.69 - 0.77} \times \omega(\gamma_E) \times 100\% = \frac{2.11 - 0.77}{6.69 - 0.77} \times \frac{6.69 - 4.3}{6.69 - 2.11} \times 100\% = 11.81\%$$

$$w(Fe_3C_{共析}) = \frac{0.77 - 0.0218}{6.69 - 0.0218} \times \omega(\gamma_S) \times 100\%$$

$$= \frac{0.77 - 0.0218}{6.69 - 0.0218} \times \frac{6.69 - 4.3}{6.69 - 0.77} \times 100\% = 4.65\%$$

参考文献

[1] 崔忠圻，刘北兴．金属学与热处理原理[M].3 版．哈尔滨：哈尔滨工业大学出版社,2013.

[2] 胡赓祥,蔡珣.材料科学基础[M].上海:上海交通大学出版社,2000.

[3] 王焕庭.机械工程材料[M].大连:大连理工大学出版社,1991.

[4] 石德珂.材料科学基础[M].西安:西安交通大学出版社,1995.

[5] SHACKELFORD J. Introduction to Materials Science[M].New Jersey:Prentice Hall International. Inc Upper Saddle River,2000.